高职高专“十一五”规划示范教材

北京市高等教育精品教材立项项目

微机原理及汇编语言教程

（第2版）

杨延双
魏坚华　编著
张晓冬

北京航空航天大学出版社

内容简介

详细介绍PC系列的微型计算机原理与汇编语言。共10章，包括：Intel系列处理器；汇编语言指令系统和汇编语言的程序设计；存储器；中断系统；输入/输出系统；总线技术及通信接口和常用外设接口。每章后面均有习题。书后有7个上机实验指导书，并在附录中给出了参考答案。第2版新增加内容体现了微机技术新发展和知识系统的完整性。总体上，本书内容丰富，深入浅出，注重实用，是面向高等职业学校而编写的，也可以作为非计算机专业本科教材及相关技术人员参考。

图书在版编目(CIP)数据

微机原理及汇编语言教程/杨延双，魏坚华，张晓冬编著. --2版. --北京：北京航空航天大学出版社，2010.4

ISBN 978-7-5124-0054-2

Ⅰ.①微… Ⅱ.①杨…②魏…③张… Ⅲ.①微机—理论—高等学校—教材②汇编语言—程序设计—高等学校—教材 Ⅳ.①TP36②TP313

中国版本图书馆CIP数据核字(2010)第058055号

微机原理及汇编语言教程(第2版)

杨延双 魏坚华 张晓冬 编著

责任编辑 文幼章

北京航空航天大学出版社出版发行

北京市海淀区学院路37号(邮编100191) http://www.buaapress.com.cn

发行部电话：(010)82317024 传真：(010)82328026

读者信箱：bhpress@263.net 邮购电话：(010)82316936

北京市媛明印刷厂印装 各地书店经销

*

开本：787×1092 1/16 印张：17.75 字数：454千字

2010年5月第2版 2010年5月第1次印刷 印数：4 000册

ISBN 978-7-5124-0054-2 定价：29.00元

第二版前言

本书的第一版《微机原理及汇编语言教程》自出版以来，得到了广大师生和读者的肯定，还收到了许多有益的反馈建议。该书第一版被评为"北京市高等教育精品教材"，更使得本书的修订工作得到广大师生和读者的关注和支持。他们的反馈信息为本书的修订提供了有利的帮助，在此深表感谢。

近年来我国更加重视高等职业教育的发展，本教材面向高等职业教育，特色明显，有利于学生对未知领域的掌握和运用。本书追求不断的完善，体现微型计算机技术的不断发展，以及知识体系的完整性，更好地满足教与学的要求。

本书第2版新增和修订的内容有：第2章增加2.6节是新一代微处理器 Itanium（安腾）；第3章3.6节增加的是 Pentium 的有关的内容：1）MMX 编程环境，2）MMX 指令操作数，3）MMX 技术指令；第5章增加2节：5.6 Pentium 程序设计举例，5.7 汇编语言和C语言的混合编程；第6章增加的是6.4节：闪速存储器（flash memory）；第7章修改了7.4节为：PC机的中断处理，增加7.4.3节I/O控制中心的中断管理，7.4.4 高级可编程中断控制子系统；第9章增加的1节是 USB 总线；第10章全是新增加的：PC机通信接口及常用外设接口。

为配合教学，提供电子版 PPT，为供教师备课参考及便于读者掌握知识要点。

本书第2版由杨延双拟定了编写内容和大纲，并统稿。新增的内容中2.6节由杨延双编写；3.6节、5.6节、5.7节由张晓冬编写；6.4节、7.4节、9.6节及第10章由魏坚华编写。全书由肖创柏教授审阅，并提供了宝贵意见。尹子赓、尹志忠、王万亭参加了书稿的资料整理和校对等工作。在本书的编写过程中，得到了蒋宗礼教授的大力支持和帮助。谨在此一并表示衷心的感谢。

由于作者水平所限，书中内容难免有不当或错误之处，敬请专家和广大读者批评指正。

编　者

2009年8月

前　言

微机原理与汇编语言是学习和掌握计算机技术的重要内容。在传统的教学计划中将“微机原理”和“汇编语言程序设计”分开单独设课。而近年来高等职业教育蓬勃发展，由于其校情、师生、生源等与普通高等教育有所不同，所以在课程设置上也有其特殊的需求和自身的特点。我们为适应这种教育发展形势而编写了这本《微机原理及汇编语言教程》。

本课程的前修课程为“数字逻辑”。本课程是“微机接口技术”、“操作系统”、“计算机体系结构”等课程的必要先修课。由于本课程在计算机专业必修课中的位置，更体现了它的重要性。读者通过本课程的学习，可深入了解微型计算机系统的组成、工作原理，掌握汇编语言程序设计技术，为微型计算机技术的应用打下良好基础。

全书由 9 章组成。第 1 章为概述；第 2 章全面介绍了 Intel 系列微处理器；第 3～5 章为汇编语言系统和汇编语言程序设计；第 6 章介绍了存储器；第 7 章对中断系统结构、工作原理和中断控制器进行了详细的论述；第 8 章介绍了输入/输出接口的概念和控制方式；第 9 章为总线技术，介绍了常用的总线标准。实验部分编排了 7 个上机实验，并在附录中给出了参考答案。

本书作者都是有多年的教学经验和实践经验的教师。本书内容丰富，深入浅出，注重实用，是面向高等职业教育的特点而编写的，有利于学生对未知领域的掌握和运用。

本书的第 1,2,6,9 章由杨延双编写；第 3,4,5 章由张晓冬编写；第 7,8 章及实验由魏坚华编写。全书由张载鸿教授主审。

在本书的编写过程中，得到了张载鸿教授的大力支持，并提供了宝贵意见；尹子赓、尹志军、刚冬梅承担了书稿的录入、校对等工作。在此一并感谢。

由于作者水平有限，书中难免存在错误及不妥之处，敬请专家和广大读者批评指正。

编　者

2001.10

目　录

第1章 概 述

自1971年世界上第一台微型计算机诞生以来，随着微型计算机技术的飞速发展和微型计算机的空前普及，其应用领域已遍及各行各业及社会生活，深刻影响着社会、政治和经济的发展，改变了人们的学习方式、工作方式和生活方式。微型计算机的发展和影响是近代科学技术发展史上所罕见的。本章介绍微型计算机的发展概况和有关基本概念。

1.1 微型计算机发展概况

电子计算机按其体积和性能分为巨型机、大型机、中型机、小型机和微型机。微型计算机是以微处理器为核心，配上存储器、输入/输出接口电路和系统总线所构成。微型计算机的发展通常是以微处理器的升级而换代的。

微处理器的问世是在1971年。美国Intel公司生产的4004微处理器采用了PMOS技术。在4.2 mm×3.2 mm的硅片上集成了2 250个晶体管，可进行4位二进制的并行处理。后来Intel公司正式生产了通用的4040微处理器。这种4位的微处理器以体积小，价格低而引起人们的兴趣。以4004为核心组成的MCS-4是世界上第一代微型计算机。

1974年—1978年，Intel公司推出的8080/8085，Zlog公司推出的Z80，Motorola公司推出的MC6800/6802等，被称为第二代微处理器。这一代8位的微处理器的特点是采用NMOS电路，集成度达5 000个晶体管/片以上，时钟频率为2 MHz～4 MHz。这时的微处理器的设计和生产技术已相当成熟。

第三代是以16位微处理器的出现(1978年)为标志的。典型产品为Intel的8086、Zlog的Z 8000和Motorola的MC68000。它们采用了HMOS工艺，集成度为20 000～60 000管/片，时钟频率为4 MHz～8 MHz，平均指令执行时间为0.5 μs。

第四代微型计算机(1985年—1992年)是32位微型机。典型的微处理器产品有80386/486、MC 68020、Z 80000等。

1993年Intel公司推出的Pentium微处理器，宣布了第五代微处理器的诞生。这种64位的Pentium微处理器芯片采用了新的体系结构。芯片的集成度达(5×10^6～9.3×10^6)管/片，时钟频率达150 MHz～300 MHz。

1995年PentiumⅡ问世，1999年PentiumⅢ公布。目前，市场上的主流产品是PentiumⅣ系列。更高性能的微处理器将不断推出，微型计算机的发展速度是惊人的，而其性能/价格比日渐提高，微型计算机技术的应用越来越广泛。

2001年Intel第一款64位的产品安腾(Itanium)处理器隆重推出，2002年又推出了

Itanium2处理器。它们是瞄准高端企业市场的。

1.2 微型计算机的特点与分类

微型计算机与巨型机、大型机、中型机、小型机相比,最主要的特点是体积小、功耗低、价格低廉、可靠性高、硬件结构设计灵活、安装维修方便及具有丰富的软件。微型计算机的这些特点极大地赢得了用户的欢迎,使其应用日益广泛。

微型计算机的分类可以从不同角度进行:如果从制造工艺来分,可将微型机分为 MOS 型和双极型;若从组装形式划分,则可以分为单片、单板和多板微型机;按微处理器的字长来划分,通常可分为 4 位机、8 位机、16 位机、32 位机、64 位机及位片式等。位片式微处理器是以位为单位,由若干个位片组合而构成不同字长的微型计算机,其特点是结构灵活。目前,市场上的主流产品是 64 位机。

1.3 微处理器、微型计算机和微型计算机系统

1.3.1 微处理器

微处理器由一片或几片大规模集成电路组成,具有运算和控制功能的中央处理器部件(central processing unit)简称 CPU。

微处理器在内部结构上一般包括:

- 算术逻辑部件 ALU;
- 寄存器组;
- 程序计数器、指令寄存器和译码器;
- 时序和控制部件。

微处理器是微型计算机的核心。

1.3.2 微型计算机

微型计算机是以微处理器为核心,再配上存储器、输入/输出接口电路和系统总线,如图 1.1所示。

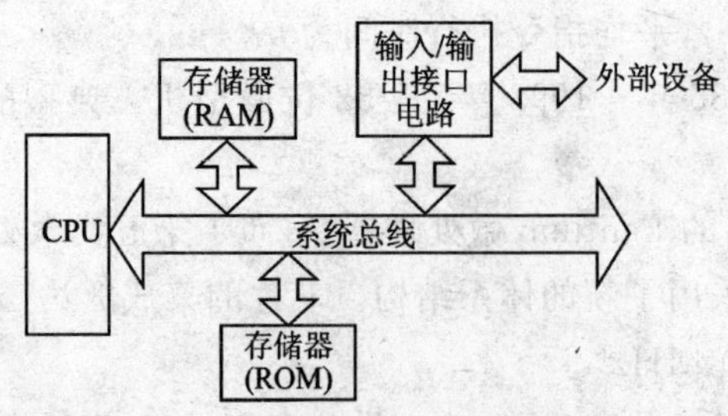

图 1.1 微型计算机的结构框图

- 存储器　包括只读存储器 ROM 和随机存取存储器 RAM。它们用来存储程序和数据。
- 输入/输出接口电路　用来控制微机与外部设备之间的信息交换。

● 系统总线　用来在微型计算机的部件和部件之间进行信息传输的一组总线，通常包括地址总线、数据总线和控制总线。

地址总线用来传送地址信息，为单向输出。地址总线的位数决定了CPU可以直接寻址的内存范围。如地址总线为16位时，可直接寻址范围为2^{16}=64K单元。

数据总线是用来传输数据的，双向。数据总线的位数和CPU的位数相对应。如对于16位的CPU，其数据总线的宽度为16位。

控制总线用来传输控制信息。

1.3.3 微型计算机系统

以微型计算机为中心，再配上外部设备和相应的软件就组成了微型计算机系统。微机系统包括两大部分：硬件和软件，如图1.2所示。

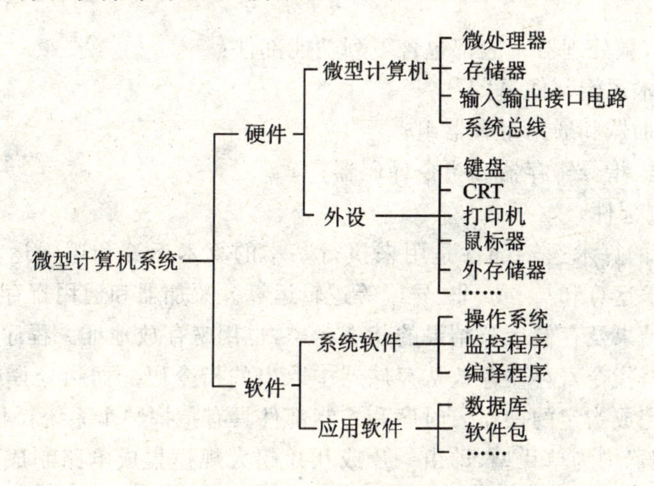

图1.2　微型计算机系统

习　题

1. 微型计算机有哪些主要特点？
2. 说明微处理器、微型计算机和微型计算机系统有什么不同及三者之间的关系。

第 2 章 Intel 系列微处理器

2.1 微处理器的基本结构

从内部结构上，微处理器一般都包含下列功能部件：

- 运算器：算术逻辑部件 ALU；
- 寄存器：累加器和通用寄存器组；
- 程序计数器、指令寄存器和指令译码器；
- 时序和控制部件。

微处理器内部的算术逻辑部件是用来执行基本的算术运算和逻辑运算的。它可以进行加、减、乘、除的算术运算和与、或、非、异或等逻辑运算。累加器和通用寄存器组用来存放参加运算的数据、中间结果及存储运算结果的状态标志，也用来存放地址。程序计数器总是指向下一条要执行的指令；指令寄存器存放从存储器中取出的指令码。而指令译码器是对指令码进行译码和分析，以完成指定的操作。时序和控制部件具有指挥整个系统操作次序的功能。

现代的微处理器均为单片型，即由一片或几片超大规模集成电路制成。其集成度越来越高，性能也越来越高。

2.2 微处理器的工作原理

微处理器是通过执行程序来完成预定任务的，即逐条从存储器中取出程序中的指令并完成指令所指定的操作。

微处理器执行程序一般是通过反复执行以下步骤而实现的。

首先，从程序计数器所指向的存储器单元中取出一条指令(由于程序一般存放在内存的一个连续区域，所以顺序执行程序时，每取一个指令字节，程序计数器就自动加 1)，存放到指定的寄存器。其次，由指令译码器对指令码进行译码和分析，来确定指令的操作。若指令要求操作数，则确定操作数的地址，读出操作数。之后，执行指令内容(算术运算或逻辑运算)。最后，指令译码器译码时产生的相应控制信号送到时序和控制逻辑电路，控制 CPU 内部及整个系统来协调工作，从而完成指令所指定的操作任务。

2.3 16 位微处理器

8086 是 Intel 系列的 16 位微处理器。它采用高密度的硅栅 H－MOS 工艺制造，内部包含近 29 000 只晶体管。它采用 40 根引脚双列直插式封装，单一的 5 V 电源和单相时钟。8086 有 16 位数据线和 20 位地址线，可寻址空间为 2^{20} B，即 1 MB。

8088 是 Intel 公司继 8086 之后又推出的一种准 16 位的微处理器。8088 内部是 16 位 CPU，而外部的数据总线是 8 位的。这样就可以与当时已有的一整套 Intel 外围设备接口芯片直接兼容。

8086/8088 是 Intel 系列 CPU 中最具有代表性的 16 位微处理器。随后 Intel 公司陆续推出的 80x86 都是按其模式加以升级的，均保持与 8086/8088 兼容。

2.3.1 8086 的内部结构和引脚

2.3.1.1 8086 的内部结构

1. 框 图

8086 的内部结构框图如图 2.1 所示。

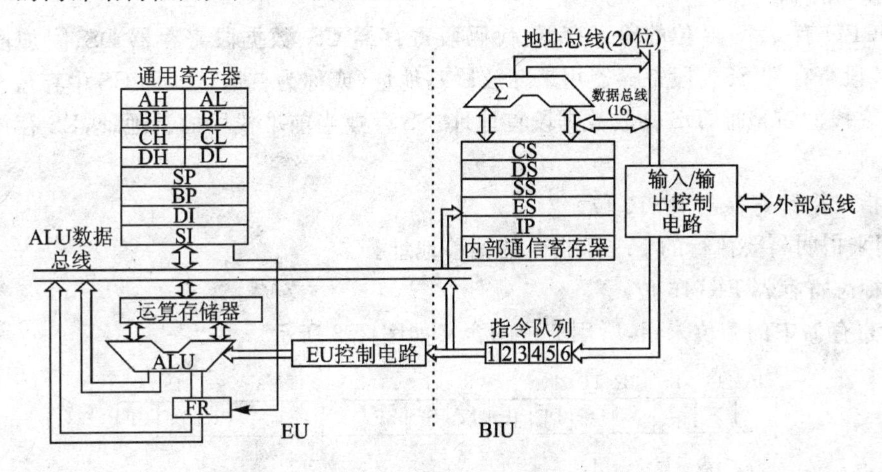

图 2.1 8086 的 CPU 内部结构框图

8086 的 CPU 由两个功能部件：EU(Execution Unit)和 BIU(Bus Interface Unit)所构成。下面分别介绍这两个功能部件。

(1) 总线接口部件 BIU

总线接口部件由下列部分组成：4 个 16 位的段寄存器 CS，SS，DS，ES；16 位的指令指针寄存器 IP；20 位的地址加法器 Σ；内部通信寄存器；6 字节的指令队列和输入/输出控制电路。

BIU 的功能负责与存储器、I/O 端口传送数据，即当指令队列空时，BIU 从内存取指令放入指令队列；当 CPU 执行指令时，BIU 配合 EU 从指定的内存单元或外设端口中取出数据供 EU 使用；当运算结束时，BIU 运算结果传送到指定内存单元或外设端口中。

BIU 中的地址加法器 Σ 是进行物理地址计算的，即将段寄存器中的 16 位数值和偏移量相加而得到 20 位物理地址。

(2) 执行部件 EU

执行部件包括 8 个 16 位通用寄存器、算术逻辑单元 ALU、标志寄存器 FR、运算寄存器和执行部件控制电路。

执行部件负责执行指令。EU 从指令队列取出指令代码，将其译码，发出相应的控制信息，并对通用寄存器和标志寄存器进行管理。

2. 寄存器

8086CPU 内部共有 14 个寄存器。下面分别加以介绍。

(1) 通用寄存器

8086CPU 有 8 个 16 位的通用寄存器。这 8 个通用寄存器可分为两组。一组称为数据寄存器,包括 AX,BX,CX 和 DX,用来存放数据或地址。这 4 个数据寄存器可以作为 16 位寄存器使用,也可以作为 8 位寄存器使用,即每一个 16 位数据寄存器都可分成两个独立的 8 位寄存器,见图 2.1 中的 AH 和 AL,BH 和 BL,CH 和 CL,DH 和 DL。其中 AH,BH,CH,DH 为高 8 位,AL,BL,CL,DL 为低 8 位。

通用寄存器的另一组包括堆栈指针寄存器 SP、基地址寄存器 BP、源变址寄存器 SI 和目的地址寄存器 DI。这 4 个寄存器只能作为 16 位寄存器使用,主要用来存放存储器或输入/输出端口的地址,也可以用来存放数据。

(2) 段寄存器

8086CPU 有 4 个 16 位的段寄存器:代码段寄存器 CS、数据段寄存器 DS、附加段寄存器 ES 和堆栈段寄存器 SS。段寄存器用来存放段基地址(或称为首地址),即 CS 中存放有当前执行程序所在段的首地址;DS 存放数据段首地址;SS 存放当前堆栈段的首地址;ES 存放当前附加段首地址。

(3) 指令指针寄存器 IP(16 位)

IP 用来指明将要执行的下一条指令的偏移地址。

(4) 标志寄存器 FR(16 位)

标志寄存器中的 7 位未用,所用 9 位的含义如图 2.2 所示。

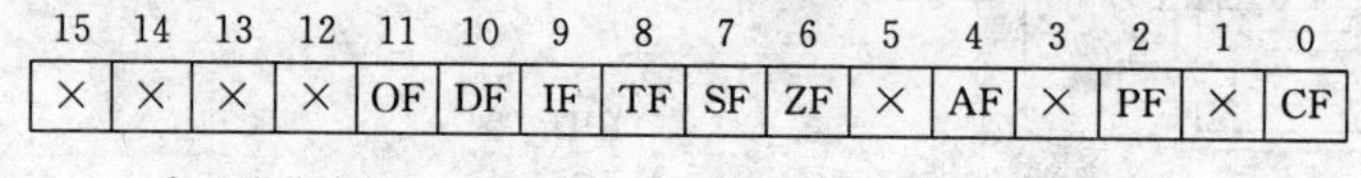

15	14	13	12	11	10	9	8	7	6	5	4	3	2	1	0
×	×	×	×	OF	DF	IF	TF	SF	ZF	×	AF	×	PF	×	CF

×:表示该位未用。

图 2.2 8086 标志寄存器的标志

标志寄存器的 9 个标志位可按照功能的不同分为两类:状态标志和控制标志。

状态标志用来表示算术运算和逻辑运算结果的特征,有如下 6 位。

- CF:进位标志。当进行加或减法运算时,若最高位产生进位或借位时,则 CF 为 1;否则 CF 为 0。另外,循环指令、移位指令也会影响这一标志位。
- PF:奇偶标志。当本次运算结果中的低 8 位中 1 的个数为偶数时,PF 为 1;否则 PF 为 0。
- AF:辅助进位标志。当本次运算,如果第 3 位往第 4 位有进位或借位时,AF 为 1;否则 AF 为 0。此标志在 BCD 码运算中作为是否进行十进制调整的依据。
- ZF:零标志。当运算结果为 0 时,ZF 为 1;否则 ZF 为 0。
- SF:符号标志。当运算结果最高位为 1 时,表示结果为负数,SF 为 1;否则 SF 为 0。
- OF:溢出标志。当运算结果产生溢出,即运算结果超出了相应类型数据所能表示的范围,OF 为 1;否则 OF 为 0。

控制标志用来控制 CPU 的操作,有如下 3 位。

- TF:单步标志(跟踪标志)。当 TF 为 1 时,CPU 按单步工作方式执行指令。在单步工作方式下，CPU 每执行完一条指令就自动产生一次内部中断。此功能便于程序的调试。

- IF：中断标志。这是控制可屏蔽中断的标志。当 IF 为 1 时，允许 CPU 响应可屏蔽中断；当 IF 为 0 时，则 CPU 不能响应可屏蔽中断请求。
- DF：方向标志。用来控制串操作指令的执行。若 DF 为 1，则串操作按减地址方式进行操作；DF 为 0 时，则串操作指令按增地址方式进行操作。

2.3.1.2　8086CPU 的引脚

8086 的 CPU 的引脚分配如图 2.3 所示。

由于 8086 的 CPU 可有两种工作模式：最小模式（单 CPU 模式）和最大模式（多 CPU 模式），所以 8086CPU 的引脚 24 ～31 都有两种定义功能。图 2.3 括号中的引脚定义为最大模式下的定义。

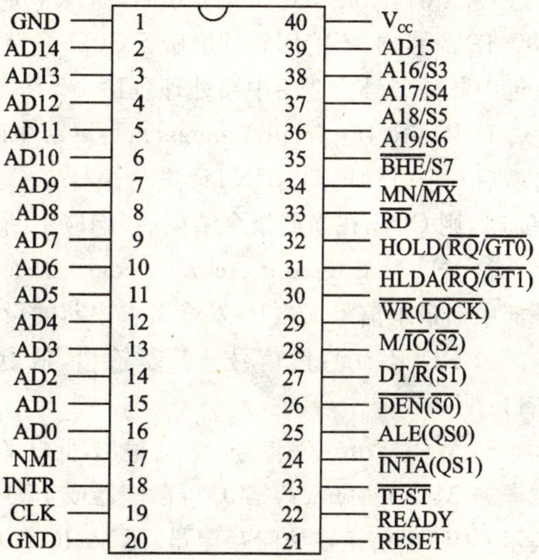

信号	引脚	引脚	信号
GND	1	40	V_{CC}
AD14	2	39	AD15
AD13	3	38	A16/S3
AD12	4	37	A17/S4
AD11	5	36	A18/S5
AD10	6	35	A19/S6
AD9	7	34	$\overline{BHE}$/S7
AD8	8	33	MN/$\overline{MX}$
AD7	9	32	$\overline{RD}$
AD6	10	31	HOLD($\overline{RQ}$/$\overline{GT0}$)
AD5	11	30	HLDA($\overline{RQ}$/$\overline{GT1}$)
AD4	12	29	$\overline{WR}$($\overline{LOCK}$)
AD3	13	28	M/$\overline{IO}$($\overline{S2}$)
AD2	14	27	DT/$\overline{R}$($\overline{S1}$)
AD1	15	26	$\overline{DEN}$($\overline{S0}$)
AD0	16	25	ALE(QS0)
NMI	17	24	$\overline{INTA}$(QS1)
INTR	18	23	$\overline{TEST}$
CLK	19	22	READY
GND	20	21	RESET

图 2.3　8086 的 CPU 的引脚信号

下面对 8086CPU 的各引脚功能作简要说明。

1) AD15～AD0（Address / Data BUS）：分时复用的地址/数据总线。传送地址时，三态输出；传送数据时，可以双向三态输入/输出。在 DMA 操作期间，这些引脚为浮空状态。

2) A19/S6～A16/S3（Address / Status）：分时复用的地址/状态线。作为地址线用时，A19～A16 与 A15 ～A0 一起构成访问存储器的 20 位物理地址。当 CPU 访问 I/O 端口时，A19～A16 均保持为 0。作状态线用时，S6 ～S3 输出状态信息。用 S4 和 S3 的不同编码表示当前使用哪一个段寄存器来对存储器寻址。S4，S3编码与所使用的段寄存器的对应关系如表 2－1 所列。S5 表示可屏蔽中断允许标志的当前状态。当 IF ＝1 时，S5 为 1。S6 保持恒为低电平。在 DMA 操作期间，这些引脚均为浮空状态。

表 2－1　S4，S3 状态编码

S4	S3	段寄存器
0	0	ES
0	1	SS
1	0	CS（或未用任何段寄存器）
1	1	DS

3) $\overline{BHE}$/S7（BUS High Enable / Status）：数据总线高 8 位有效信号。当 CPU 读/写存储器或 I/O 端口时，$\overline{BHE}$用作体选信号，与 AD0 配合来表示总线使用情况，如表 2－2 所例。在其它时间作为状态信号 S7，但 S7 未定义。

表 2-2 BHE 和 AD0 编码的含义

$\overline{BHE}$	AD0	总线使用情况
0	0	AD15～AD0 16 位数据总线上进行字节传送
0	1	AD15 ～AD8 8 位数据总线上进行字节传送
1	0	AD7～AD0 8 位数据总线上进行字节传送
1	1	无效

4) NMI(Non-Maskable Interrupt):非屏蔽中断请求信号输入,上升沿触发。非屏蔽中断不受 IF 的影响,不能用软件屏蔽。CPU 一旦检测到 NMI 请求有效,就会在当前指令结束后,执行中断类型号为 2 的中断处理程序。

5) INTR(Interrupt Request):可屏蔽中断请求信号输入,高电平有效。CPU 在每条指令的最后一个时钟周期对 INTR 进行采样。一旦发现 INTR=1 时,并且当前中断允许标志 IF=1 时,则 CPU 在当前指令结束后,响应中断请求,转入中断响应周期。

6) $\overline{INTA}$(Interrupt Acknowledge):中断响应信号输出,低电平有效。表示 CPU 响应了外部中断请求信号 INTR,发给请求中断的设备的回答信号。

7) $\overline{RD}$(Read):读信号。三态输出,低电平有效。表示当前 CPU 正在读存储器或 I/O 端口。

8) $\overline{WR}$(Write):写信号。三态输出,低电平有效。表示当前 CPU 正在写存储器或 I/O 端口。

9) M/$\overline{IO}$(Memory / IO):存储器或 I/O 端口访问控制信号,三态输出。当 M/$\overline{IO}$=1 时,表示 CPU 当前正在访问存储器;而 M/$\overline{IO}$=0 时,则表示 CPU 当前正在访问 I/O 端口。

10) READY:准备好信号输入,高电平有效。当 READY=1 时,表示 CPU 要访问的存储器或 I/O 设备已准备好传送数据。而当 READY 无效时,则要求 CPU 插入等待状态 Tw 来延长总线周期,直到 READY 信号有效为止。

11) RESET:复位信号输入,高电平有效。当 CPU 接收到 RESET 信号后,停止现行操作,并对标志寄存器,段寄存器 DS,SS,ES,指令指针寄存器 IP 和指令队列清零,而将 CS 置为 FFFFH。

12) $\overline{TEST}$:测试信号输入,低电平有效。在 CPU 执行 WAIT 指令时,每隔 5 个时钟周期对$\overline{TEST}$进行一次测试。若测试到$\overline{TEST}$为 0,则等待状态结束,CPU 继续执行下一条指令;否则 CPU 继续处于等待状态。

13) ALE(Address Latch Enable):地址锁存允许信号输出,高电平有效。当 ALE 输出有效时,表示当前在地址/数据总线上输出的是地址信息。地址锁存器将 ALE 作为锁存信号,对地址进行锁存。在 DMA 操作时,ALE 不能浮空。

14) DT/$\overline{R}$(Data Transmit/Receive):数据发送/接收控制信号输出。在最小模式系统中,用来作为数据收、发送器 8286/8287 的数据传送方向的控制。当 DT/$\overline{R}$为高电平,则进行数据发送;当 DT/$\overline{R}$为低电平时,则进行数据接收。在 DMA 方式中,它处于浮空状态。

15) $\overline{DEN}$(Data Enable):数据允许信号,低电平有效。在最小模式系统中作为数据收、发器 8286/8287 的选通信号。

16) HOLD(Hold Request):总线请求信号输入。在最小模式系统中,当 Hold 为高电平时,表示有其它共享总线的主控模块向 CPU 请求使用总线。

17) HLDA(Hold Acknowledge):总线请求响应信号输出,高电平有效。当 HLDA 有效时，表示CPU对其它主模块的总线请求作出响应，并立即让出总线控制权，即所有三态线都进入浮空状态。

18）CLK(Clock)：主时钟信号输入。CLK是CPU和总线控制的基准定时时钟。

19）MN/$\overline{MX}$(Minimum/Maximum)：工作模式选择信号输入。若此引脚接+5 V时，则CPU工作在最小模式系统中；若此引脚接地时，则CPU工作在最大模式系统。

下面对8086CPU工作在最大模式时，引脚24～31的定义作简要说明。

1）$\overline{S2}$,$\overline{S1}$,$\overline{S0}$(BUS Cycle Status)：总线周期状态信号输出。这三个信号的组合，表示CPU总线周期的操作类型，如表2-3所列。系统总线控制器8288利用这些状态信号来产生访问存储器或I/O接口的控制信号。

2）QS1，QS0(Instruction Queue Status)：指令队列状态信号输出。用来表示CPU中指令队列当前的状态，其信号组合含义如表2-4所列。

3）$\overline{LOCK}$：封锁信号输出。当$\overline{LOCK}$为低电平时，系统中其它总线主控者就不能占有总线。这个信号由软件设置。当在指令前加上$\overline{LOCK}$前缀时，则在执行这条指令期间$\overline{LOCK}$保持有效。

4）$\overline{RQ}$/$\overline{GT0}$,$\overline{RQ}$/$\overline{GT1}$(Request/Grant)：请求/同意控制信号。输入时表示其它主控者向CPU请求使用总线；输出时表示CPU对总线请求的响应信号。$\overline{RQ}$/$\overline{GT0}$和$\overline{RQ}$/$\overline{GT1}$都是双向的。两个引脚可以连接两个主控者，其中$\overline{RQ}$/$\overline{GT0}$比$\overline{RQ}$/$\overline{GT1}$的优先级高。

表2-3　$\overline{S2}$,$\overline{S1}$,$\overline{S0}$的代码组合和对应的操作

$\overline{S2}$	$\overline{S1}$	$\overline{S0}$	操作过程
0	0	0	发中断响应信号
0	0	1	读I/O端口
0	1	0	写I/O端口
0	1	1	暂停
1	0	0	取指令
1	0	1	读内存
1	1	0	写内存
1	1	1	无源状态 *

* 无源状态：此时，一个总线操作过程就要结束，另一个新的总线周期还未开始。

表2-4　QS1,QS0代码组合的含义

QS1	QS0	含　义
0	0	无操作
0	1	从指令队列中取第一个字节
1	0	指令队列已空
1	1	从指令队列中取后续字节

2.3.2　8086的存储器组织

8086有20根地址线，具有直接寻址空间1 MB。这1 MB的内存单元按照00000H～FFFFFH来编址。由于8086的内部寄存器都是16位的，所以用寄存器不能直接对1 MB的内存空间进行寻址。8086将1 MB空间进行分段,每个逻辑段最大为64 KB,段内寻址可用16位地址码直接寻址。各个逻辑段可以在实际的存储空间中完全分开,也可以相互重叠,如图2.4所示。对于任何一个物理地址,可以被包含在一个逻辑段中或多个逻辑段中,只要能得到它所在逻辑段的首地址和在段中的相对地址,就可以对它进行访问。为了简化操作,要求每个逻辑段必须从1MB空间的任一个能被16(16字节的存储空间作为一节)除尽的边界开始,即每个段的首地址低4位总为0。将段首地址的高16位存放在相应的段寄存器中,这样通过预置段寄存器的内容,就可以访问不同的存储区域。段内存储单元的地址,用相对于段首地址的偏移量来表示。

在8086中,每一个存储单元都有一个唯一的物理地址,即在1MB存储空间中唯一识别每一个存储单元的地址。范围是00000H~FFFFFH。CPU访问存储器时,由地址总线送出的是物理地址信息,而程序中涉及的地址是逻辑地址。逻辑地址由段首地址(也称为段基址)和偏移量(也称为偏移地址)来组成。段基址和偏移地址都是无符号数。物理地址是由逻辑地址变换而来的。物理地址的计算公式为:

物理地址=段基址×16+偏移地址

这是由总线接口部件BIU的地址加法器Σ来完成的。其操作如图2.5所示。

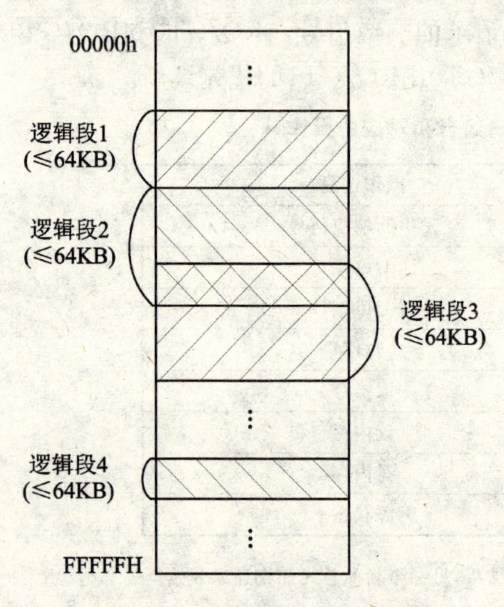

图2.4 逻辑段分段方式示意图

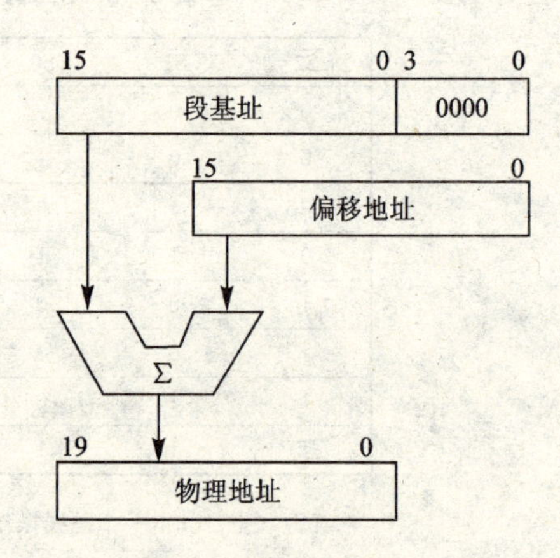

图2.5 物理地址的形成过程

例如,段寄存器CS=0100H,编移地址IP=0066H,则物理地址为01066H。

通常内存单元的逻辑地址表示为:段基地址:偏移地址。例如:0100H:0066H。

2.3.3 80286的内部结构

Intel公司在1982年推出的80286微处理器是较先进的16位微处理器。其内部操作和寄存器均为16位的,不再使用分时复用的引脚,具有独立的24条地址线和16条数据线。80286与8086保持向上兼容,并增加了虚拟存储器管理、四级特权保护机构及多任务处理等。

80286具有两种工作方式:实地址方式和虚地址保护方式。在实地址方式下,相当于一个高速的8086运行;在虚地址保护方式下,系统具有16MB(2^{24} B)的实际地址空间,为每个任务提供 1GB(2^{30} B)的虚拟地址空间,并可将每个任务的虚拟地址映射到 16MB 的物理地址空间中。

2.3.3.1　80286 的功能结构

80286 的内部结构框图如图 2.6 所示。

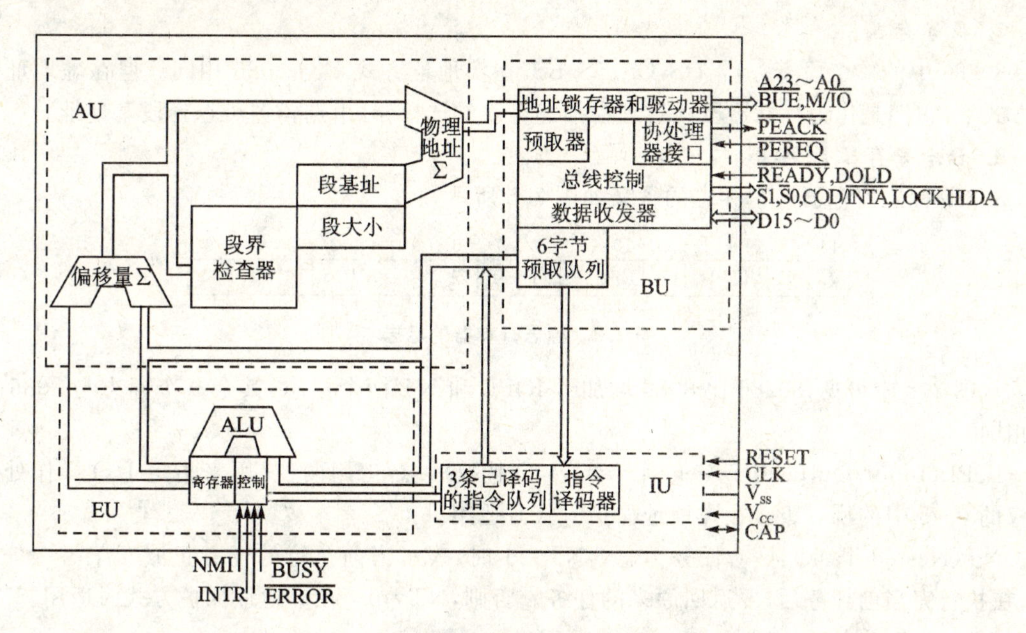

图 2.6　80286 的内部结构图

80286 微处理器的内部结构从功能上可分为两大部分:执行部件 EU 和总线接口部件 BIU。总线接口部件 BIU 由三个单元构成,即地址单元 AU、指令单元 IU 和总线单元 BU。BU 负责 CPU 与总线的信息交换;IU 从 BU 与取队列中取出指令并进行译码,然后放入已被译码的指令队列;EU 对译码后的指令加以执行;AU 负责对地址进行计算。由于 80286 增加了这些部件的并行操作,而加快了处理速度。80286 内部部件的并行操作情况如图 2.7 所示。

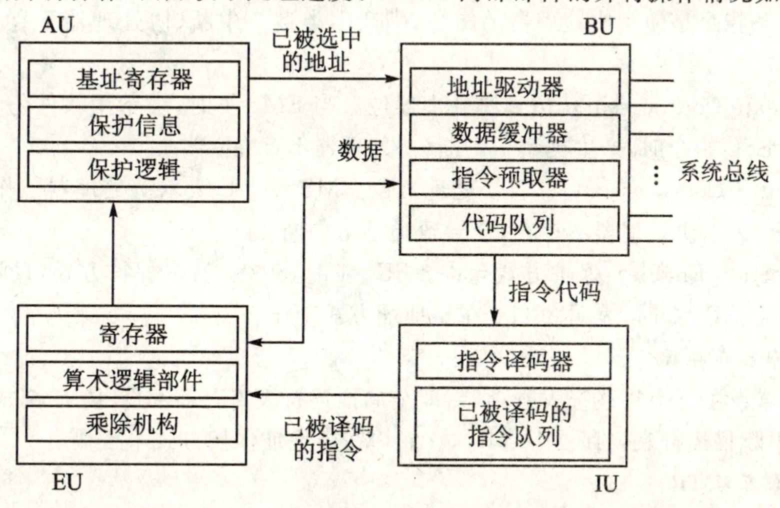

图 2.7　80286 内部部件的并行操作

2.3.3.2 80286 的寄存器

80286CPU 内部寄存器的设置是在 8086 的基础上增加了几个新的寄存器。下面分别介绍。

1. 通用寄存器

80286 中的 8 个通用寄存器,即 AX,BX,CX,DX,SP,BP,SI 和 DI,与 8086 的完全一样。

2. 段寄存器

80286 中的 4 个段寄存器:DS,CS,SS,ES,在实地址方式下与 8086 相同。但在虚地址保护方式下,它们是作为存储器段式管理中描述符表的选择器,由选择器可选择段基地址。

3. 标志寄存器 FLAGS

80286 标志寄存器各个标志的含义如图 2.8 所示。

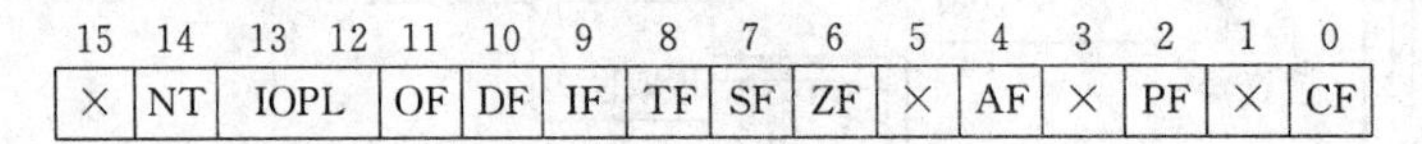

图 2.8 标志寄存器的标志

从图 2.8 中可见,80286 比 8086 增加了 IOPL 和 NT 两个标志,其余 9 个标志与 8086 完全相同。

IOPL(Input/Output Privilege Level):I/O 特权标志,占用两位,用来指定 I/O 操作处于特权的 0～3 中的哪一级。在虚地址保护方式时适用。

NT(Nested Task):嵌套任务标志。NT=1 时,表示当前执行的任务正嵌套于另一任务中,在执行完当前任务后,要返回原来的任务。否则,NT=0。在虚地址保护方式时适用。

4. 机器状态字(16 位)

80286 机器状态字 MSW 的格式如图 2.9 所示。

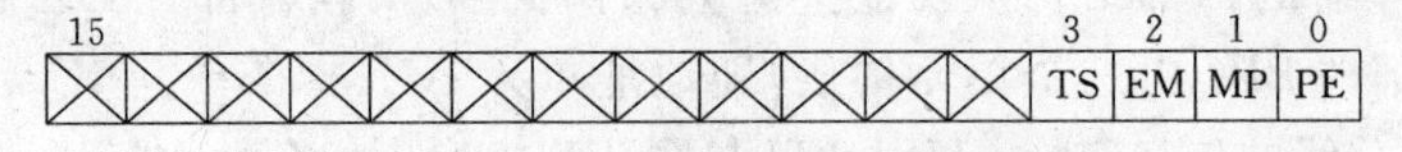

图 2.9 80286 机器状态字 MSW 的格式

TS(Task Switched):任务转换位。若任务发生切换,则置 TS=1,此时不允许协处理器工作。若下一条指令是使用协处理器的指令,则产生类型 7 中断(协处理器不存在)。任务切换完成,TS=0。

EM(Emulate Coprocessor):仿真协处理器位。当 EM=1 时,表示用软件仿真协处理器。80286 在执行 ESC 指令时,产生类型 7 中断(协处理器不存在)。

MP(Monitor Coprocessor):监督协处理器位。MP=1 时,表示协处理器工作。此时若允许 WAIT 指令,表示协处理器不存在,会导致类型 7 中断。

PE(Protection Enable):保护方式允许。PE=1 时,80286 置入保护方式,且除 RESET 外不能被清除。当 PE=0 时,表明 80286 在实地址方式工作。

5. 描述符表寄存器

80286 新增设了三个描述符表寄存器,即全局描述符表寄存器 GDTR、局部描述符表寄存器 LDTR 和中断描述符表寄存器 IDTR。它们均在虚地址保护方式下使用。

6. 任务寄存器 TR

任务寄存器是 80286 新增设的。它用来反映当前正在执行中任务的状态。发生任务转换时,CPU 通过它来获得启动或停止任务所需的信息。

7. 描述符高速缓冲寄存器

描述符高速缓冲寄存器是 80286 对描述符的一种硬件支持。段寄存器 DS,CS,ES,SS 与任务寄存器 TR 和局部描述符表寄存器 LDTR 各对应一个高速缓冲寄存器。每一个高速缓冲器由访问权限字节、段基址、段容量构成,共 48 位。每当段寄存器、TR 和 LDTR 中装入新的选择器时,这个选择器所决定的描述符就自动装入到相应的高速缓冲寄存器中,以加快虚地址向物理地址的转换。描述符高速缓冲寄存器的结构如图 2.10 所示。

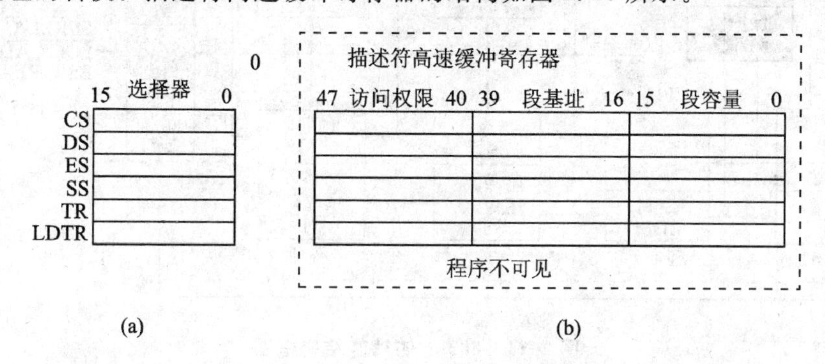

图 2.10　描述符高速缓冲寄存器结构

2.4　32 位微处理器

1985 年 10 月 Intel 公司推出的 32 位微处理器 80386,是一种高性能全 32 位,与 8086、80286 相兼容的微处理器。它的数据总线和地址总线均是 32 位的,可直接寻址的物理空间达 4 GB。80386 的存储管理部件可进行段页式存储管理,支持虚拟存储器。虚拟地址空间为 64 TB(即 64 兆兆字节)。标准主频 16 MHz。

80386 有三种工作方式:实地址方式、虚地址保护方式和虚拟 8086 方式。前两种模式与 80286 相同。虚拟 8086 方式是 80386 设计的重要特点,可同时执行 8086 的操作系统及其应用程序,以及 80386 的操作系统和 80286、80386 的应用程序,即可使 8086 软件有效地与 80386 保护方式下的软件并发运行。这种方式为系统程序员提供了很大的灵活性。

2.4.1　80386 的基本结构

2.4.1.1　80386 的功能结构框图

80386 微处理器的功能结构框图如图 2.11 所示。它由三大部分组成:中央处理器 CPU、存储器管理部件 MMU 和总线接口部件 BIU。其中 CPU 由指令预取部件 IPU、指令译码部件 IDU 和执行部件 EU 组成。存储管理部件由分段部件 SU 和分页部件 PU 组成。80386 的这些部件可以并行工作,构成一个六级流水线体系结构。

指令预取部件 IPU 负责预取指令,将存储器中的指令按顺序取到 16 字节的预取指令队列中;指令译码部件 IDU 负责对指令进行译码,并将译码后的指令存放到已译码的指令队列里,供执行部件使用;执行部件 EU 包括 8 个 32 位的通用寄存器、一个 64 位的桶形移位器,用于加速移位、乘除及循环操作。

分段部件 SU 管理面向程序员的逻辑地址空间,完成虚地址向线性地址转换;分页部件

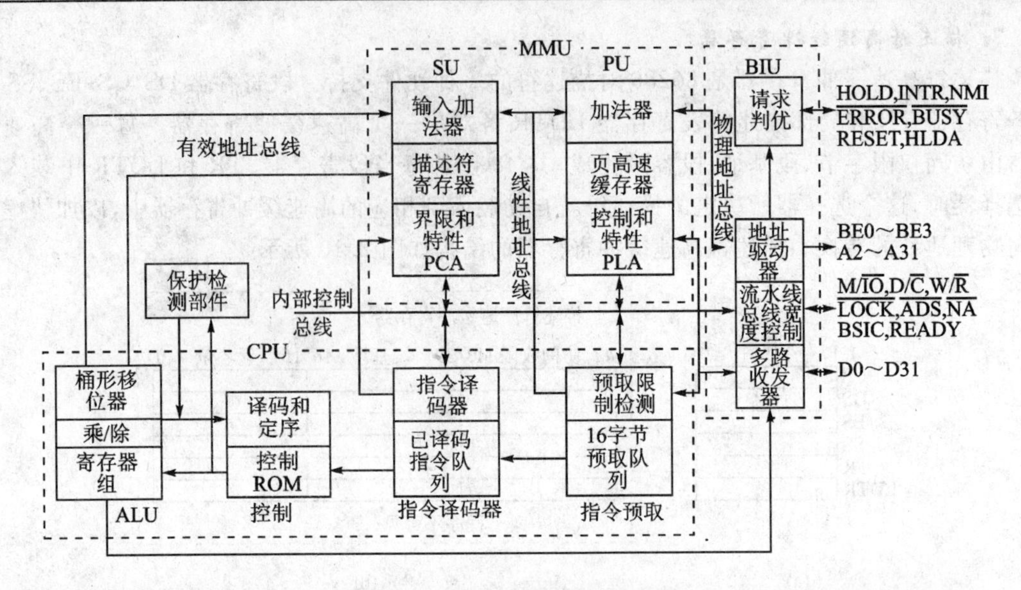

图 2.11　80386 的功能结构框图

PU 管理物理地址空间，将分段部件或指令译码部件产生的线性地址转换为物理地址。

总线接口部件 BIU 负责与存储器、I/O 端口传送数据，完成存储器访问和输入/输出操作。

2.4.1.2　80386 的寄存器结构

80386 内部共有 32 个寄存器，如图 2.12 所示。它们可以分为七类：通用寄存器、段寄存器、段描述符寄存器、指令指针和标志寄存器、控制寄存器、系统地址寄存器、调试寄存器和测试寄存器。

1. 通用寄存器

80386 有 8 个 32 位的寄存器，如图 2.12(a)所示。它们都是由 8086、80286 相应的 16 位寄存器扩展而来，用来存放数据或地址。它们支持 1 位、8 位、16 位、32 位或 64 位的数据操作数，还支持 16 位或 32 位的地址操作数。

这些寄存器的低 16 位可单独使用，而且 EAX，EBX，ECX 和 EDX 的第 7～0 位和第 8～15 位，还可以作为 8 位寄存器单独使用。它们的命名同 8086。

2. 段寄存器和段描述符寄存器

80386 的段寄存器共有 6 个，如图 2.12(d)所示。CS，DS，ES，SS，FS，GS 都是 16 位的。其中 FS，GS 是新增加的，用来支持当前数据段的段寄存器；CS，DS，ES，SS 的用法与 80286 相同。

在 80386 中每一个段寄存器都有一个段描述符寄存器与之对应，即 80386 中有 6 个段描述符寄存器。每个段描述符寄存器共 64 位，包括 32 位的段基地址、20 位的段界限值和 12 位的属性标志。对程序员而言，段描述符寄存器是不可见的。

每当一个段寄存器中的值确定之后，80386 以段寄存器中的值作为索引，从相应描述符表中取出一个 8 字节的描述符，将其存入段寄存器所对应的段描述符寄存器中。由于段基址、段界限可以直接从段描述符寄存器中得到，因此不必在访问存储器时查描述符表，从而加快了存储器访问。

3. 指令指针寄存器和标志寄存器

指令指针寄存器 EIP 是 32 位的，用来存放下一条要执行的指令相对于代码段基址的偏移

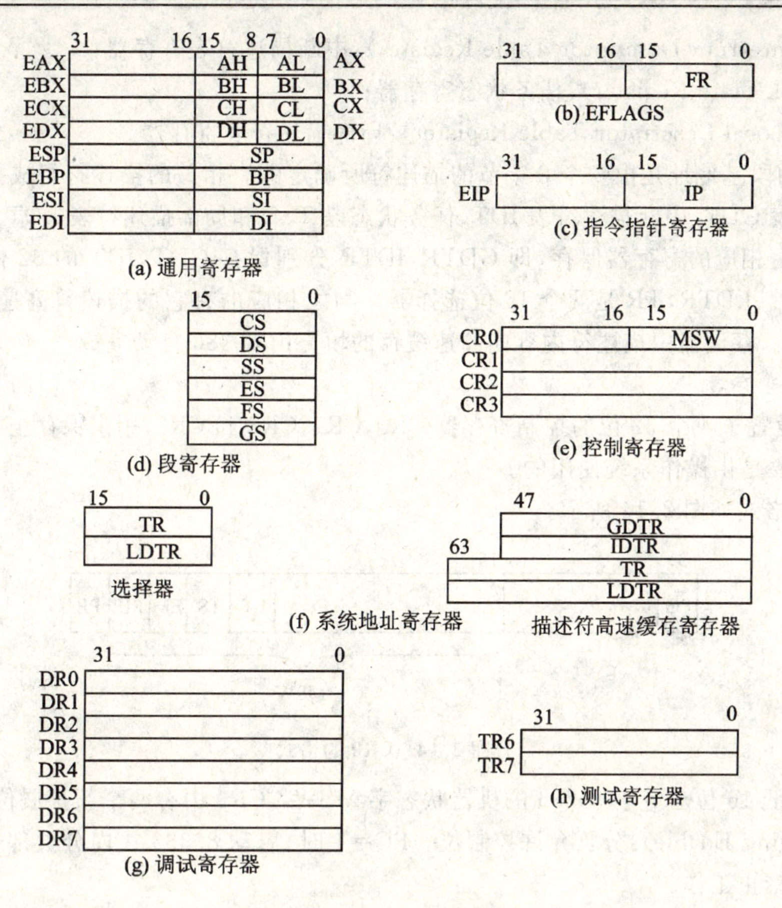

图 2.12 80386 的寄存器

量。为了和8086兼容,EIP的低16位可作为独立指针,称为IP。EIP的结构如图2.12(c)所示。

标志寄存器EFLAGS是32位的寄存器。它是在80286 FLAGS的基础上增加了两个标志:VM和RF。EFLAGS的结构如图2.13所示。

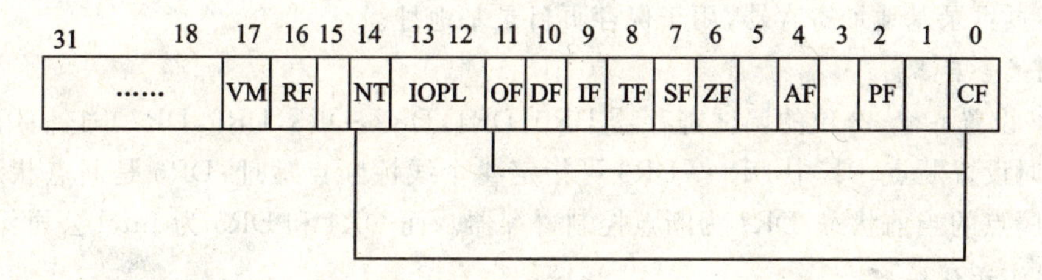

图 2.13 EFLAGS 的结构

RF(Resume Flag):重新启动标志。它与调试寄存器的断点或单步操作一起使用。每成功地执行完一条指令,RF自动清0。当RF置1时,则下一条指令执行期间所遇到的断点将被忽略。

VM(Virtual 8086 Mode):虚拟8086方式标志。当80386工作在保护方式时,若VM=1,则CPU进入虚拟8086方式。

4. 系统地址寄存器

系统地址寄存器包括:

GDTR(Global Descriptor Table Register):全局描述符表寄存器;

IDTR(Interrupt Descriptor Table Register):中断描述符表寄存器;

TR(Task State Register):任务状态寄存器;

LDTR(Local Descriptor Table Register):局部描述符表寄存器。

80386 的段基地址是由一个 8 字节的描述符所确定的。相关的描述符组成描述符表。有全局描述符表 GDT、中断描述符表 IDT、任务状态段 TSS 和局部描述符表 LDT。这些表的基地址和界限由相应的寄存器保存,即 GDTR,IDTR 分别保存 GDT,IDT 的 32 位线性基地址和 16 位界限。LDTR,TR 是两个 16 位选择器。与之相应的有它的描述符高速缓存器,见图 2.12(f)所示。存储器中描述符内容向高速缓存的填充由 80386 自动完成。

5. 控制寄存器

80386 设置了 4 个 32 位的控制寄存器 CR0,CR1,CR2 和 CR3,用来保存全局性的机器状态。它们主要是供操作系统使用的。

CR0 的格式如图 2.14 所示。

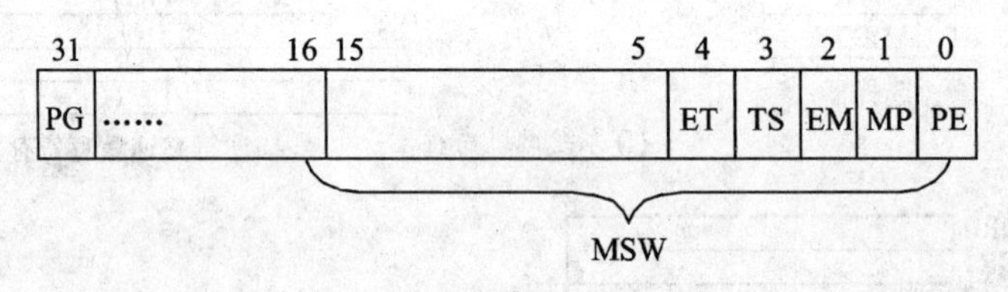

图 2.14 CR0 的格式

CR0 的低 16 位对应于 80286 的机器状态字 MSW。CR0 中有两个新扩展位:PG,ET。

PG(Paging Enable):分页允许控制位。PG=1 时,启动 80386 片内分页部件工作;否则,分页部件被禁止工作。

ET(Processor Extension Type):处理器扩展类型控制位。ET=1 时,协处理器是 32 位的 80387。如协处理器为 80287,则 ET 置为 0,此时,使用 16 位数据类型。

CR1:未定义。

CR2:页故障线性地址寄存器,用于保存页故障线性地址。

CR3:页目录基地址寄存器,用于保存页目录基地址。

6. 调试寄存器

80386 设置 6 个 32 位的调试寄存器 DR0,DR1,DR2,DR3,DR6,DR7。它们用于程序员调试程序时设置断点。其中 DR0~DR3 可指定 4 个线性断点地址;DR6 是断点状态寄存器,用于指示断点的当前状态;DR7 为断点控制寄存器。而 DR4 和 DR5 为 Intel 公司保留。

7. 测试寄存器

80386 的两个 16 位的测试寄存器 TR6 和 TR7 用于存储器测试。TR6 为测试命令寄存器;TR7 为数据寄存器。

2.4.2 80386 的引脚信号

80386 的引脚配置如图 2.15 所示。80386 采用 PGA(Pin grid array)封装,具有 132 条引脚。其中有 34 条地址线、32 条数据线和 17 条控制线,如图 2.16 所示。

80386 的引脚信号说明如下。

● D31~D0:双向三态数据总线,可按 32 位、16 位、8 位传送数据。当控制信号 BS16=1

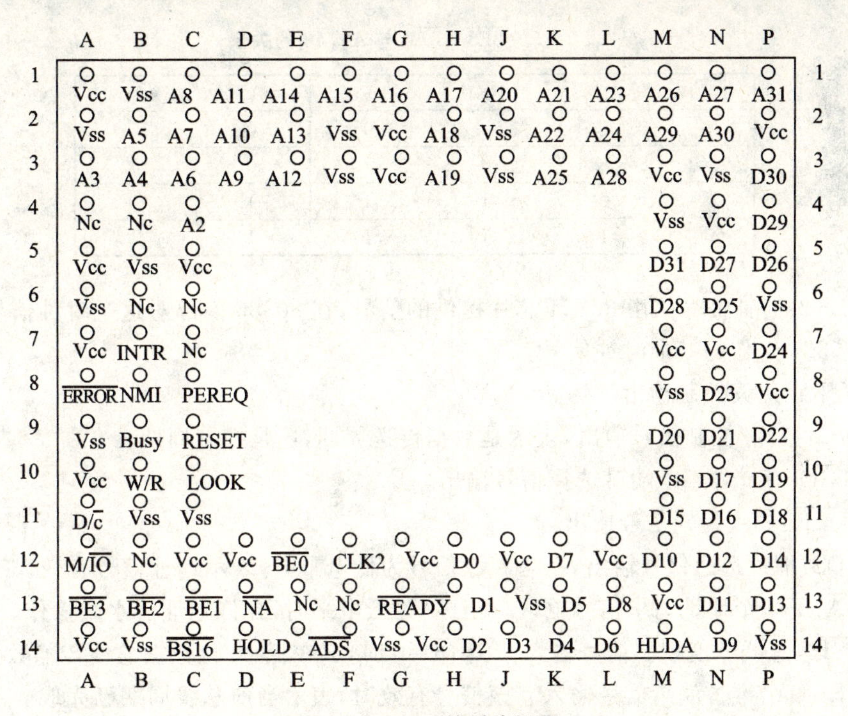

图 2.15　80386 的引脚配置

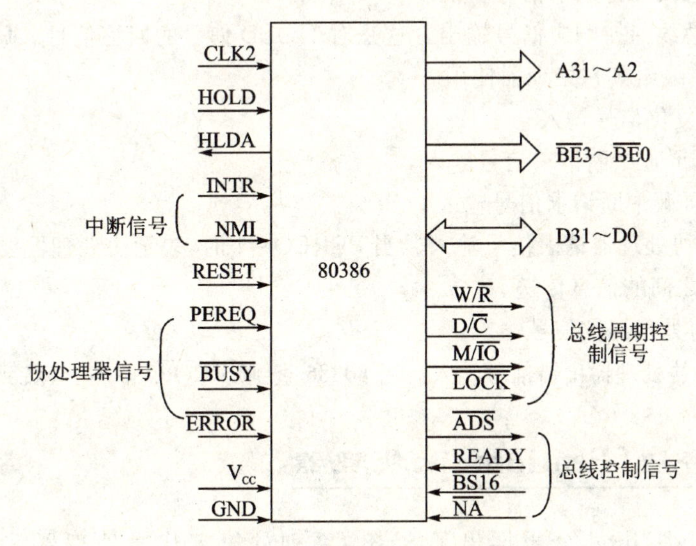

图 2.16　80386 的信号功能

时，D31～D0 进行 32 位数据传送；当 BS16＝0 时，D15～D0 进行 16 位数据传送。通过地址线 $\overline{BE}3$～$\overline{BE}0$ 的配合实现按字节传送：$\overline{BE}3$＝0 时，则 D31～D24 进行 8 位数据传送；$\overline{BE}2$＝0 时，则 D23～D16 进行 8 位数据传送；$\overline{BE}1$＝0 时，则 D15～D8 进行 8 位数据传送；$\overline{BE}0$＝0 时，则 D7～D0 进行 8 位数据传送。

● A31～A2：地址总线，单向输出三态。它和 $\overline{BE}3$～$\overline{BE}0$ 相组合提供 32 位地址，即 32 位地址的最低两位 A1 和 A0 由 $\overline{BE}3$～$\overline{BE}0$ 产生。$\overline{BE}3$～$\overline{BE}0$ 与 A1、A0 的关系如表 2－5 所列。

表 2-5 $\overline{BE3}$～$\overline{BE0}$ 与 A1,A0 的关系

$\overline{BE3}$	$\overline{BE2}$	$\overline{BE1}$	$\overline{BE0}$	A1	A0
×	×	×	0	0	0
×	×	0	1	0	1
×	0	1	1	1	0
0	1	1	1	1	1

- CLK2:时钟信号。由 80384 芯片提供的信号,在 80386 内部对这个时钟信号进行二分频,作为 80386 工作的基准时钟信号。
- $W/\overline{R}$:写/读控制输出。
- $D/\overline{C}$:数据/控制信号输出,表示是数据传送周期,还是控制周期。
- $M/\overline{IO}$:存储器/IO 端口选择信号输出。
- $\overline{LOCK}$:总线封锁信号输出。
- $\overline{ADS}$:地址选通信号输出,三态。该信号为低电平时,表示地址信号有效。
- $\overline{NA}$:下一个地址请求信号输入。当$\overline{NA}$为低电平时,允许地址流水线操作。
- $\overline{RS16}$:总线宽度控制信号输入。$\overline{RS16}$=0 时,只在低 16 位数据总线传输数据。
- READY:准备就绪信号输入。该信号有效时,表示当前总线周期已完成。
- HOLD:总线保持请求信号输入。
- HLDA:总线保持响应信号输出。这是对 HOLD 信号的回答信号。HLDA 有效时,表示 CPU 已让出总线给其它处理器使用。
- RESET:复位信号输入。
- INTR:可屏蔽中断请求信号输入。
- NMI:非屏蔽中断请求信号输入。
- PEREQ:协处理器请求信号输入。当 PEREQ=1 时,表示协处理器要求 80386 控制存储器和协处理器之间的信息传送。
- $\overline{BUSY}$:协处理器忙信号输入。
- $\overline{ERROR}$:协处理器出错信号输入。当 80386 查到$\overline{ERROR}$=0 时,会转到错误处理程序。

2.5 奔腾(Pentium)微处理器

在 1993 年 3 月 Intel 公司推出了 80x86 系列的第五代微处理器芯片 Pentium。在 Pentium CPU 芯片上集成了 310 万个晶体管,有 64 条数据线和 36 条地址线。最初时钟频率是 60 MHz 和 66 MHz,以后陆续推出了 100 MHz,200 MHz 等 Pentium CPU。它与 80x86 系列中先前的各种 CPU 保持软件的完全兼容。它的性能大大高于 80x86 系列前期的微处理器,也远远超过了当时的工作站和超级小型机。

2.5.1 Pentium 的系统结构

Pentium 微处理器系统结构框图如图 2.17 所示。

Pentium 微处理器采用了超标量双流水线结构,这是 Pentium CPU 设计技术的核心。所

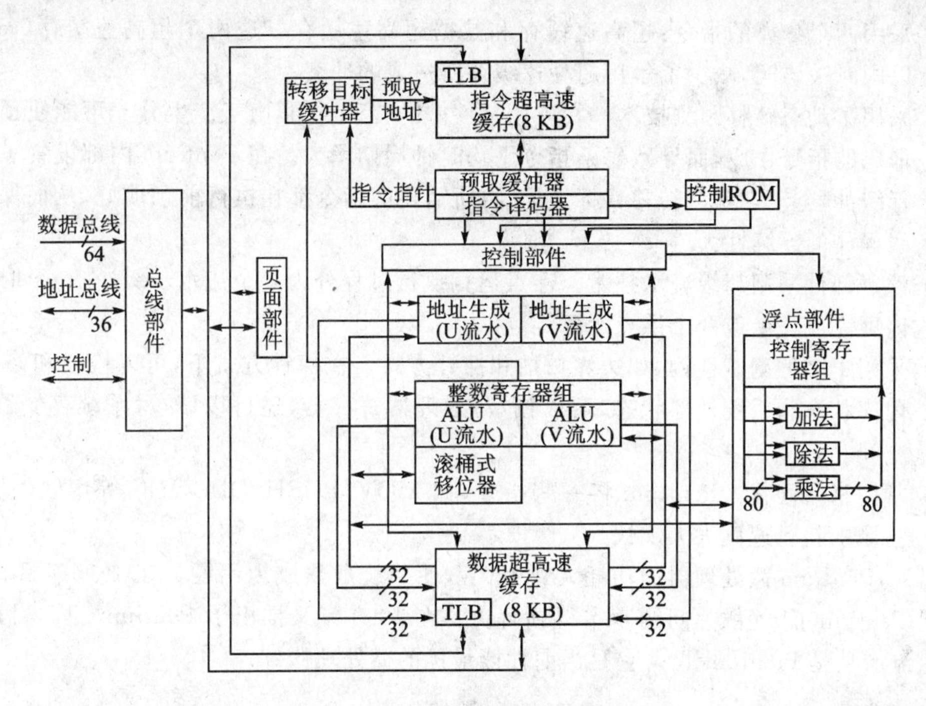

图 2.17 Pentium 微处理器系统结构

谓超标量就是微处理器内含多个指令执行部件和多条指令流水线,从而在一个机器周期内可以对多条指令进行并行处理。Pentium 有两条指令流水线:U 流水线和 V 流水线。两条流水线各自拥有独立的地址生成逻辑、算术逻辑部件 ALU 和高速缓存器接口。每条流水线包括五个步级:指令预取、指令译码、地址生成、指令执行、结果回写。各步骤可并行工作。

Pentium 微处理器内部有两个超高速缓存:8KB 指令超高速缓存和 8KB 数据超高速缓存,均采用 32 ×8 线宽,有力地支持了 Pentium 的 64 位总线结构,并都设有转换后援缓冲器 TLB,以加快线性地址向物理地址的转换。

指令超高速缓存、转移目标缓冲器和预取缓冲器负责将原始指令送入 Pentium 的执行部件。转移目标缓冲器用来记录转移地址,TLB 将线性地址转换成指令超高速缓存所用的物理地址。指令译码器将预取的指令译码成 Pentium 可以执行的指令。控制 ROM 部件直接控制两条流水线。控制 ROM 含有控制实现 Pentium 体系结构必须执行的运算顺序的微代码。

Pentium 微处理器的浮点单元完成浮点运算过程分为 8 个流水步级,而且对 MUL,LOAD 等常用指令由硬件完成,使浮点运算速度大大提高。

2.5.2 Pentium 微处理器的技术特点

Pentium 微处理器设计中采用了亚微米(0.6 μm)的 CMOS 技术,在 CPU 芯片内部集成了浮点运算数学协处理器、高速缓存(cache)等部件,更多地采用了 RISC(Reduced Instruction Set Computer)技术。Pentium 新型体系结构的主要技术特点如下。

- 采用了 RISC 型 CPU,并且其 CPU 采用超标量双流水线结构。两条流水线都可执行整数指令。另外,U 流水线可执行浮点指令,而 V 流水线可执行 FXCH 指令(浮点指令的一种)。这种结构使 Pentium 在每个时钟周期可执行两条简化指令。

- 采用两个分离的指令:超高速缓存和数据超高速缓存。这两个超高速缓存(cache)可以同时被访问,减少了争用超高速缓存所造成的冲突。
- 采用了动态转移预测技术。在应用软件中的转移语句,由于产生分支可能使预取和预译码的指令作废,而导致每条指令平均时钟周期增大。在Pentium内部设置了转移目标缓冲器,动态预测转移目标地址,将所需要的指令都在执行前预取好,从而保证流水线操作的连续性。
- 浮点部件采用超级流水技术。浮点运算执行过程分为8个流水步级,在一个时钟周期内可完成一个或两个浮点运算。
- 采用了多种测试挂钩,如边界扫描和探针方式。在探针方式下,可以检查和修改CPU内部状态和系统外部状态,可以读/写处理器寄存器,还可以读/写系统存储器和I/O空间。
- 常用指令固化。Pentium将一些指令,如MOV,PUSH,DEC,INC等用硬件实现,使指令的执行速度大大加快。

另外,Pentium微处理器的功耗大到15 W,使系统散热成为问题。在1995年Intel公司推出了PentiumⅡ,使散热问题基本得到解决。在1999年又推出了Pentium Ⅲ。目前,社会上的主流产品是Pentium Ⅳ。它是当前性能最优的微处理器。

2.6 新一代微处理器Itanium(安腾)

Itanium(安腾)是Intel Itanium结构的64位处理器,通常称之为IA-64。安腾处理器是Intel(英特尔)公司64位处理器家族的第一位成员。Intel推出了两个Itanium的产品:第一代是Itanium,另一个是Itanium 2。第一代Itanium处理器商标如图2.18所示。

Itanium是面向工作站和服务器的专用CPU,是与其他CPU完全不同的64位CPU。Itanium芯片不支持x86结构,任何希望在安腾芯片上运行为x86芯片编写的软件程序必须要使用Intel公司发布的一种名为“IA-32 EL(执行层)”的仿真软件。IA-32 EL为在Itanium芯片上运行32位程序提供了好的性能和灵活性。

图2.18 Itanium处理器商标

Itanium与x86有两个截然不同的市场。Itanium是专为高端企业和高性能应用而设计的,更加注重提供关键业务计算所需要的可靠性和稳定性。Itanium处理器体现了一种全新的设计思想,完全是基于显式并行指令计算EPIC(Explicitly Parallel Instruction Computer)而设计的。对于性能要求苛刻的,或需要高性能运算功能的,如电子交易安全处理、超大型数据库、供应链管理、尖端科学运算、计算机辅助工程等,Itanium处理器能很好地满足用户的要求。

EPIC的主要特点如下。

- 显式并行:根据指令之间的依赖关系最大限度地挖掘指令级的并行性,从而确定哪些指令可以并行执行,并将这种并行性通过属性字段“显式”地告知指令执行部件。
  指令级并行性可促进最优化的软件指令结构,从而使处理器能够在相同时间内执行更多的指令。
- 断定执行:为了避免条件转移分支,每条指令先判定为真(或假),存于断定寄存器中。

IA－64 具有 64 个一位断定寄存器，用于断定执行。

采用了推断技术后，原有的转移指令被转换成条件执行指令。原有的转移指令的所有的分支都被并行执行，从而提高了处理机的执行效率。

- 推测技术：包括控制推测和数据推测。推测技术允许提前载入数据，能减少或消除等待时间。当程序中有分支时，控制推测技术将位于分支指令之后的取数指令提前若干周期执行，以此消除访问内存延时，提高指令执行的并行度；而数据推测技术则用于解决提前取数指令后的数据相关性问题。

对于那些经常对高速缓存进行操作的应用程序，例如对大型数据库，推测技术带来的性能的提高尤为显著。

Itanitum 利用先进的 EPIC 技术和它的大容量高速缓存，64 位的寻址能力来同时执行更多的并行操作，以加速数据查询和处理。安腾处理器的浮点引擎功能使数据挖掘、科研运算等复杂计算达到业界领先性能。

Itanium 2 于 2002 年推出。它的市场定位为企业服务器，专为世界上最复杂的高端计算平台而设计。Itanium 的最高工作频率只有 800 MHz，而 Itanium 2 可以达到 1 GHz；Itanium 2 处理器的前端总线比 Itanium 更快（由 266 MHz 提高到 400 MHz）、更宽（由 64 位提高到 128 位），进而使整体带宽提高了 3 倍之多。

Itanium2 处理器最重要的创新就是将大容量的三级高速缓存封装在处理器芯片内。这不仅加快了数据检索速度，同时可将三级高速缓存和处理器内核间的整体通信带宽大幅提高。

Itanium 2 处理器拥有比 Itanium 更多执行部件（增加了 2 个整数单元），指令流水线的级数也由 10 级减少到 8 级，从而更有效地计算和处理更多指令，并能在要求更为苛刻的环境下保持较高的指令吞吐量。

表 2－6 给出 Itanium 和 Itanium 2 的基本参数对比情况。

表 2－6　Itanium 和 Itanium 2 的基本参数对比

参数	Itanium	Itanium 2
处理器/位	64	64
主频/MHz	800	1 000
线宽/μm	0.18	0.18
晶体管数/只	25×10^6	214×10^6
前端总线频率/MHz	266	400
系统总线接口/b	64	128
最大带宽/$\mathrm{Gb\cdot s^{-1}}$	2.1	6.4
一级缓存/KB	32（芯片内）	32（芯片内）
二级缓存/KB	96（芯片内）	256（芯片内）
三级缓存/MB	4（外置）	3（芯片内）
流水线级数/条	10	8
处理传输通道接口/个	9	11
执行单元	4 个整数单元，2FP，2 SIMD 2 个读取，2 个存储	6 个整数单元，2FP，2 SIMD， 2 个读取，2 个存储
（指令/时钟周期）（最大）/（条）	6	6
寄存器/个	328	328

Itanium 内部的 328 个寄存器包括:128 个 64 位整数寄存器(用作通用寄存器及整数运算)、128 个 82 位浮点寄存器(用作浮点运算和图形寄存器)、64 个 1 位断定寄存器(用作断定执行)、8 个转移寄存器(用作指定转移的目标地址)。

Itanium 2 可以适用于运算要求更苛刻的场合,支持高交易量、复杂运算、海量数据和用户群。处理器的 EPIC 设计和三级高速缓存可以保证在线交易处理、数据分析、模拟和图像绘制的处理速度和性能。处理器还具有先进的可靠性特点,可以进行错误的检测、修改和记录,还具有错误修改指令和奇偶校验的特性。

全球领先的软件制造企业正在开发丰富的应用程序支持基于 Itanium 2 处理器的系统。目前全球已经有上百家公司已经或正准备逐步在 IT 环境中应用 Itanium 处理器家族。

习 题

1. 8086 的 CPU 由哪几个部分组成? 并说明它们的主要功能。
2. 8086 有哪些段寄存器? 段寄存器的作用是什么?
3. 8086 的 CPU 中标志寄存器 FR 的标志分为几类? 这些标志的含义是什么?
4. 什么是逻辑地址? 什么是物理地址? 什么是虚拟地址? 它们之间有何联系?
5. 80286 的标志寄存器和 8086 的标志寄存器有何不同?
6. 80386 的 CPU 有哪几种操作方式?
7. 何谓超标量流水线技术? 简述 Pentium 微处理器的主要技术特点。
8. Itanium(安腾)微处器的特点是什么?

第3章
指令系统

计算机的问世，是科学史上的一个里程碑。它可以通过完成特定的功能，来帮助人们解决和处理各种各样的实际问题。计算机所完成的特定的功能又是通过执行一系列相应的操作来实现的。它所执行的每一个操作，就称为一条指令。计算机所能执行的全部指令的集合，就称为该计算机的指令系统。每种计算机都有一组指令集提供给用户使用。

3.1　80x86的指令格式

众所周知，计算机通过执行指令序列来完成各种功能，以便解决实际问题的。计算机只能处理以二进制表示的信息，也就是说人们所编制的各种程序代码必须经过编译、解释或汇编成一系列的二进制代码——机器指令。

指令也就是一组代码信息，指出机器要完成什么操作、对什么数据进行操作、操作的结果存放在何处以及有些情况下需要指出下一条指令的地址等信息。通常来说，计算机中的指令由操作码字段和地址码字段两部分构成，即一条指令的基本格式是：

操作码字段	地址码字段

其中，操作码字段指示计算机所要执行的操作，也就是该指令的功能。地址码字段也可称为操作数字段，指出该指令执行时的操作对象。在该部分可以直接给出操作数或是操作数的地址（通过操作数的地址可以找到操作数）以及操作结果存放处。下面我们将分别就指令的这两部分予以介绍。

3.1.1　操作码字段

操作码字段表明机器要进行什么操作。每一条指令的操作码都是用一个唯一确定的二进制编码来表示的。如果操作码的长度有 n 位，那么它最多可以表示 2^n 条指令。可以这样说，指令的操作码所含的位数越多，它所能表示的指令条数也就越多。但如果指令的长度是一定的，那么如果操作码所占的位数越多，地址码字段所占的位数就相应越少，所以在设计指令的时候要综合考虑，使得该种编码方法既可表示所有的指令，又能达到简单快捷的寻址。目前指令的操作码的编码方法有两种：固定长度操作码和可变长度操作码。

3.1.1.1　固定长度操作码

固定长度操作码是指，指令的操作码的长度是固定不变的，是在指令的第一个字节内。在

IBM 370 机中就是采用这种编码方式对操作码进行编码的，长度为 8，可以表示 $2^8=256$ 种不同的操作。这种编码方法的优点是可以简化硬件设计，减少指令译码时间，适用于指令字长较长的大、中型或超级小型机中。

3.1.1.2 可变长度操作码

可变长度操作码是指操作码的长度不定。对于指令长度固定的情况，如果操作码所占的位数多，相对来说地址码所占的位数就少，也就是说操作码的长度和地址码的长度是互相制约的。对于这种情况可以采用可变长度操作码这种编码方法，操作码的位数是可以选择的。下面结合一个例子来说明。

设某机器指令的长度为 8 位，其中操作码占 4 位，地址码占 4 位。对于 4 位操作码最多可以表示 16 种不同的操作。对于有些不含有地址码的指令可以采用让这 8 位都用来表示操作码，相当于把操作码的长度由 4 位扩展到 8 位。我们可以利用前 4 位的 15 种编码来表示存在地址码的指令，让第 16 种编码联合后 4 位一起进行编码，这样又存在 16 种不同编码，共有 15+16=31 种编码，可以表示 31 种不同的操作。

编码如图 3.1 所示。

```
0 0 0 0 - - - -
0 0 0 1 - - - -
……
1 1 1 0 - - - -
1 1 1 1 0 0 0 0
1 1 1 1 0 0 0 1
……
1 1 1 1 1 1 1 0
1 1 1 1 1 1 1 1
```

图 3.1　编码图

我们在这里仅仅介绍一种操作码的扩展方法。在实际使用中，可以采用任一种方法。但有一个重要原则是：使用频度高(经常被用到)的指令应分配短的操作码；使用频度低的指令应分配较长的操作码。这样可以减小操作码的位数，节省存储空间，缩短了常用指令的译码时间，有利于提高程序的运行速度。使用这种编码方法的缺点是硬件设计难度大，译码复杂，主要应用于指令字长较短的微、小型机上。

3.1.2 地址码字段

地址码字段的格式有：零地址(只有操作码无操作数)、一地址(有一个操作数)、二地址(有两个操作数)和三地址(有三个操作数)。地址码字段指出该指令中存在几个操作数。根据所含的操作数个数，指令又可分为零地址指令、一地址指令、二地址指令和三地址指令。

3.1.2.1 零地址

零地址指令只含有操作码不含有操作数，如等待指令、空操作指令，或是操作数是隐含的，如进栈出栈指令的 SP 指针就是隐含指出的。这种指令的格式：

操作码字段

3.1.2.2　一地址

一地址指令中只给出一个地址。对其操作有两种情况。一种是只对由该地址指定的操作数进行操作。操作后的结果存放在该地址处,如 INC,DEC 等指令。另一种情况是,该指令有两个操作数,其中一个操作数是隐含的,所以在指令形式上看,是一地址指令,如 MUL,IMUL 等指令。这种指令的格式:

操作码字段	地址码字段1

3.1.2.3　二地址

二地址指令是在指令中存在两个地址分别指出两个操作数:一个称为源操作数;另一个称为目的操作数。该指令是对这两个操作数执行由操作码指定的操作,如 MOV,AND 等指令。这种指令的格式:

操作码字段	地址码字段1	地址码字段2

3.1.2.4　三地址

三地址指令是在指令中存在三个地址分别指出三个操作数,对前两个操作数执行操作码字段所指示的操作,并把结果存放在在第三个地址处。这种指令的格式:

操作码字段	地址码字段1	地址码字段2	地址码字段3

3.2　80x86的寻址方式

在3.1节中我们已经对指令的格式有所了解。在指令的地址码字段提供了操作数或操作数的地址。本节介绍寻址方式。寻址方式是用来表明如何解释指令的地址码字段,以便找到所需要的操作数。对于转移指令来说是提供转移地址。

3.2.1　8086/8088的寻址方式

3.2.1.1　立即数寻址方式

这种寻址方式是在地址码字段直接给出一个立即数。该立即数便是本指令的操作对象——操作数。这种操作数是直接存放在指令中的,作为指令的一部分,紧跟在操作码后面,是存放在代码段内的。该寻址方式不需要再去访问其他的段来寻找操作数,故采用这种寻址方式的指令执行速度快。它的缺点是不能修改,只适于操作数固定的情况。该立即数既可以是8位(imm8)的,又可是16位(imm16)的。立即数寻址方式只能作为源操作数的寻址方式,不能作为目的操作数的寻址方式。该寻址方式如图3.2所示。

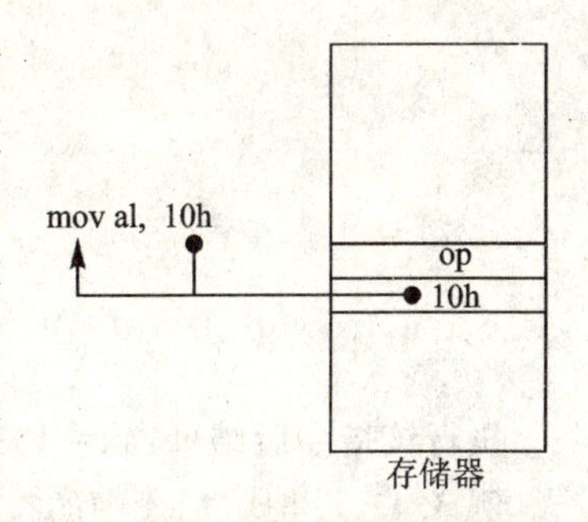

图3.2　例3.1的执行图

例3.1　设存在指令:

```
mov  al, 10h     ;源操作数采用的是立即数寻址方式。
```

执行该指令后的结果:(al)=10h。

3.2.1.2 寄存器直接寻址方式

该寻址方式是操作数在寄存器内,在指令中只给出寄存器名,可以采用 8 位寄存器(reg8)或 16 位寄存器(reg16)。采用这种寻址方式既可以加快寻址速度,又可以缩短指令的长度。

例 3.2 设存在指令:

```
mov  dx, ax                ;该指令的源操作数和目的操作数采用的都是
(ax)= 1244h                ;寄存器直接寻址方式。
```

指令执行后:(dx)=1244h。

3.2.1.3 存储器寻址方式

存储器寻址方式是指机器需要到代码段和寄存器外的其他段中去寻找操作数。采用这种方式使访存的次数增加。我们知道,存储单元的物理地址是由段地址和有效地址构成的,因而该类寻址方式可分为:直接寻址方式、寄存器间接寻址方式、基址寻址方式、变址寻址方式和基址变址寻址方式。

1. 直接寻址方式

该寻址方式是在指令中直接给出操作数所在存储单元的地址,也就是有效地址。该有效地址也可以是符号地址。这种寻址方式可以很直接地就得到了操作数的有效地址,没有作任何计算。该寻址方式隐含情况是指操作数在数据段内。如果操作数不在数据段中,需使用段跨越前缀来指明操作数所在的段。

例 3.3 指令:

```
mov  ax, [1000h]           ;源操作数采用直接寻址方式
```

等价于:mov ax, ds : [1000h]

采用此方式寻址如图 3.3 所示。

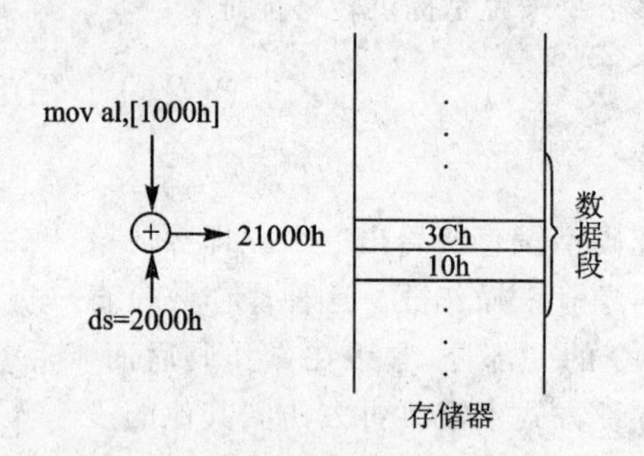

图 3.3 采用立即寻址方式示例图

执行该指令后结果:ax=103ch。

例 3.4 设把附加段中的符号地址为 data1 的存储单元的字节内容送入 cl 寄存器中。

指令为:

```
mov  cl, es : data1 或 mov cl, es : [data1]
```

2. 寄存器间接寻址方式

该寻址方式是指操作数的有效地址是放在寄存器内的，在指令中只能使用基址寄存器BX,BP和变址寄存器SI,DI。根据所用的寄存器的不同，可以确定操作数所在的段。如果操作数的有效地址是在BP寄存器内，表明操作数在堆栈段内；如果有效地址是在BX,SI,DI三个寄存器之一，则表明操作数在数据段内。故操作数的物理地址用如下形式形成：

物理地址＝16d×(ds)＋(bx)

或

物理地址＝16d×(ds)＋(si)

或

物理地址＝16d×(ds)＋(di)

或

物理地址＝16d×(ss)＋(bp)

例 3.5　设存在指令：

```
mov   ax, [bx]   ; (ax)=0a3b4h, (bx)=1010h, (ds)=3000h, (31010h)=3445h
```

采用寄存器间接寻址方式如图 3.4 所示。

指令执行后结果：(ax)＝3445h。

采用寄存器间接寻址方式的指令中，可以指定段跨越前缀来取得其它段中的数据。假设要取附加段内的数据，指令如下：

```
mov ax, es : [bx]
```

3. 基址寻址方式

该寻址方式，是指在指令中使用了基址寄存器BX和BP。操作数的有效地址是由基址寄存器的值加上8位或16位的位移量。操作数所在的段，除了使用段跨越前缀外，应根据所使用的基址寄存器的类型来判断。如果使用的是BX寄存器，表明操作数在数据段内；如果使用的是BP寄存器，则表明操作数是在堆栈段内。故操作数的物理地址形成如下：

物理地址＝16d×(ds)＋(bx)＋8 位位移量或 16 位位移量

或

物理地址＝16d×(ss)＋(bp)＋8 位位移量或 16 位位移量

其中，8 位位移量或 16 位位移量可以采用符号地址。

例 3.6　设存在指令：

```
mov   ax, 0010h[bx] ; (ds)=3000h, (bx)=0100h, (30110h)=6f33h
```

等价于指令：

```
mov ax, [bx+0010h]
```

设符号地址 data1＝ 0010h，则该指令可写成：

```
mov ax, data1[bx]
```

该指令的寻址情况如图 3.5 所示。

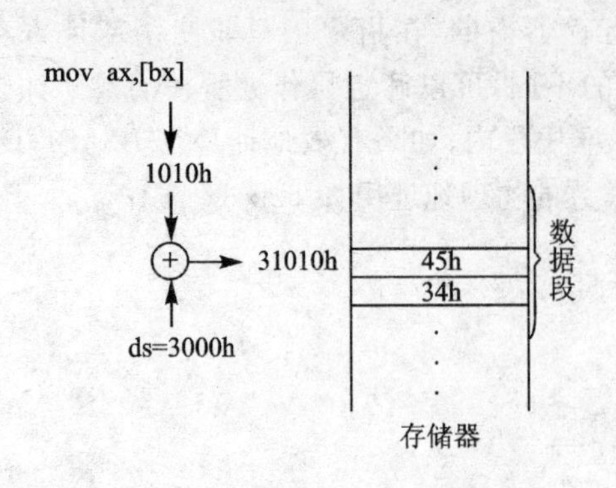

图 3.4　寄存器间接寻址方式示意图

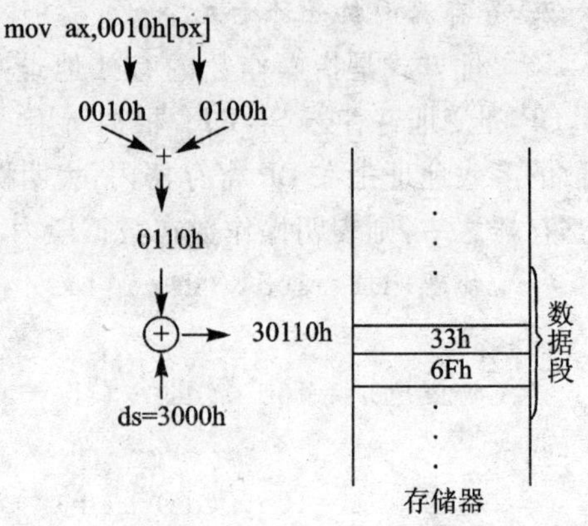

图 3.5　基址寻址方式示例图

该指令的执行结果:(ax)＝6f33h。

4. 变址寻址方式

该寻址方式,是在指令中使用了变址寄存器 SI 和 DI。操作数的有效地址是变址寄存器的值加上 8 位或 16 位的位移量。使用的变址寄存器,隐含表明操作数在数据段内;如果在其它段内,需使用段跨越前缀。故操作数的物理地址形成如下:

物理地址＝16d×(ds)＋(si)＋8 位位移量或 16 位位移量

或

物理地址＝16d×(ds)＋(di)＋8 位位移量或 16 位位移量

其中,8 位位移量或 16 位位移量可以采用符号地址。

例 3.7　设存在指令:

```
mov  ax, 0010h[si] ; (ds)=3000h, (si)=0210h, (30220h)=0a45ch
```

该指令等价于指令:

```
mov  ax, [si+0010h]
```

设符号地址 data2＝ 0010h,则该指令可写成:

```
mov  ax, data2[si]
```

该指令的寻址情况如图 3.6 所示。

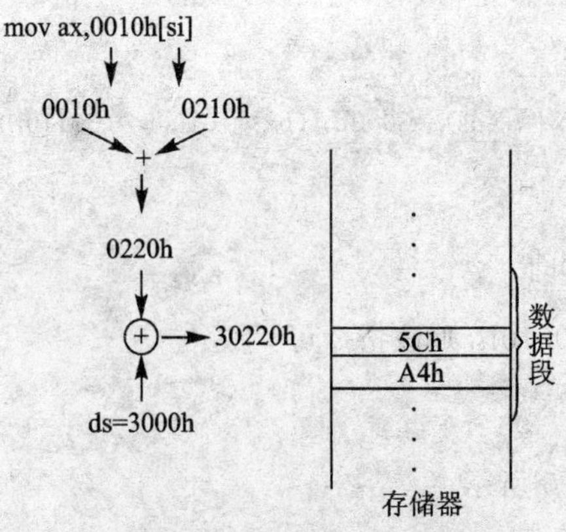

图 3.6　变址寻址方式示意图

指令执行的结果：(ax)＝0a45ch。

5. 基址变址寻址方式

该寻址方式，是在指令中同时使用了基址寄存器 BX 或 BP 和变址寄存器 SI 或 DI。操作数的有效地址是基址寄存器的值加上变址寄存器的值再加上 8 位或 16 位的位移量。操作数所在的段，除了段跨越前缀外，应根据所使用的基址寄存器的类型来判断。如果使用的是 BX 寄存器，表明操作数在数据段内；如果使用的是 BP 寄存器，则表明操作数是在堆栈段内。故操作数的物理地址形成如下：

物理地址＝16d×(ds)＋(bx)＋(si)＋8 位位移量或 16 位位移量

或

物理地址＝16d×(ds)＋(bx)＋(di)＋8 位位移量或 16 位位移量

或

物理地址＝16d×(ss)＋(bp)＋(si)＋8 位位移量或 16 位位移量

或

物理地址＝16d×(ss)＋(bp)＋(di)＋8 位位移量或 16 位位移量

其中，8 位位移量或 16 位位移量可以采用符号地址。

例 3.8　设存在指令：

```
mov  ax, 0010h[bp][di] ; (ss)=4000h, (bp)=0100h, (di)=0001h, (40111h)=6789h
```

该指令的寻址情况如图 3.7 所示。

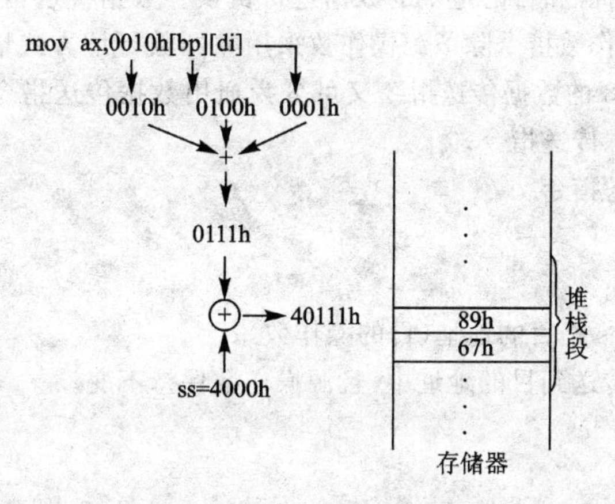

图 3.7　基址变址寻址方式示例图

指令执行的结果：(ax)＝6789h。

3.2.2　80x86 的寻址方式

对 80286 及其以上的处理器，主要有两种操作方式：实地址方式和保护虚地址方式。

在实地址操作方式下，与 8086/8088 是完全兼容的，80x86 就像一个快速的 8086/8088。只是在这种方式下，80x86 除了运行 8086/8088 的指令集外，还可以运行它们自己提供的一些高级指令。在实地址方式下的 80x86 与 8086/8088 有关存储器容量(1 MB)及其分配和寻址方式等都是一样的。保护虚地址方式主要是为了支持多任务、多用户环境而设计的，存储器容量可达 16 MB 及其以上。这样在计算物理地址的时候,就要与在实地址方式下有所不同。那么在这种方式下是如何来寻址的呢?机器提供了一种寻址方式称为页面寻址方式。这种寻址方式使用 PC 的高位部分与指令给出的形式地址(该形式地址作为低位部分)相拼接而形成的地址是操作数的有效地址。对于 80386 及其以上的处理器,在寻址方式中有关操作数地址的计算上提供了比例因子,使得变址的程序更加灵活。

3.3 8086 指令系统

8086/8088 处理器大约可以执行 100 种不同的指令。按功能可以把这些指令分为六组,分别为:数据传送指令、算术运算指令、逻辑运算和移位指令、串操作指令、控制转移指令、处理器控制指令。依靠 8086/8088 处理器提供的强大指令系统,用户可以使用机器来实现各种实际应用。用户使用指令系统可以对某一问题编制一系列的指令序列,机器是通过执行这些指令序列来解决各种问题的。每一类计算机都有一套自己的指令系统。

下面逐一介绍每一种指令。

3.3.1 数据传送指令

数据传送是任一套指令系统的最大量、最基本和最主要的操作。数据传送的速度和灵活性对整个程序的性能将起到很重要的作用。传送指令也就是把数据、地址或立即数传送到寄存器或存储单元中。发起数据传送方被称为源(源操作数),接受目的方被称为目的地(目的操作数),而交换指令,是将源和目的地中的数据进行交换。数据传送指令有单操作数指令和双操作数指令。对于双操作数指令除了源操作数采用立即数寻址方式情况外,必有一个操作数在寄存器中。8086/8088 的数据传送指令又可分为通用数据传送指令、输入输出数据传送指令、地址传送指令和标志传送指令。

3.3.1.1 通用数据传送指令

1. mov 指令

格式:mov des,src

其中 src 是源操作数,des 是目的地址(目的操作数)。

功能:把源操作数传送到目的地址中,且源操作数保持不变。

执行操作:(src)→(des)

例 3.9

```
mov    ax,0fc46h
mov    bh,48h
mov    data,38f8h
mov    ax,data1
mov    data1,ax
mov    ax,110[si]
```

图 3.8 是该类指令的传送方向图。

注意:

- 该类指令的操作数的类型必须一致,即若源操作数的类型是字节类型,目的操作数必须也是字节类型；若源操作数是字类型，目的操作数必须也是字类型。否则，汇编程序会指示出错。

- 源操作数可以是立即数，存放在寄存器或存储单元中；目的操作数可以是除了立即数和CS段寄存器以外的任一种寻址方式。
- 源操作数和目的操作数不能同时在存储单元中，即不许直接在两个存储单元之间传送信息。若需要在两个存储单元间传送信息，须借助一个中间寄存器。
- 若目的操作数存放在段寄存器，如图3.8 mov指令数据传送方式图所示，则源操作数不可以是立即数。

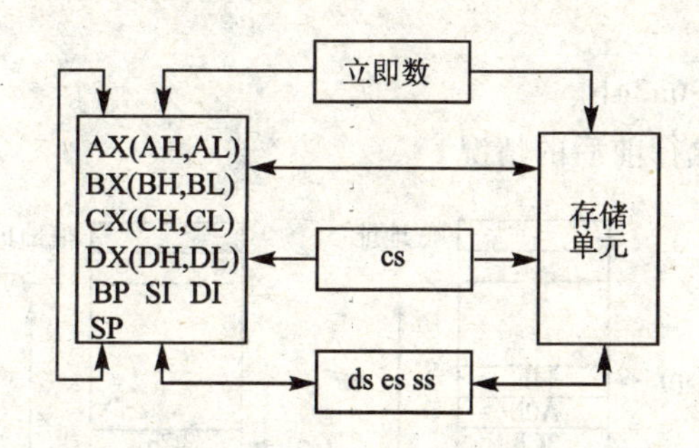

图3.8 mov指令数据传送方式

- 该指令对标志位没有任何影响。

2. push 进栈指令

格式：push src

功能：把操作数入栈。

执行操作：(sp) －2→(sp)

(src)→((sp)＋1, (sp))

例3.10 push bx ；(bx)＝0a034h

该指令执行前后堆栈的情况如图3.9所示。

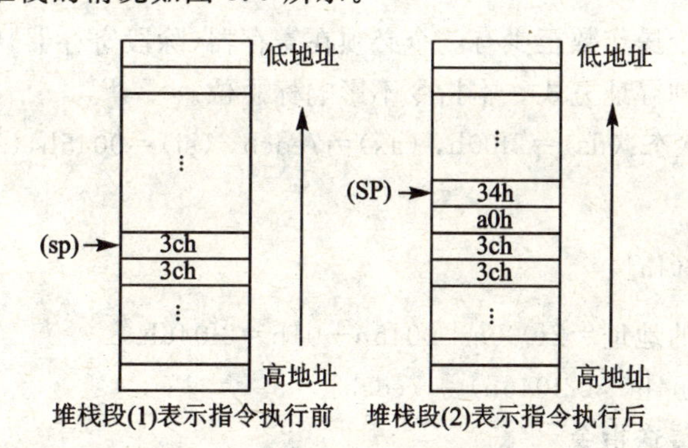

图3.9 push指令执行前后堆栈的情况

指令push(进栈指令)和指令pop(出栈指令)都是对堆栈来说的。堆栈是以“后进先出”方式工作的一段连续的存储区。该存储区是定义在堆栈段中的。堆栈指针寄存器SP总是指向当前的栈顶元素。故在使用这两条指令时，必须根据当前寄存器SP的内容来确定进栈或出栈的存储单元，并要及时修改SP的内容，以确保SP指向当前栈的栈顶元素。这两条指令都是以字为单位进行操作的。它们的操作数可以使用除立即数以外的任一种寻址方式,都不影响标志位。

3. pop 出栈指令

格式:pop des

功能:把当前栈的栈顶元素放入由目的地址所指示的单元或寄存器中。

执行操作:((sp)+1,(sp))→(des)

(sp)+2→(sp)

说明:本指令不可以使用段寄存器 cs 作为操作数。

例 3.11 pop ds

该指令执行后:(ds)=0a34h。

图 3.10 表示该指令执行前后的情况。

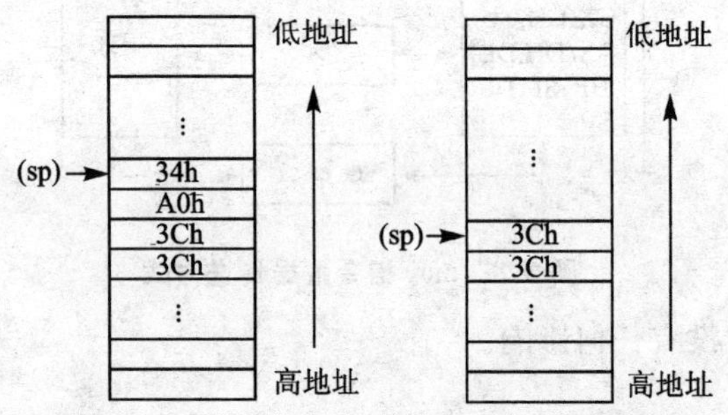

图 3.10 pop des 指令执行前后的堆栈的情况

4. xchg 交换指令

格式:xchg des, src

功能:将源操作数与目的操作数相互交换。

执行操作:(des)↔(src)

说明:本指令的两个操作数至少有一个必须在寄存器(除段寄存器)中,可以采用除立即数以外的任一种寻址方式。本指令不影响标志位。

例 3.12 设当前状态:(ds)=2f00h,(ax)=7edch,(si)=0045h,(2f046h)=5454h。

执行指令:

```
xchg ax, [si+01h]
```

结果为:源操作数的地址=2f000h+0045h+01h=2f046h

(ax)= 5454h (2f046h)= 7edch

3.3.1.2 累加器数据传送指令

1. in 输入指令

格式:长格式 in al/ax,端口号(外设的端口地址)

短格式 in al/ax,dx

功能:该指令完成从 I/O 端口到 CPU 的信息传送。

执行操作:长格式 (端口号)→(al),(端口号+1,端口号)→(ax)

短格式　　((dx))→(al),((dx)+1,(dx))→(ax)

说明:在 IBM PC 机里,外设的端口号的前 256 个端口(0 ～ FFH)可以采用长格式直接进行信息传送。如果端口号大于等于 256 时,就只能采用短格式先把端口号送入寄存器 DX 中,然后再用该指令进行传送。注意,端口号和寄存器 DX 的内容均代表外设端口地址。传送的信息是该端口的内容。该指令不影响标志位。

例 3.13　设用指令完成把端口 6a3ch 的字节内容送入 byte 存储单元中,可用下列三条指令来实现:

```
mov   dx, 6a3ch
in    al, dx
mov   byte, al
```

2. out 输出指令

格式:长格式　　out　端口号(外设的端口地址),al/ax

　　短格式　　out　dx,al/ax

功能:该指令完成从 I/O 端口到 CPU 的信息传送。

执行操作:长格式　　(al) →(端口号),(ax)→(端口号+1,端口号)

　　　　短格式　　(al)→((dx)),(ax)→((dx)+1,(dx))

说明:同指令 in 的说明相同。

例 3.14　把例 3.13 中的 byte 存储单元的内容送到端口 10h,则指令如下:

```
mov   al, byte
out   10h, al
```

3.3.1.3　地址传送指令

1. lea 有效地址传送

格式:lea　reg, src

功能:将源操作数的有效地址传送到由 reg 指定的寄存器中。

执行操作:src→(reg)

说明:源操作数必须是存放在存储单元中的数据,即源操作数的寻址方式不能采用立即数和寄存器方式。reg 只能是 16 位的通用寄存器。该指令不影响标志位。

例 3.15　设当前状态是:(di)=0001h,(bp)=0020h

则语句:lea　di,[bp+10h]

执行后:源操作数的有效地址=0020+10h=0030h

　　　　(di)=0030h

2. lds

格式:lds　reg, src

功能:把由 src 所指定的连续的四个字节存储单元的前两个字节存储单元的内容送入由 reg 指定的寄存器中,把后两个字节存储单元的内容送入段寄存器 ds 中。

执行操作:(src)→(reg)

　　　　(src+ 2)→(ds)

说明:与指令 lea 的说明相同。

例 3.16　设当前状态:(si)= 0002h,(ds)=0a00h,(bx)=0010h,(0a010h)=0f0d9h

(0a012h)=3c4dh

则语句:lds　si,[bx]

执行后:源操作数的物理地址=0a000h+0010h=0a010h

(si)=0f0d9h,　(ds)=3c4dh

3. les

格式:les　reg,src

功能:把由 src 所指定的连续的四个字节存储单元的前两个字节单元的内容送入由 reg 指定的寄存器中,把后两个字节单元的内容送入段寄存器 es 中。

执行操作:(src)→(reg)

(src+2)→(es)

说明:与指令 lea 中的说明相同。

例 3.17　设当前状态:(di)=0001h,(es)=0b000h,(bx)=0020h,(ds)=0c000h

(0c0022h)=6666h,(0c0024h)=78c2h

则语句:les　di,[bx+0002h]

执行后:该指令的源操作数的物理地址=0c0000h+0020h+0002h=0c0022h

(di)=6666h,(es)=78c2h

3.3.1.4　标志传送指令

标志传送指令主要是用来处理标志寄存器中的各位的。在标志寄存器中的 CF,DF 和 IF 三个标志位有相对应的操作指令,对于其他的位只能通过标志传送指令来进行设置和修改。标志传送指令共有四个,都没有操作数,对标志位的影响根据具体的值而定。

1. pushf 标志进栈

格式:pushf

功能:把 psw 寄存器的内容全部压入堆栈。

执行操作:(sp)-2→(sp)

(psw)→((sp)+1,(sp))

2. popf 标志出栈

格式:popf

功能:把栈顶字单元的内容弹出,送入标志寄存器(psw)中。

执行操作:((sp)+1,(sp))→(psw)

(sp)+2→(sp)

3. lahf(标志送 ah)

格式:lahf

功能:把将 psw 寄存器的低 8 位送入 ah 寄存器中。

执行操作:(low　psw)→(ah)

4. sahf(ah 送 psw)

格式:sahf

功能:把 ah 寄存器的内容送给 psw 寄存器的低 8 位。

执行操作:(ah)→(psw 的低 8 位)

3.3.2　算术运算指令

算术运算指令既存在单操作数指令，又存在双操作数指令。它有加法指令、减法指令、乘法指令和除法指令共四类。算术运算指令既可对无符号数进行运算，又可对带符号数进行运算。对于双操作数的算术运算指令除了源操作数是立即数的情况外，必须有一个操作数是存放在寄存器中的。单操作数的算术运算指令须采用除立即数方式外的任一种寻址方式。

3.3.2.1　加法指令

1. add 一般加法指令

格式：add　des, src

功能：把源操作数和目的操作数相加，结果存放在由 des 所指定的地址中，并根据结果设置标志位。

执行操作：(src)＋(des)→(des)

说明：src 可使用任一种寻址方式，des 应采用除立即数以外的寻址方式。

该指令影响标志位——cf,zf,sf,of,af,pf。

zf：如果两个操作数相加的结果是 0，则该位置 1；否则置 0。

sf：对于两个带符号数相加，如结果是正数，则该位置 0；否则置 1。

cf：该位是根据结果的最高有效位是否有向高位的进位来设置的。如果有向高位的进位，则该位置 1；否则置 0。

of：该位是根据操作数的符号及符号的变化情况来设置的。如果两个操作数的符号相同，而结果的符号与之相反，则该位置 1；否则置 0。

af：该位是根据相加的过程中，第三位是否有向第四位的进位，如果有，该位置 1；否则置 0。

pf：该位是根据结果中 1 的个数来设置的。如果 1 的个数是偶数，则该位置 1；否则置 0。

例 3.18　设存在这样的加法语句：

```
add  al, 40h   ; (al)=0f4h
```

下面给出该指令的计算过程：

```
         (al)→   1   1   1   1   0   1   0   0
     +   40h →   0   1   0   0   0   0   0   0
     ---------------------------------------------
               1   0   0   1   1   0   1   0   0
```

该指令执行后：(al)＝34h, of＝0, cf＝1, zf＝0, sf＝0, af＝0, pf＝0。

2. adc 带进位加法指令

格式：adc　des, src

功能：将源操作数与目的操作数进行相加，并加上 cf 位的值，把所得的结果存放在由 des 指定的地址中，并根据结果设置标志位。

执行操作：(src)＋(des)＋cf→(des)

说明：与指令 add 中的说明相同。

例 3.19　设在存储单元 data1 和 data2 中分别存放两个 32 位的无符号数，用指令实现这两个无符号数相加，并把结果存放在单元 data1 中。

指令序列如下：

```
mov   ax, data2
mov   dx, data2+2
add   data1, ax
adc   data1+2, dx
```

3. inc 加 1 指令

格式:inc des

功能:将由 des 所指定的操作数加 1,并把所得结果回送入由 des 指定的单元或寄存器中,并根据结果设置标志位 of,sf,zf,af,pf。

执行操作:(des)+1→(des)

说明:该指令既可对字节操作,也可对字进行操作;该指令的操作数统被作为无符号数处理,可以使用除立即数寻址方式外的任一种寻址方式。该指令不影响 cf。

例 3.20

```
inc   cx
inc   cl
inc   [bx+100h]
```

3.3.2.2 减法指令

1. sub 一般减法指令

格式:sub des, src

功能:用目的操作数减去源操作数,把所得结果存放在由 des 所指定的地址中,并根据结果设置标志位。

执行操作:(des)-(src)→(des)

说明:该指令的说明与 add 的大体相同。在这里只把不同处给大家介绍一下。

cf:该位反映的是无符号数运算时的借位情况。判断该位可以有两种方法:① 如果减数大于被减数,则该位为 1;否则为 0。② 根据最高有效位向高位的借位情况来处理。如果有借位,则 CF=0;否则为 1。

of:如果两个操作数的符号相反,而结果的符号与减数的符号相同,则该位是 1。除此以外的任意情况该位都是 0。

例 3.21 设存在语句:

```
sub   dh, 4ah
```

执行前状态:(dh)=a4h

该指令的运算过程:

```
    (dh) →  1  0  1  0  0  1  0  0
 -   4ah →  0  1  0  0  1  0  1  0
 ---------------------------------
            0  1  0  1  1  0  1  0
```

该指令的执行结果为:(dh)=5ah, of=1, cf=0, zf=0, sf=0

2. sbb 带借位减法

格式:sbb des, src

功能:用目的操作数减去源操作数,再减去 cf 的值,并把所得结果存放在有 des 所指定的地址中，根据结果设置标志位。

执行操作：(des)－(src)－cf→(des)

说明：同指令 sub 的说明相同。

例 3.22　设 x，y 为双精度数，分别存放在地址 x，$x+2$；y，$y+2$ 的存储单元中。用指令序列实现表达式：

$$x-y+99$$

指令序列为：

```
mov   ax, x
mov   dx, x+2
sub   ax, y
sbb   dx, y+2
add   ax, 99
adc   dx, 0
```

3. dec 减 1

格式：dec　des

功能：把由 des 所指定的操作数减 1，并把结果回放入由 des 指定的存储单元或寄存器中。

执行操作：(des)－1→(des)

说明：该指令既可对字节进行操作，也可对字进行操作；该指令的操作数统被作为无符号数处理，且可以使用除立即数寻址方式外的任一种寻址方式，该指令不影响 cf。

例 3.23

```
dec  bx          ;把 bx 寄存器中的内容减 1
dec  cl          ;把 cl 寄存器中的内容减 1
dec  [bp+3h]     ;把由 ss:[bp+3h]所指示的存储单元的内容减 1
```

4. neg 求负

格式：neg　des

功能：对由 des 指定的操作数求其相应的负数，把所得结果放入由 des 指定的操作数中，并根据结果设置标志位。

执行操作：－(des)→(des)或 0ffffh－(des)＋1→(des)

说明：des 可以采用除立即数寻址方式外的任意寻址方式。

cf：只有当操作数是 0 时，结果置该位为 0；其它情况均为 1。

of：只有当操作数是－128 或－32768 时，结果置该位为 1；其它情况均为 0。

例 3.24　(ax)＝40c1h

执行指令：neg ax　；求 ax 中数的负数补码表示

得结果：(ax)＝0bf3fh

5. cmp 比较

格式：cmp　des，src

功能：用目的操作数减去源操作数，并不保存运算的结果，但是根据结果设置标志位。

执行操作：(des)－(src)

说明:该指令主要用于比较两个操作数的大小,在一程序段内,在该指令后一般都紧接着一条条件转移指令语句。

3.3.2.3 乘法指令

乘法指令分为无符号数乘法指令和带符号数乘法指令两种。这两条指令在形式上都是单操作数指令。实际上,它的另一个操作数隐含在 al(对于字节操作)或 ax(对于字操作)中。乘法指令只对 cf 和 of 标志位有影响。

1. mul 无符号数乘法

格式:mul　src

功能:把由 src 指定的无符号操作数与 al 或 ax 的内容(无符号操作数)相乘,如果是两个字节相乘,结果放在 ax 寄存器中;如果是两个字相乘,结果放在 dx:ax 寄存器中。

执行操作:字节相乘　(src)×(al)→(ax)

　　　　　字相乘　(src)×(ax)→(dx:ax)

说明:该指令对除 cf 和 of 以外的标志位没有定义。对于字节相乘的结果 ax 中或两个字相乘的结果 dx:ax 中,如果 ah 或 dx 的值是 0,则 of 和 cf 位都被置为 0;否则都被置为 1。该指令的源操作数可以采用除立即数寻址方式以外的任一种寻址方式。

例 3.25　设 (al)=04h,(cl)=0a0h

则执行指令:mul　cl

结果为 (ax)=0280h　of=cf=1

2. imul 带符号数乘法

格式:imul　src

功能:把由 src 指定的带符号操作数与 al 或 ax 的内容(带符号操作数)相乘,如果是两个字节相乘,结果放在 ax 寄存器中;如果是两个字相乘,结果放在 dx : ax 寄存器中。

执行操作:字节相乘　(src)×(al)→(ax)

　　　　　字相乘　(src)×(ax)→(dx:ax)

说明:对于字节相乘的结果 ax 中或两个字相乘的结果 dx : ax 中,如果 ah 或 dx 的值分别是它们相应的低位 al 或 ax 的符号扩展,则 of 和 cf 位都被置为 0;否则都被置为 1。该指令的源操作数可以采用除立即数以外的任一种寻址方式。

例 3.26　对于前面的例子中,执行指令:

```
imul  bl   ;AL×BL→(ax)
```

结果:(ax)=0fe80h　of=cf=1

3.3.2.4 除法指令

在前面乘法指令设置标志位时,提到了符号扩展。在除法指令中也将用到符号扩展,因而先介绍两条符号扩展指令,然后再介绍除法指令。

1. cbw 字节转为字

格式:cbw

功能:把 al 寄存器的内容符号扩展到 ax 寄存器。

执行操作:(al)→(ax)

说明:如果 al 寄存器中数据的最高有效位是 0,则(ah)=00h; 如果 al 寄存器中数据的最高有效位是 1,则(ah)＝0ffh。该指令不影响条件码。该指令是无操作数指令,使用的隐含操作数在 al 内。

例 3.27　设(al)＝0a3h

则执行指令:cbw

结果是:(ax)＝0ffa3h

2. cwd 字转为双字

格式:cwd

功能:把 ax 寄存器的内容符号扩展到 dx 寄存器。

执行操作:(ax)→(dx : ax)

说明:如果 ax 寄存器中数据的最高有效位是 0,则(dx)＝0000h;如果 ax 寄存器中数据的最高有效位是 1,则(dx)＝0ffffh。该指令不影响条件码。该指令是无操作数指令,使用的隐含操作数在 ax 内。

例 3.28　设 (ax)＝0ffa3h

则执行语句:cwd

结果是:(dx)＝0ffffh，(ax)＝0ffa3h

3. div 无符号数除法

格式:div　src

功能:用 ax 或 dx : ax 寄存器的内容(无符号数)除以由 src 指定的无符号操作数。如果是 16 位数除以 8 位数,则结果的 8 位商存放在寄存器 al 中,8 位余数存放在 ah 寄存器中;如果是 32 位数除以 16 位数,则结果的 16 位商存放在 ax 寄存器中,16 位余数存放在寄存器 dx 中。

说明:该指令把一个目的操作数隐含放在寄存器 ax 或 dx : ax 中,源操作数可以采用除立即数外的任一种寻址方式。该指令对所有标志位都无定义。但如果除数是 0 或者商溢出的情况,将产生 0 号中断,转入除法出错中断处理程序去执行。

4. idiv 带符号数除法

格式:idiv　src

功能:用 ax 或 dx:ax 寄存器的内容(带符号数)除以由 src 指定的带符号操作数。如果是 16 位数除以 8 位数,则结果的 8 位商存放在寄存器 al 中,8 位余数存放在 ah 寄存器中;如果是 32 位数除以 16 位数,则结果的 16 位商存放在 ax 寄存器中,16 位余数存放在寄存器 dx 中。

说明:与 div 指令中的说明相同,需补充一点是,运行该指令所得到的余数的符号是与被除数的符号相同的。

例 3.29　设有两个字单元 word1，word2 分别存放两个带符号字操作数,现用 word1 除以 word2，并把商和余数分别放入单元 result 和 result＋2 中。

实现该例的指令序列为:

```
mov   ax, word1
cwd
idiv  word2
mov   result, ax
```

```
mov   result+2, dx
```

3.3.3 逻辑运算和移位指令

3.3.3.1 逻辑运算指令

对于双操作数的逻辑运算指令,除源操作数是立即数寻址方式的情况外,必须有一个操作数要放在寄存器中。

1. and 逻辑与

格式:and　des, src

功能:把源操作数和目的操作数按位相与,并把结果放入由 des 指定的存储单元或寄存器中。

执行操作:(des)∧(src)→(des)

说明:目的操作数不可以使用立即数寻址方式,对于其它情况没有限制。该指令使 cf=of=0, 对 af 位无定义,至于 sf、zf 和 pf 位则根据运算的结果来设置。

例 3.30　设(bl)=0afh,要求屏蔽 bl 寄存器的最高有效位。用 and 指令来实现,则语句应为:

```
and   bl, 7fh
```

这条指令执行后:

```
   1 0 1 0 1 1 1 1
∧  0 1 1 1 1 1 1 1
──────────────────
   0 0 1 0 1 1 1 1
```

结果:(bl)=2fh,sf=0, zf=0, pf=0, cf=of=0

2. 逻辑或

格式:or　des, src

功能:把源操作数和目的操作数按位相或,并把结果放入由 des 指定的存储单元或寄存器中。

执行操作:(des)∨(src)→(des)

说明:目的操作数不可以使用立即数寻址方式,对于其它情况没有限制,该指令使 cf=of=0, 对 af 位无定义,至于 af,zf 和 pf 位则根据运算的结果来设置。

例 3.31　设(bl)=0aah,要求置 bl 寄存器的第 0 位为 1,用 or 指令来实现。则语句应为:

```
or bl, 01h
```

这条指令执行完成后:(bl)=0abh

3. not 逻辑非

格式:not　des

功能:把由 des 指定的操作数按位取反,并把结果放入由 des 指定的地址中。

执行操作:$\overline{\text{des}}$→(des)

说明:该指令不能使用立即数寻址方式,不影响标志位。

4. xor 逻辑异或

格式:xor　des, src

功能:把源操作数和目的操作数按位相异或,并把结果放入由 des 指定的存储单元或寄存器中。

执行操作：(des)⊕(src)→(des)

说明：目的操作数不可以使用立即数寻址方式，对于其它情况没有限制。该指令使 cf＝of＝0，对 af 位无定义，至于 sf，zf 和 pf 位则根据运算的结果来设置。

例 3.32　设(bl)＝0aah，要求使 BL 寄存器的第 0，1，2，3 位变反，用 xor 指令来实现。则语句应为：

```
xor   bl, 0fh
```

这条指令执行完成后：(bl)＝0a5h

5. test 测试

格式：test　des，src

功能：把源操作数和目的操作数按位相与，不保存结果，只根据结果设置标志位。

执行操作：(des)∧(src)

说明：目的操作数不可以使用立即数寻址方式，对于其它情况没有限制。该指令使 cf＝of＝0，对 af 位无定义，至于 sf，zf 和 pf 位则根据运算的结果来设置。

例 3.33　设(bl)＝0afh，要求测试 bl 寄存器的第 0 位是否为 0。如果是 0，则程序跳转到标号 next 处执行，否则顺序执行。

根据要求编写指令序列为：

```
        mov    al, bl
        test   al, 01h
        je     next
        …
next:
        …
```

3.3.3.2　移位指令

下面讨论移位指令。移位指令存在两个操作数：目的操作数和源操作数。目的操作数可以使用除立即数以外的任意寻址方式。源操作数也就是移位次数，它只能是 1 或 cl，也就是说如果移位次数超过 1，则必须事先把移位次数放入寄存器 cl 中。移位指令既可进行字节操作，又可进行字操作。至于对标志位的影响，对于 cf 位，是根据各条移位指令对该位移入的值来确定的；of 位只有当移位次数为 1 时才有效。当移位次数是 1 时，在移位后所得结果的最高有效位的值发生了改变——由 0 变为 1 或由 1 变为 0，则 of 置为 1；否则为 0。

1. shl 逻辑左移

格式：shl　des，src

功能：把由 des 指定的操作数按位左移 1 位(或(cl)位)。移出的位放入 cf 中，空出的位用 0 填补，并把移位后所得的结果放入由 des 指定的地址或寄存器中。

执行操作如图 3.11 所示。

说明：根据该指令移位后所得的结果设置 zf，sf，pf，对 af 位无定义。

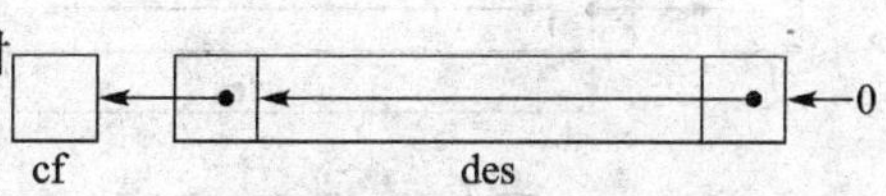

cf　des　0

图 3.11　逻辑左移

2. sal 算术左移

格式:shl des, src

功能:同逻辑左移指令。

执行操作:同逻辑左移 shl。

说明:根据该指令移位后所得的结果设置 zf,xf,pf,对 af 位无定义。

3. shr 逻辑右移

格式:shr des, src

功能:把由 des 指定的操作数按位右移 1 位(或(cl)位)。移出的最低位放入 cf 中,空出的最高位用 0 填补,并把移位后所得的结果放入由 des 指定的地址或寄存器中。

执行操作如图 3.12 所示。

说明:根据该指令移位后所得的结果设置 zf,sf,pf,对 af 位无定义。

4. sar 算术右移

格式:sar des, src

功能:把由 des 指定的操作数按位右移 1 位[或(cl)位]。移出的最低位放入 cf 中,空出的最高位用其移位前的值填补(如果移位前该位是 0,则填补值为 0;如果是 1 填补值是 1),并把移位后所得的结果放入由 des 指定的地址或寄存器中。

执行操作如图 3.13 所示。

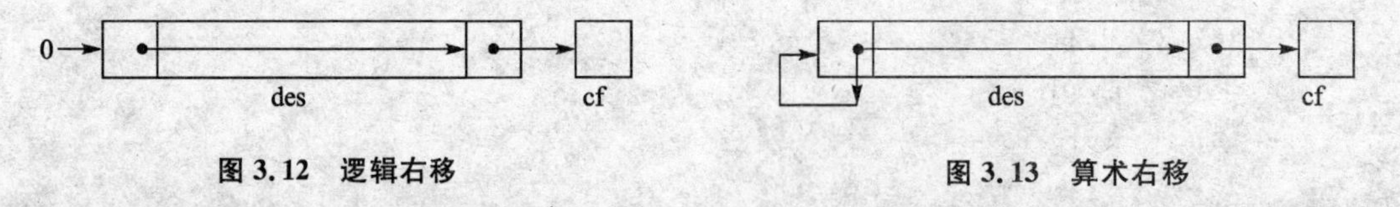

图 3.12 逻辑右移　　图 3.13 算术右移

说明:根据该指令移位后所得的结果设置 zf,sf,pf,对 af 位无定义。

5. rol 循环左移

格式:rol des, src

功能:把由 des 指定的操作数按位左移 1 位[或(cl)位]。移出的最高位放入 cf 中,并还要把该值移入空出的最低位中,把移位后所得的结果放入由 des 指定的地址或寄存器中。

执行操作如图 3.14 所示。

说明:该指令不影响除 cf 和 of 外的其它标志位。

6. ror 循环右移

格式:ror des, src

功能:把由 des 指定的操作数按位右移 1 位[或(cl)位]。移出的最低位放入 cf 中,并还要把该位的值移入空出的最高位中,把移位后所得的结果放入由 des 指定的地址或寄存器中。

执行操作如图 3.15 所示。

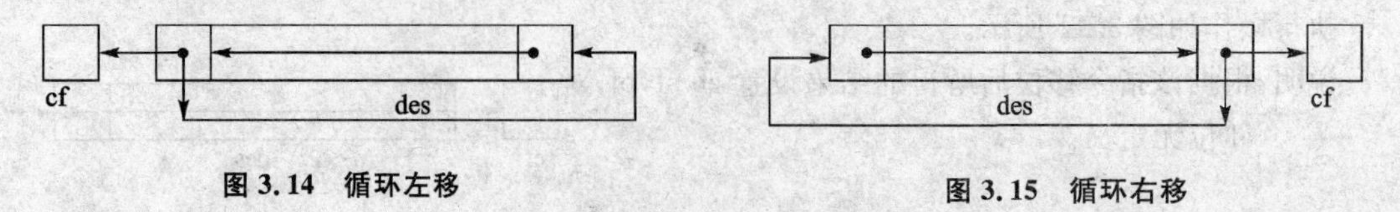

图 3.14 循环左移　　图 3.15 循环右移

说明:该指令不影响除 cf 和 of 外的其它标志位。

7. rcl 带进位循环左移

格式:rcl des, src

功能:把由 des 指定的操作数按位左移 1 位[或(cl)位],把移出的最高位移入 cf 中,把 cf 的值移入空出的最低位中,把移位后所得的结果放入由 des 指定的地址或寄存器中。

执行操作如图 3.16 所示。

说明:该指令不影响除 cf 和 of 外的其它标志位。

8. rcr 带进位循环右移

格式:rcr des, src

功能:把由 des 指定的操作数按位右移 1 位[或(cl)位],把移出的最低位移入 cf 中,把 cf 的值移入空出的最高位中,把移位后所得的值放入由 des 指定的地址或寄存器中。

执行操作如图 3.17 所示。

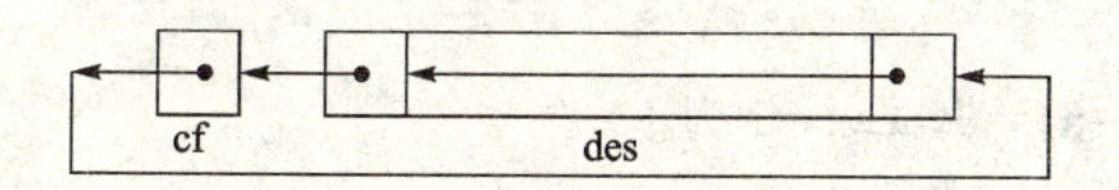

图 3.16 带进位循环左移

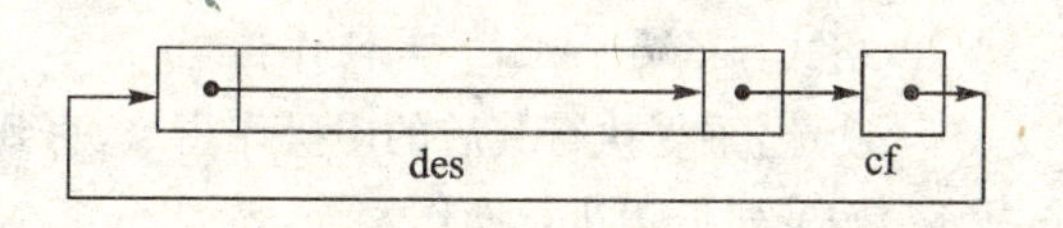

图 3.17 带进位循环右移

说明:该指令不影响除 cf 和 of 外的其它标志位。

例 3.34 设存在指令:

```
sar   al, 1
mov   cl, 3
shr   bl, cl
```

其中:

(al)=0a1h, (bl)=07h

则上述指令执行的结果是:

(al)=0d0h, (cl)=3, (bl)=00h

3.3.4 串操作指令

在介绍串操作指令之前,先介绍一下与串操作指令配合使用的前缀指令。

3.3.4.1 与串操作指令配合使用的前缀指令

1. rep 重复指令

格式:rep 串操作指令

功能:重复执行其后的串操作指令,直到(cx)=0 为止。

按下列步骤执行操作。

1) 先判断 cx 寄存器的内容,如果(cx)=0,则退出 rep;否则继续执行第 2)步。

2) (cx) −1 → (cx)。

3) 执行其后的串操作指令。

4) 重复上述 1)~3)步。

说明:该指令后的串操作指令一般为 movs,stos,lods。

2. repe/ repz 相等/为零,则重复指令

格式:repe/repz　串操作指令

功能:重复执行其后的串操作指令,直到(cx)=0 或 zf=0 为止。

按下列步骤执行操作。

1) 先判断 cx 寄存器的内容和 zf,如果(cx)=0 或 zf=0,则退出 repe/repz;否则继续执行第2)步。

2) (cx) −1→(cx)。

3) 执行其后的串操作指令。

4) 重复上述 1)~3)步。

说明:该指令后的串操作指令一般为 cmps 或 scas。

3. repne/ repnz 不相等/不为零,则重复指令

格式:repne/repnz　串操作指令

功能:重复执行其后的串操作指令,直到(cx)=0,或 zf=1 为止。

按下列步骤执行操作。

1) 先判断 cx 寄存器的内容和 zf,如果(cx)=0 或 zf=1,则退出 repne/repnz;否则继续执行第2)步。

2) (cx)−1→(cx)。

3) 执行其后的串操作指令。

4) 重复上述 1)~3)步。

说明:该指令后的串操作指令一般为 cmps 或 scas。

3.3.4.2 串操作指令

1. movs　串传送指令

格式: 1. movs　des, src

　　　2. movsb

　　　3. movsw

功能:把数据段中的由(si)指向的源串中的一个字节(或字)传送到由(di)指向的附加段中目的字节单元(或字单元)中去,并根据方向标志位的值对指针 si 和 di 的内容进行修改。

按下列步骤执行操作。

1) ((si)) →((di))

2) 对于字节操作:(si) ±1→(si), (di) ±1 →(di)

　对于字操作: (si)±2 →(si), (di) ±2 →(di)

其中,当方向标志位 df 是 0 时使用加号(+);方向标志位 df 是 1 时使用减号(−)。

说明:格式 1 只是传送单一的一个字节或字。格式 2 和 3 是传送连续的一串字节和字。当需要传送一段连续的串时,该指令常和 REP 连用,把数据段中的串传送到附加段中的串中去。该指令要求源串必须在数据段中;目的串必须在附加段中。须补充一点:源串可以使用段跨越前缀来修改。故在执行语句:rep movsb/movsw 之前,必须做好以下工作。

● 把数据段中的源串首地址或末地址(根据实际情况:正向传送还是反向传送)放入 si 寄存

器中。

- 把源串将要存入的附加段中的目的串的首地址或末地址(同上)放入 di 寄存器中。

3) 建立方向标志：

- cld 指令,使方向标志位置 0,即 df=0;
- std 指令,使方向标志位置 1,即 df=1。

4) 把数据串的长度放入寄存器 cx 中,也是 rep 指令所要求的。

该指令不影响条件码。

例 3.35　在数据段中有一个字符串 string1,该字符串的长度存放在存储单元 count 中,现要求把它传送到附加段中的起始地址是 string2 的连续单元中。

程序段编制如下：

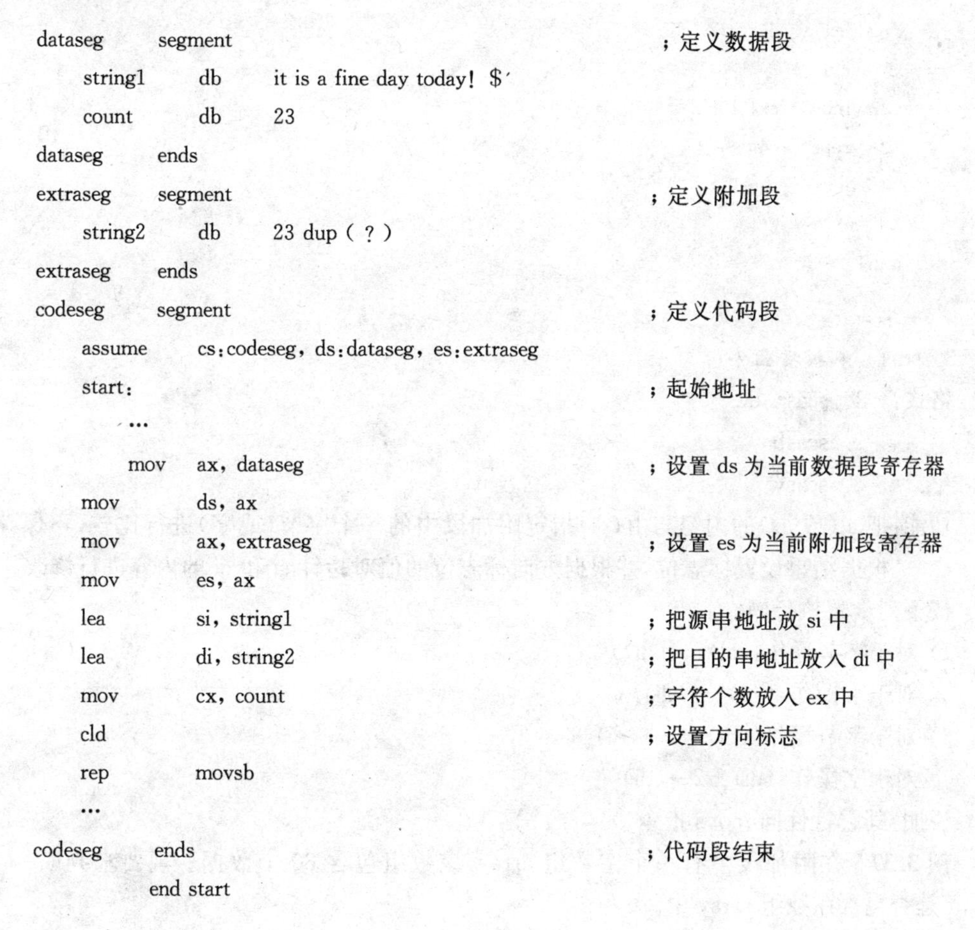

```
dataseg    segment                                              ；定义数据段
    string1    db    it is a fine day today! $′
    count      db    23
dataseg    ends
extraseg   segment                                              ；定义附加段
    string2    db    23 dup ( ? )
extraseg   ends
codeseg    segment                                              ；定义代码段
    assume    cs:codeseg, ds:dataseg, es:extraseg
    start:                                                      ；起始地址
        ...
        mov    ax, dataseg                                      ；设置 ds 为当前数据段寄存器
    mov       ds, ax
    mov       ax, extraseg                                      ；设置 es 为当前附加段寄存器
    mov       es, ax
    lea       si, string1                                       ；把源串地址放 si 中
    lea       di, string2                                       ；把目的串地址放入 di 中
    mov       cx, count                                         ；字符个数放入 ex 中
    cld                                                         ；设置方向标志
    rep       movsb
    ...
codeseg    ends                                                 ；代码段结束
        end start
```

2. cmps　串比较指令

格式：1. cmps　des, src

　　　2. cmpsb

　　　3. cmpsw

功能:把数据段中的由(si)指向的源串中的一个字节或字与由(di)指向的附加段中的目的串相减;不保存结果,根据结果设置标志位,并根据方向标志位的值对指针 si 和 di 的内容进行修改。

按下列步骤执行操作。

1) ((si))－((di))

2) 对于字节操作:(si) ±1→(si), (di)±1 →(di)

对于字操作:(si)±2→(si), (di)±2→(si)

说明:其它特性同 movs 指令。cmpsb 表示按字节比较;cmpsw 表示按字比较。

例 3.36 试编制程序段实现两个长度都是 10 个字符的字符串 str1(在数据段中)和 str2(在附加段中)比较。如果两串完全相等,则跳转到 rout1 执行,否则继续执行。

程序段编制如下:

```
        ……
        lea     si, str1
        lea     di, str2
        cld
        mov     cx, 10
        repe    cmpsb
        jcxz    rout1
        ……
rout1:
                ……
```

3. scas 串扫描指令

格式: 1. scas des

2. scasb

3. scasw

功能:把 al(或 ax)的内容与由(di)指定附加段中的一个字节(或字)进行比较,不保存结果,根据结果设置标志位,并根据方向标志位的值对指针 si 和 di 的内容进行修改。

按下列步骤执行操作。

1) 对于字节操作:(al)－((di))

对于字操作:(ax)－((di))

2) 对于字节操作:(di)±1→(di)

对于字操作:(di)±2→(di)

说明:其它特性同 movs 指令。

例 3.37 在附加段中有一个字数组 array,该数组包含 30 个数据。现要求判断一下常数 count 是否包含在数组 array 中。

程序段编制如下:

```
……
lea     di, array
cld
mov     cx, 30
mov     ax, count
repne   scasw
```

……

4. lods 从串取指令

格式： 1. lods src

2. lodsb

3. lodsw

功能：把数据段中的由(si)指向的某单元的字节内容(或字内容)送入寄存器 al(或 ax)中，并根据方向标志位的值及数据类型对指针 si 的内容进行修改。

按下步骤执行操作。

1) 对于字节操作：((si))→(al)

对于字操作：((si))→(ax)

2) 对于字节操作：(si)±1→(si)

对于字操作：(si)±2→(si)

说明：本指令不影响标志位。本指令一般不与 rep 联用。

5. stos 存入串指令

格式： 1. stos des

2. stosb

3. stosw

功能：把寄存器 al(或 ax)的内容送入由(di)指向的附加段中某字单元(字节单元)里，并根据方向标志位的值及数据类型对指针 si 的内容进行修改。

按下列步骤执行操作。

1) 对于字节操作：(al)→((di))

对于字操作：(ax)→((di))

2) 对于字节操作：(di)±1→(di)

对于字操作：(di)±2→(di)

说明：该指令不影响标志位。其它特性同 movs 指令。

例 3.38 编制程序段实现把附加段中从 aa1 字节单元开始的连续 5 个字节单元清空。

程序段编制如下：

```
lea     di, arr1
mov     cx, 5
mov     al, ‘ ’
cld
rep     stosb
```

3.3.5 控制转移指令

现实中的问题，大多数都不能仅仅通过顺序结构形式来解决，经常需要变化程序的执行流程。对于程序流程的改变，机器是通过控制转移指令来实现的。控制转移指令是不影响条件码的。8086/8088 提供了五种控制转移指令：无条件转移指令、条件转移指令、循环指令、子程序调用和返回指令、中断调用和返回指令。对于循环指令、子程序调用和返回指令将在后面相应章节中介绍。下面就讨论一下无条件转移指令、条件转移指令和中断调用和返回指令。

3.3.5.1 无条件转移指令

格式:jmp 目标地址

功能:程序跳转到该指令后所指示的目标地址处,执行以该地址为起始的程序段。

该指令又分为两类:段内转移和段间转移

1. 段内转移

我们知道,存储单元的物理地址是由段基址和偏移地址构成的,对于在同一个段内段基址是相同的,我们不用考虑,只要知道某处的偏移地址就可以了。段内转移就是指在同一个段内进行跳转,只要改变指令指针寄存器 IP 的内容就可以了。对于段内转移有下列三种格式。

(1) 段内直接短转移

格式: jmp short 标号(符号地址)

执行操作:(ip)+8 位位移量→(ip)

功能:该指令改变了当前 ip 的内容。

说明:该格式指令所指定的符号地址只允许在-128~+127 之间,即它的转移范围在-128~+127 之间。

(2) 段内直接近转移

格式: jmp near ptr 标号(符号地址)

执行操作:(ip)+16 位位移量→(ip)

功能:该指令改变了当前 ip 的内容。

说明:该格式指令可以在整个段内跳转。

(3) 段内间接转移

格式: jmp word ptr des

执行操作:(des)→(ip)

功能:该指令改变了当前 ip 的内容。

说明:该指令的 des 可以采用除立即数寻址方式以外的任一种寻址方式。

2. 段间转移

段间转移就是表示程序要跳转到不同的段内去执行。这就既需要知道目的地的段地址,又需要知道目的地的偏移地址。段间转移有两种格式。

(1) 段间直接转移

格式: jmp far ptr 标号(符号地址)

执行操作:标号(符号地址)的偏移地址→(ip)

标号(符号地址)所在段的段基址→(cs)

(2) 段间间接转移

格式: jmp dword ptr des

执行操作:(des)→(ip)

(des+2)→(cs)

功能:该格式指令把由 des 所指定的存储单元的前两个字节(低字节)单元的内容送入 ip 寄存器,后两个字节(高字节)单元的内容送入 cs 段寄存器。

说明:该格式的 des 可以采用除立即数和寄存器寻址方式以外的任意寻址方式。

3.3.5.2　条件转移指令

条件转移指令是根据判定条件是否满足而进行转移的。在程序段中，条件转移指令是依据该指令的前一条指令的结果来判断判定条件的。如果满足判定条件，则转移到该指令指示的地址处执行；否则执行该指令下面的一条指令。所有的条件转移指令所使用的操作数应该是一个目标地址，它只可以在转移指令的下一条指令地址的－128～＋127之间进行转移。条件转移指令又可以分为四组：根据单个标志位条件转移指令、无符号数条件转移指令、带符号数条件转移指令和根据cx内容条件转移指令。

1. 根据单个标志位条件转移指令

本组指令共有8条指令。

1) jz/je　结果为零/相等，则转移。

格式：jz/je　　目标地址

判定条件：zf＝1

2) jnz/jne　结果不为零/不相等，则转移。

格式：jnz/jne　　目标地址

判定条件：zf＝0

3) js　结果为负，则转移。

格式：js　　目标地址

判定条件：sf＝1

4) jns　结果为正，则转移。

格式：jns　　目标地址

判定条件：sf＝0

5) jo　结果溢出，则转移。

格式：jo　　目标地址

判定条件：of＝1

6) jno　结果不溢出，则转移。

格式：jno　　目标地址

判定条件：of＝0

7) jp/jpe　结果中含有偶数个1，则转移。

格式：jp　　目标地址

判定条件：pf＝1

8) jnp/jpo　结果中含有奇数个1，则转移。

格式：jp　　目标地址

判定条件：pf＝0

2. 无符号数条件转移指令

该组指令主要用于两个无符号数的比较，根据比较的结果进行转移。

1) jb/jnae/jc　低于/不高于或等于/进位位为1，则转移。

格式：jb/jnae/jc　　目标地址

判定条件：cf＝1

2) jnb/jae/jnc　不低于/高于或等于/进位位为0，则转移。

格式:jb/jae/jnc 目标地址

判定条件:cf=0

3) jbe/jna 低于或等于/不高于,则转移。

格式:jbe/jna 目标地址

判定条件:cf∨zf=1

4) jnbe/ja 不低于或等于/高于,则转移。

格式:jnbe/ja 目标地址

判定条件:cf ∨zf=0

3. 带符号数条件转移指令

该组指令是用来对两个带符号数进行比较的,并根据比较的结果来转移。

1) jl/jnge 小于/不大于或者等于,则转移。

格式:jl/jnge 目标地址

判定条件:sf⊕of=1

2) jnl/jge 不小于/大于或者等于,则转移。

格式:jnl/jge 目标地址

判定条件:sf⊕of=0

3) jle/jng 小于或者等于/不大于,则转移。

格式:jle/jng 目标地址

判定条件:(sf⊕of)∨zf=1

4) jnle/jg 不小于或者等于/大于,则转移。

格式:jnle/jg 目标地址

判定条件:(sf⊕of)∨zf=0

4. 根据 cx 内容转移指令

jcxz 如果(cx)= 0,则转移。

格式:jcxz 目标地址

判定条件:(cx)= 0

说明:该指令一般用于循环结构中,cx 中的内容作为计数器来使用。本指令是根据 cx 的内容使程序转移到不同的分支。

3.3.6 处理器控制指令

3.3.6.1 标志位处理指令

1. clc 清除进位标志指令

格式:clc

执行操作:0 →cf

2. stc 置进位标志指令

格式:stc

执行操作:1 →cf

3. cmc 进位标志求反指令

格式:cmc

执行操作:$(\overline{cf})\rightarrow cf$

4. cld　清除方向标志指令

格式:cld

执行操作:0 →df

5. std　置方向标志指令

格式:std

执行操作:1→df

6. cli　清除中断标志指令

格式:cli

执行操作:0 →if

7. sti　置中断标志指令

格式:sti

执行操作:1 →if

3.3.6.2　其他处理器控制指令

1. nop 无操作指令

格式:nop

执行操作:不执行任何操作。

功能:该指令的机器码占有一个字节的存储单元,往往用此指令来占用存储单元,以便在需要时可以用其它指令取代之。

2. hlt　停机指令

格式:hlt

执行操作:使机器停止工作。

功能:该指令使处理机处于停机状态等待外部中断的到来,中断结束后则继续执行下面的指令序列。

3. wait 等待指令

格式:wait

执行操作:使处理机空转。

功能:用来等待外部到来的中断,中断结束后就又回到空转状态继续等待另一中断的到来。

4. esc　换码指令

格式:esc　src

执行操作:把由 src 指定的操作数送到数据总线上。

说明:该指令的操作数应采用除立即数和寄存器寻址方式外的任一种寻址方式。

5. lock　封锁指令

说明:该指令须与其它指令联合使用,只是一个前缀,用来维持总线的锁存信号直到它后面的指令执行完。

 3.4 80x86 增强和扩充的指令

3.4.1 80286 增强和扩充的指令

80286 的指令系统包含 8086/8088 的指令系统。它不但把 8086/8088 有些指令的功能增强了,而且又扩充了一些 8086/8088 所没有的功能。

3.4.1.1 80286 增强的指令

1. 有关堆栈的指令

对于 push 指令,80286 不仅可以实现其在 8086/8088 中的把 16 位寄存器或 16 位存储单元的内容入栈,且又增加了一种格式:

push imm16

imm16 是一个 16 位的立即数。如果它是一个无符号数,其范围:0～65535;如果它是一个带符号数,其范围:－32768～32767。如果给出的数不足 16 位,机器会自动对其进行扩展成 16 位数后压入堆栈。

例 3.39

```
push   5566
push   -3456
```

2. 带符号数乘法指令

对于 imul 指令,在 8086/8088 指令系统里,在形式上只有一个操作数,另一个操作数被隐含在 al 或 ax 寄存器中。80286 保留了该功能并在此基础上又增加了两种格式:

1) imul reg16, imm

2) imul reg16, mem, imm

执行操作:

格式 1 (reg16)×imm→(reg16)

格式 2 mem×imm→(reg16)

其中,reg16 为 16 位的通用寄存器,imm 是立即数,其范围:－32768 ～ 32767,要求参加运算的数均为带符号整数,乘积为字整数。如果乘积超出范围,将丢掉溢出部分,且置 of＝cf＝1。

例 3.40

```
imul   cx, 100
imul   dx, [bp], 4ch
```

3. 移位指令

8086/8088 提供了 8 种移位指令。当移位次数超过 1 时,必须把移位次数放在寄存器 cl 中。80286 不仅保留了该功能,而且对于功能进行了增强,使得移位次数在 1～31 范围内的都可直接写在源操作数处。

例 3.41 下列指令都是正确的。

```
sal     ax, 9
```

```
rol   [bp], 31
rcr   [bx][si], 29
```

3.4.1.2　80286 扩充的指令

1. 通用指令

(1) 有关堆栈的指令

有关堆栈的指令有两个:PUSHA 和 POPA。

PUSHA 按如下顺序把寄存器 ax,cx,dx,bx,sp,bp,si,di 的内容压入堆栈。POPA 把当前堆栈栈顶的内容按顺序弹出,依次送入寄存器 ax,cx,dx,bx,sp,bp,si,di 内。

这两个指令都是无操作数指令。在调用和返回中断时的现场保护和恢复使用这两条指令,可以大大加快运行速度。

(2) 有关串处理指令

该类指令有两个:输入串 ins 和输出串 outs。

```
ins 的格式:ins    des,dx        ;把 dx 所指示的端口的信息送入 des 所指示的地址中
           insb                ;输入连续的字符串
           insw                ;输入连续的字串
```

该指令中 des 可以采用除立即数和寄存器外的任意寻址方式,并且 des 所指示的操作数必须在附加段(es)内。它的偏移地址在寄存器 di 中,端口号要放在寄存器 dx 中。

```
outs 的格式:outs   dx, src      ;把由 src 所指示的信息送入由 dx 指示的端口内
            outsb              ;输出字节串到指定端口
            outsw              ;输出字串到指定端口
```

该指令中 src 可以采用除立即数和寄存器外的任意寻址方式,并且 src 所指示的操作数必须在数据段(ds)内。它的偏移地址在寄存器 si 中,端口号要放在寄存器 dx 中。

(3) 数组界限检查指令

该指令是:bound

格式:bound　reg16, mem16

其中,reg16 是一个 16 为的寄存器,mem16 指示一个字存储单元。

该指令是检查下列表达式是否满足

$$(mem16) \leqslant (reg16) \leqslant (mem16+2)$$

如果上述表达式成立,就得到合法的结论;否则不合法,并产生类型 5 中断。

(4) 建立堆栈空间指令

该指令是:enter

格式:enter　imm16, imm8

其中,imm16, imm8 分别是 16 位和 8 位的立即数。

该指令是为过程建立堆栈空间的。Imm16 指示当前过程分配多少字节的堆栈空间,imm8 指示该过程在源程序中的嵌套层数。

例 3.42　enter　256, 3

(5) 取消建立的栈空间指令

格式:leave

该指令是取消当前堆栈空间,使 sp 恢复到建立堆栈空间前的值。

2. 保护控制指令

保护控制指令是 80286 在保护模式下扩充的指令。主要是用来设置或保护控制寄存器的值,以便支持保护虚存管理程序。该类指令共有 11 种。一般情况下,用户不会使用到这些指令,故在这里仅作简要介绍。

1) 调整请求特权层号指令 arp

2) 清除任务切换标志指令 clts

3) 访问权设置指令 lar

4) 设置全局描述符表指令 lgdt

5) 保存全局描述符表指令 sgdt

6) 设置中断描述符表指令 lidt

7) 保存中断描述符表指令 sidt

8) 设置局部描述符表 lldt

9) 保存局部描述符表指令 sldt

10) 设置机器状态字指令 lmsw

11) 保存机器状态字指令 smsw

12) 设置任务状态指令 ltr

13) 保存任务状态指令 str

14)设置段界限指令 lsl

15) 读校验指令 verr

16) 写校验指令 verw

以上这些指令除了 clts 指令是无操作数指令外,其它指令的格式:

　　操作符　　reg16/mem16

这类指令是把寄存器或存储单元的内容送入指定的控制寄存器或是把指定的控制寄存器的内容送入寄存器或存储单元内。verr 指令是检查 reg16/mem16 内存放的段选择符指向的段可否允许当前特权级代码段读出,若允许置 of=1;否则 of=0。verw 指令是检查是否允许当前特权级代码段写入到 reg16/mem16 内存放的段选择符指向的段,若允许置 of=1;否则 of=0。

3.4.2　80386 新增加的指令

3.4.2.1　位操作指令

1. 位测试指令

(1) 指令 bt

　　格式:bt　des, src

其中,des 只能是寄存器(reg16 或 reg32)或存储单元的地址(mem16 或 mem32);src 只能是寄存器(reg16 或 reg32)或立即数(imm8)。des 表明待测的目的操作数;src 表明对目的操作数的哪位进行测试。

功能:检查目的操作数中的由源操作数指定的位,并将该位复制到标志寄存器中的 cf 位中。

例 3.43　设 si 内存放的是单元 data1 的地址,(cx)=5,现要对单元 data1 中的数的第五位进行测试。则语句是:

　　bt　[si], cx

(2) 指令 btc

格式:btc des, src

其中,des 只能是寄存器(reg16 或 reg32)或存储单元的地址(mem16 或 mem32);src 只能是寄存器(reg16 或 reg32)或立即数(imm8)。des 表明待测的目的操作数;src 表明对目的操作数的哪位进行测试。

功能:完全能实现指令 BT 的功能,并且又将目的操作数的相应位置反。

2. 位设置指令

(1) 指令 btr

格式:btr des, src

其中,des 只能是寄存器(reg16 或 reg32)或存储单元的地址(mem16 或 mem32);src 只能是寄存器(reg16 或 reg32)或立即数(imm8)。des 表明待测的目的操作数;src 表明对目的操作数的哪位进行测试。

功能:完全能实现指令 BT 的功能,并且又将目的操作数的相应位置 0。

(2) 指令 bts

格式:bts des, src

其中,des 只能是寄存器(reg16 或 reg32)或存储单元的地址(mem16 或 mem32);src 只能是寄存器(reg16 或 reg32)或立即数(imm8)。des 表明待测的目的操作数;src 表明对目的操作数的哪位进行测试。

功能:完全能实现指令 bt 的功能,并且又将目的操作数的相应位置 1。

3. 位扫描指令

(1) 指令 bsf

格式:bsf des, src

其中,des 只能是寄存器(reg16/reg32);src 只能是寄存器(reg16/reg32)或存储单元(mem16/mem32)的地址。

功能:该指令从 src 指定的源操作数的最低位开始扫描寻找第一个值是 1 的位。如果没有找到(即源操作数为 0)则置 zf=1;否则置 zf=0,并还要将该位的位置记入由 des 指定的寄存器中。

(2) 指令 bsr

格式:bsr des, src

其中,des 只能是寄存器(reg16/reg32);src 只能是寄存器(reg16/reg32)或存储单元(mem16/mem32)的地址。

功能:该指令从 src 指定的源操作数的最高位开始扫描寻找第一个值是 1 的位。如果没有找到(即源操作数为 0)则置 zf=1;否则置 zf=0,并还要将该位的位置记入由 des 指定的寄存器中。

3.4.2.2 数据传送并扩展指令

80386 提供的数据传送并扩展指令,用一条指令就可以完成在 8088 或 80286 中需多条指令才能完成的传送与扩展。

1. 带符号数传送并扩展指令

格式:movsx reg, src

其中,reg只能是16位或32位的寄存器;src可以是寄存器(reg8/reg16)或存储单元(mem8/mem16)地址。

功能:把由src指定的带符号数传送到由reg指定的寄存器中,如果目的操作数的位数与源操作数的位数不等,则对其进行符号扩展。

例3.44 执行指令:movsx dx, bl ;(dx)=034ch,(bl)=0ach

该指令执行后结果是:(dx)=0ffach

2. 无符号数传送并扩展指令

格式:movzx reg, src

其中,reg只能是16位或32位的寄存器;src可以是寄存器(reg8/reg16)或存储单元(mem8/mem16)地址。

功能:把由src指定的无符号数传送到由reg指定的寄存器中,如果目的操作数的位数与源操作数的位数不等,则对其进行扩展用'0'来填补多出的高位。

3.4.2.3 多位移位指令

多位移位指令主要用于双精度数或多字节数的乘除法运算上。

1. 多位左移指令

格式:shld des, reg, imm8/cl

其中,des可以是寄存器(reg16/reg32)或存储器(mem16/mem32)地址,第三个操作数表示移位的次数。

功能:该指令将前两个操作数联合在一起左移,移动第三个操作数所指示的位数,移位后把第二个操作数恢复成没移位前的值,第一个操作数移出的最后一位入cf中。相当于仅第一个操作数左移。

2. 多位右移指令

格式:shrd des, reg, imm8/cl

其中,des可以是寄存器(reg16/reg32)或存储器(mem16/mem32)地址,第三个操作数表示移位的次数。

功能:该指令将前两个操作数联合在一起右移,移动第三个操作数所指示的位数,移位后把第二个操作数恢复成没移位前的值,第一个操作数移出的最后一位入cf中。相当于仅第一个操作数右移。

3.4.2.4 条件设置指令

格式:set条件 reg8/mem8

功能:该组指令判定所指定的标志位的状态。如果满足判定条件则将指定的一个8位的寄存器或存储单元设置成1;否则设置成0。

该组条件设置指令见表3-1。

表 3-1　条件设置指令

种　类	操作符	功　能	判定条件
无符号数比较	seta setnbe	如果高于,则将指定 reg8/mem8 设置成 1;如果不低于或等于,则将指定 reg8/mem8 设置成 1	cf=0 和 zf=0
	setnae setnnb	如果高于或等于,则将指定 reg8/mem8 设置成 1;如果不低于,则将指定 reg8/mem8 设置成 1	cf=0
	setb setnae	如果低于,则将指定 reg8/mem8 设置成 1;如果不高于或等于,则将指定 reg8/mem8 设置成 1	cf=1
	setbe setna	如果低于或等于,则将指定 reg8/mem8 设置成 1;如果不高于,则将指定 reg8/mem8 设置成 1	cf=1 或 zf=1
带符号数比较	setg setnle	如果大于,则将指定 reg8/mem8 设置成 1;如果不小于或等于,则将指定 reg8/mem8 设置成 1	zf=0 或 sf=of
	setge setnl	如果大于或等于,则将指定 reg8/mem8 设置成 1;如果不小于,则将指定 reg8/mem8 设置成 1	sf=of
	setl setnge	如果小于,则将指定 reg8/mem8 设置成 1;如果不大于或等于,则将指定 reg8/mem8 设置成 1	sf≠of
	setle setng	如果小于或等于,则将指定 reg8/mem8 设置成 1;如果不小于,则将指定 reg8/mem8 设置成 1	zf=1 或 sf≠of
全等比较	sete setz	如果等于,则将指定 reg8/mem8 设置成 1;如果为 0,则将指定 reg8/mem8 设置成 1	zf=1
	setne setnz	如果不等于,则将指定 reg8/mem8 设置成 1;如果不为 0,则将指定 reg8/mem8 设置成 1	zf=0
其他比较	setb setc	如果借位,则将指定 reg8/mems 设置成 1;如果进位,则将指定 reg8/mems 设置成 1	cf=1
	setnc	如果无进位,则将指定 reg8/mems 设置成 1	cf=0
	setno	如果无溢出,则将指定 reg8/mems 设置成 1	of=1
	setnp setpo	如果不奇偶校验,则将指定 reg8/mems 设置成 1;如果奇偶校验,则将指定 reg8/mems 设置成 1	pf=0
	setns	如果是正数,则将指定 reg8/mems 设置成 1	sf=1
	seto	如果溢出,则将指定 reg8/mems 设置成 1	of=1
	setp setpe	如果奇偶校验,则将指定 reg8/mems 设置成 1;如果偶校验,则将指定 reg8/mems 设置成 1	pf=1
	sets	如果是负数,则将指定 reg8/mems 设置成 1	sf=1

3.4.3　80486 新增加的指令

80486 处理器在运行速度和虚存空间上,比 80386 处理器有了很大提高,但它的指令系统只是比 80386 多了 6 种指令,可分为通用指令和特权指令。

3.4.3.1　通用指令

1. 交换加指令

格式:xadd　des, reg

其中,目的操作数可以是寄存器(reg8/reg16/reg32)或存储单元(mem8/mem16/mem32)

地址,两个操作数的类型一定要匹配(即位数要相等)。源操作数寄存器的位数是 8～32。

执行操作:(des)+(reg) →(des)

(des) →(reg)

功能:该指令是加法和交换指令的结合。用目的操作数和源操作数相加,把相加的结果存入目的操作数中,并把目的操作数的原值放入 reg 指定的寄存器中。

2. 比较传送指令

格式:cmpxchg　des, reg

其中,目的操作数只能是寄存器(reg8/reg16/reg32)或存储单元(mem8/mem16/mem32)地址,两个操作数的类型一定要匹配(即位数要相等)。源操作数寄存器的位数是 8～32。

执行操作:(al/ax/eax)-(des),据该结果设置 zf 标志位,其它位不变。

```
if   zf=1   then   (reg)→ (des)
if   zf=0   then   (des)→(al/ax/eax)
```

功能:该指令是比较和传送指令的结合。

3. 字节顺序交换指令

格式:bswap　reg32

功能:该指令是将寄存器 reg32 的第 0 字节与第 0 字节的内容交换;第一字节与第二字节的内容交换。

3.4.3.2　特权指令

特权指令提供了 3 种:invlpg,invd,wbinvd。

这三种是用来专门管理高速缓存的,一般用户不需使用这些指令,故在此不作进一步介绍。

3.5　Pentium 指令集

Pentium 处理器是继 80486 之后的一代处理器。在该指令集中不再支持测试寄存器数据传送指令,而是把测试寄存器归属于 Pentium 模型专用寄存器。除这一点之外,Pentium 支持 80486 的所有其它指令,并与之兼容。Pentium 指令集在支持 80486 指令集的基础上又增加了几条新的指令。因为在 Pentium 处理器内已集成有浮点运算单元,所以它的指令集分为整数指令部分(见表 3-2)和浮点指令部分(见表 3-3)。下面分别予以介绍。

表 3-2　Pentium 指令集——整数指令部分

指　令	功　能
数据传送指令	
mov	传送
xchg	交换
bswap	字节交换
push	入栈
pusha	把全部通用寄存器入栈
pop	出栈到目的寄存器
popa	从堆栈弹出至全部通用寄存器
cwd	把字符号扩展成双字

续表 3-2

指　令	功　能
cbw	把字节符号扩展成字
movsx	带符号扩展的传送指令
movzx	带零扩展的传送指令
in	字节或字输入
out	字节或字输出
xlat	换码
二进制算术运算指令	
add	加法
adc	带进位整数加法
xadd	交换并相加
inc	加 1
sub	整数减法
sbb	带借位整数减法
dec	减 1
cmp	比较
cmpxchg	比较并交换
cmpxchg8b	8 字节比较交换
neg	求补
mul	无符号数乘法
imul	带符号数乘
div	无符号整数除
idiv	带符号数整数除
十进制算术运算指令	
daa	压缩的 bcd 码相加后进行十进制调整
das	压缩 bcd 码相减后进行十进制调整
aaa	非压缩的 bcd 码相加后的 ASCII 码调整
aas	非压缩的 bcd 码相减后的 ASCII 码调整
aam	非压缩的 bcd 码相乘后的 ASCII 码调整
aad	非压缩的 bcd 码相除后的 ASCII 码调整
逻辑运算指令	
not	逻辑"非"
and	逻辑"与"
or	逻辑"或"
xor	逻辑"异或"
bt	位测试
bts	位测试并置 1
btr	位测试并复位
btc	位测试并求补
bsf	向前位扫描
bsr	向后位扫描
setcc	根据条件 cc 置字节
test	测试
移位指令	
sal	算术左移
shl	逻辑左移
shr	逻辑右移
sar	算术右移
shld	双精度左移

续表 3-2

指　令	功　能
shrd	双精度右移
rol	循环左移
ror	循环右移
rcl	带进位循环左移
rcr	带进位循环右移
控制转移指令	
jmp	无条件转移
jcc	据 cc 而转移
call	调用过程
ret	从过程返回
iret	从中断返回
loop	循环计数
loope/loopz	相等/为 0 则循环
loopne/loopnz	不相等/不为 0 则循环
j(e)cxz	cx(ecx)为 0 则跳转
intn	软件中断
intO	溢出则中断
bound	检测上下界
串操作指令	
movs	字串传送
cmps	字串比较
scas	字串扫描
lods	装入串
stos	存入串
ins	从端口输入串
outs	从端口输出串
结构化语言指令	
enter	进入过程
leave	退出过程
标志控制指令	
lahf	把标志寄存器的低 8 位装入 ah 寄存器
sahf	将 ah 寄存器的内容存入标志寄存器的低 8 位
pushf	将标志寄存器的低 16 位压入栈
pushfd	将标志寄存器压入栈
popf	将栈顶 16 位元素弹出到标志寄存器的低 16 位
popfd	将栈顶的 32 位元素弹出到标志寄存器
地址传送指令	
lea	传送有效地址到寄存器
lds	指针送寄存器和 ds
les	指针送寄存器和 es
lfs	指针送寄存器和 fs
lgs	指针送寄存器和 gs
lss	指针送寄存器和 ss

续表 3-2

指　令	功　能
处理机控制指令	
stc	置进位标志位
clc	清进位标志位
cmc	进位标志位取补
cld	清方向标志位
std	置方向标志位
cli	清中断标志位
sti	置中断标志位
hlt	停机
wait	等待
nop	空操作
lock	封锁
esc	换码
cpuid	处理器特征识别
保护控制指令	
clts	清除任务切换标志
sgdt	保存全局描述符表
lgdt	设置全局描述符表
sidt	保存中断描述符表
lidt	设置中断描述符表
lldt	设置局部描述符表
sldt	保存局部描述符表
ltr	设置任务状态
str	保存任务状态
lmsw	设置机器状态字
smsw	保存机器状态字
arpl	调整 rpl 选择符字段
rpl	选择符字段
lar	设置访问权
lsl	设置段界限
verr/verw	检验段的读/写
读写指令	
rdtsc	读时间标志计数器
rdmsr	读模型专用寄存器
wrmsr	写模型专用寄存器
特权指令	
invd	
invlpg	
wbinvd	

表 3-3 Pentium 指令集——浮点指令部分

指 令	功 能	指 令	功 能
f2xm1	计算 $2^{st(0)}-1$	fabs	求绝对值
fadd	加法	faddp	加并弹出栈
fbld	装 bcd 数	fbstp	存 bcd 数并弹出
fchs	改变符号	fclex	清除异常
fcom	比较实数	fcomp	比较实数并弹出
fcompp	比较实数并弹出二次	fcos	求余弦
fdecstp	栈顶指针加 1	fdiv	除法
fdivp	除并弹出	fdivr	反除
fdivrp	反除并弹出	ffree	释放 st(i)寄存器
fladd	加整数	flcom	比较整数
flcomp	比较整数并弹出	fidiv	除整数
fidivr	反除整数	fild	装入整数
fimul	乘整数	fincstp	栈顶指针增 1
finit	初始化 fpu	fist	存整数
fistp	存整数并弹出	fisub	减整数
fisubr	反减整数	fld	装入实数
fld1	把+1.0 装入 st(0)	fldcw	装入控制字
fldenv	装入 fpu 环境	fldl2e	把$\log_2(e)$装入 st(0)
fldl2t	把$\log_2(10)$装入 st(0)	fldlg2	把$\log_{10}(2)$装入 st(0)
fldln2	把$\log_e(2)$装入 st(0)	fldpi	把 π 装入 st(0)
fldz	把+0.0 装入 st(0)	fmul	乘法
fmulp	乘并弹出栈	fnop	空操作
fpatan	部分反正切	fprem	部分余数
fprem1	部分余数(ieee)	fptan	部分正切
frnint	舍入为整数	frstor	恢复 fpu 状态
fsave	保存 fpu 状态	fscale	比例换算
fsin	正弦	fsincos	正弦和余弦
fsqrt	平方根	fst	存实数
fstcw	存控制字	fstenv	存 fpu 环境
fstp	存实数并弹出	fstsw	存状态字
fsub	减法	fsubp	减并弹出
fsubr	反减	fsurp	反减并弹出
ftst	测试	fucom	无序比较实数
fucomp	无序比较并弹出	fucompp	无序比较并弹出二次
fxam	检验	fxch	交换 st(0)和 st(i)
fxtract	抽取指数和尾数	fyl2x	st(1)×$\log_2$(st(0))
fyl2x1	st(1)×$\log_2$(st(0)+1.0)	fwait	等待,直到 fpu 就绪

新增的指令

1) 8 字节比较交换指令 cmpxchg8b

格式:cmpxchg8b　des

其中,des 是一个 64 位存储器操作数。

功能:把 edx: eax 内的 64 位值与由 des 指定的存储器操作数相比较,如果两数相等,则把 ecx: ebx 内的 64 位值存入由 des 指定的存储单元内;如果不相等,则把由 des 指定的存储单元内的 64 位操作数装入 edx: eax 内,其中 edx 和 ecx 分别是 64 位的高 32 位。

说明:如果 edx: eax 内的 64 位值与由 des 指定的存储器操作数的值相等,置 zf 为 1;否则 zf 为 0。本指令不影响其它标志位。

2) 处理器特征识别指令 cpuid

格式:cpuid

功能:返回由 eax 指定的某方面的处理器特征信息。

说明:该指令不影响标志位。

表 3-4 列出了该指令的返回特征信息。

表 3-4　cpuid 返回特征信息

参　数	cpuid 返回信息
eax=0	eax=最大值 exb: edx: ecx=厂商识别标识串
eax=1	eax=CPU 说明信息 edx=特征标志字
1<eax≤最大值	可能在未来的处理器中定义
eax>最大值	未定义

例 3.45　下列两条指令可以取得最大特征参数值和厂商识别标识串。

```
mov   eax, 0
cpuid
```

3) 读时间标记计数器指令 rdtsc

格式:rdtsc

功能:把时间标记计数器的高 32 位复制到 edx 寄存器内,把低 32 位复制到 eax 寄存器内。

说明:cr4 的 tsd 位对该指令有所限制。当 tsd=0 时,可在任意特权级上执行该指令;当 tsd=1 时,只能在特权级是 0 时执行该指令,否则将引起出错码 0 的通用保护异常错。

4) 读模型专用寄存器指令 rdmsr

格式:rdmsr

功能:把 ecx 寄存器所指定的模型专用寄存器的内容送到 edx: eax。其中,edx 含高 32 位,eax 含低 32 位。如果 ecx 寄存器所指定的模型专用寄存器不足 64 位,则在 edx: eax 中对应的位未定义。如果在 ecx 中指定的编号未定义或被保留,将引起通用保护异常。

说明:该指令只能在实方式或特权级是0的保护方式下执行,否则引起通用保护异常错。该指令不影响标志位。

5) 写模型专用寄存器指令 wrmsr

格式:wrmsr

功能:把 edx: eax 的内容送到由 ecx 寄存器所指定的模型专用寄存器内。其中,edx 的内容送到高32位,eax 的内容送到低32位。如果所指定的模型寄存器有未定义或被保留的位,那么这些位的内容保持不变。如果在 ecx 中指定的编号未定义或被保留,将引起通用保护异常。

说明:该指令只能在实方式或特权级是0的保护方式下执行,否则引起通用保护异常错。该指令不影响标志位。

3.6 MMX 指令集

3.6.1 MMX 编程环境

MMX(MultiMedia eXtension)是指多媒体扩展的意思,是 Intel 公司开发的一种扩展的多媒体应用程序的指令集体系结构,大大加速了多媒体应用程序的执行。这也就是 Pentium 处理器在多媒体方面的扩展。Intel 把这些指令又称为 MMX 技术指令。

MMX 的体系结构主要包括三个部分:

- 4 种 64 位数据类型(紧缩数据类型)
- 8 个 64 位寄存器
- 57 条技术指令

3.6.1.1 4 种 64 位数据类型

紧缩数据类型是指多个 8/16/32 位的整型数据组合成为一个 64 位数据,其又分成下列 4 种数据类型:

1. 紧缩字节(packed byte)

是指由 8 个字节组合成一个 64 位的数据,如图 3.18 所示。

B7	B6	B5	B4	B3	B2	B1	B0
63 56	55 48	47 39	38 32	31 24	23 16	15 8	7 0

图 3.18 紧缩字节的格式

2. 紧缩字(packed word)

是指由 4 个字组合成一个 64 位的数据,如图 3.19 所示。

W3	W2	W1	W0
63 48	47 32	31 16	15 0

图 3.19 紧缩字的格式

3. 紧缩双字(packed doubleword)

是指由两个双字组合成一个 64 位的数据,如图 3.20 所示。

D1		D0	
63	32	31	0

图 3.20　紧缩双字的格式

4. 紧缩 4 字(packed quadword)

是指由一个 64 位的数据组成的一个 64 位的数据,如图 3.21 所示。

图 3.21　紧缩 4 字的格式

由上述可以看出,对于一个 64 位紧缩数据来说,它可以表示 8 个字节、4 个字、2 个双字或 1 个 4 字,所以,一条 MMX 指令就能够同时处理 8 个或者 4 个或者 2 个数据单元。这是"单指令多数据 SIMD(Single Instruction Multiple Data)"结构。该结构是提高机器性能的最根本的因素。

3.6.1.2　8 个 64 位寄存器

MM0;MM1;MM2;MM3;MM4;MM5;MM6;MM7。

需注意的是:只有 MMX 指令可以使用这 8 个 64 位的 MMX 寄存器。MMX 寄存器是随机存取的,是借用浮点寄存器(80 位)的低 64 位,即将 MMX 寄存器影射到浮点寄存器的低 64 位,并未增加新的物理寄存器。

图 3.22 是浮点寄存器和 MMX 寄存器的对应关系。

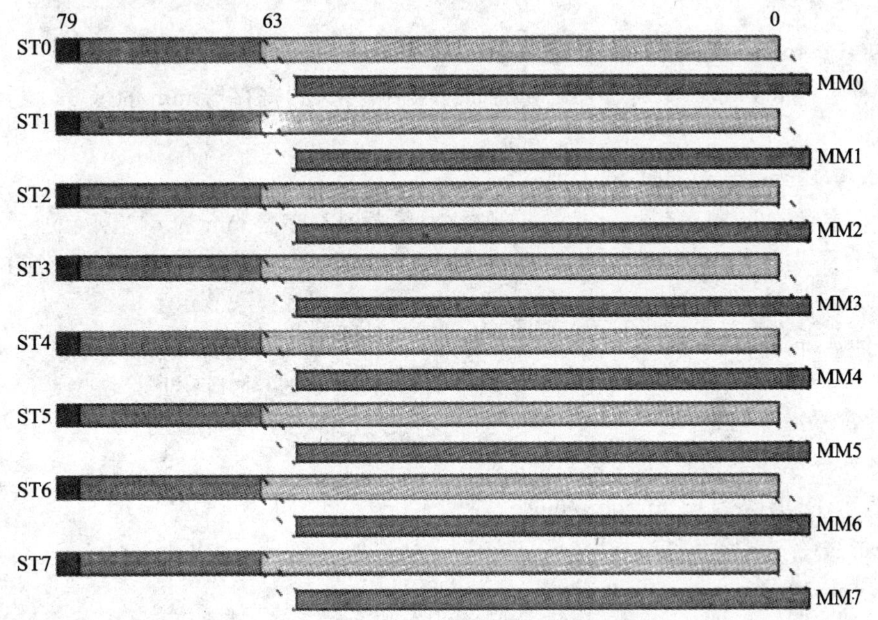

图 3.22　浮点寄存器和 MMX 寄存器的对应关系

3.6.2 MMX 指令操作数

3.6.2.1 双操作数指令

大多数 MMX 指令为双操作数指令：

格式:mmxInstr　dest, source

其中,dest 指目的操作数,source 指源操作数。

源操作数可以是 MMX 寄存器或存储器,目的操作数基本上都是 MMX 寄存器。

3.6.2.2 三操作数指令

格式:mmxInstr　dest, source, imm8

其中,source 指源操作数;dest 指目的操作数；imm8 指立即数,通常在移位指令中用到,imm8 就是作为移位计数来使用的。

3.6.2.3 无操作数指令

格式:EMMS

3.6.3 MMX 技术指令

MMX 技术指令可分为数据传送指令、算术运算指令、比较指令、移位指令、类型转换指令、逻辑运算指令和状态清除指令。

MMX 指令的汇编语言格式,除了传送和清除指令外,其助记符都以 P 开头。

3.6.3.1 数据传送指令

格式:MOVD/ Q　mm/m32(64), mm/m32 (64)

其中,mm 指一个 64 位的 MMX 寄存器——MM0 至 MM7；m32(64)表示存储器地址;D 表示双字;Q 表示四字。

1. MOVD mm, r32/ m32

表示将主存 m32 或整数寄存器 r32 的 32 位数据传送到寄存器 mm 的低 32 位,mm 的高 32 位填入 0。

2. MOVQ mm, mm/ m64

表示将主存 m64 或寄存器 mm 的 64 位数据传送到寄存器 mm 的 64 位。

例 3.45　pdata3＝E8675A98ABC09823H, MM3＝74219C128014329BH 执行下列指令：

```
Movd mm0, mm3          ;mm0＝74219C128014329BH
Movq mm4, pdata3       ;mm4＝E8675A98ABC09823H
Movd pdata4, mm0       ;pdata4＝74219C128014329BH
```

3.6.3.2 算术运算指令

1. 环绕加/减法

格式:PADDB/W/D mm, mm/m64

环绕加法(字节、字、双字)指令：

mm＋mm/mm64→mm

格式:PSUBB/W/D mm, mm/m64

环绕减法(字节、字、双字)指令：

mm－mm/mm64→mm

环绕运算主要是指当无符号数的运算结果超过其数据类型界限时，进行正常进位和借位的运算。但由于没有任何新增的标志位，进位和借位并不能反映出来。

例3.46 16位字的数据运算

1)7FFEH + 0003H = 8001H (无进位)

2)0003H + FFFEH = 0001H (有进位但无反映)

3)7FFEH－0003H = 7FFBH (无借位)

4)0003H －FFFEH = 0005H (有借位但无反映)

2. 饱和加/减

格式：PADDUSB/W　mm, mm/m64

无符号紧缩数据饱和加法(字节、字)指令：

mm＋mm/mm64→mm

格式：PSUBUSB/W　mm, mm/m64

无符号紧缩数据饱和减法(字节、字)指令：

mm－mm/mm64→mm

格式：PADDSB/W　mm, mm/m64

有符号紧缩数据饱和加法(字节、字)指令：

mm＋mm/mm64→mm

格式：PSUBSB/W　mm, mm/m64

有符号紧缩数据饱和减法(字节、字)指令：

mm－mm/mm64→mm

饱和运算的特点是当运算结果超过其数据界限时，其结果被最大/最小值取代。饱和运算有带符号数和无符号数之分，如表3-5所列，是各数据类型的上、下界限。

表3-5 各数据类型的上、下界限

数据类型	无符号数据	有符号数据
字节	00H ～ FFH(256)	80(－128)～ 7FH(127)
字	0000H ～ FFFFH(65535)	8000(－32768)～ 7FFFH(32767)
双字	00000000H ～ FFFFFFFFH(65535)	80000000(－2147483648)～ 7FFFFFFFH(2147483647)

● 对于无符号数据来说，有进位或者借位就是超出范围，即出现饱和。

例3.47 无符号16位字的数据。

1) 7FFEH + 0003H = 8001H(不饱和)

2) 0003H + FFFEH = FFFFH(饱和)

3) 7FFEH －0003H = 7FFBH (不饱和)

4) 0003H－FFFEH = 0000H (饱和)

● 对于有符号数据来说，产生溢出就是超出范围，即出现饱和。

例3.48 带符号16位字的数据。

1) 7FFEH + 0003H = 7FFFH(饱和)

2) 0003H + FFFEH = 0001H(不饱和)

3) 7FFEH－0003H ＝ 7FFBH (不饱和)

4) 0003H－FFFEH ＝ 0005H (不饱和)

3. 乘　法

格式:PMADDWD mm, mm/m64

紧缩数据乘加指令,用于将源操作数的 4 个有符号字与目的操作数的 4 个有符号字分别相乘,产生了 4 个有符号双字。然后,将低位的两个双字相加并存入目的寄存器的低位双字,高位的两个双字相加并存入目的操作数的高位双字。

格式:PMULHW　mm, mm/m64

紧缩数据乘后取高位指令,用于将原操作数的 4 个有符号字与目的操作数的 4 个有符号字相乘,产生 4 个有符号双字。然后,将产生的这 4 个有符号双字的低 16 位舍弃,将高 16 位分别存入目的操作数的相应位中。

格式:PMULLW mm, mm/m64

紧缩数据乘后取低位指令,用于将原操作数的 4 个有符号字与目的操作数的 4 个有符号字相乘,产生 4 个有符号双字。然后,将产生的这 4 个有符号双字的高 16 位舍弃,将低 16 位分别存入目的操作数的相应位中。

例 3.49　4 对 16 位字的数据相乘 PMADDWD。

W03	w02	w01	w00	7FFE	F000	0003	1234
W13	w12	w11	w10	0003	3000	FFFE	4321
W03×w13＋w02×w12		w01×w11＋w00×w10		FD017FFA		04C5F4AE	

3.6.3.3　比较指令

图 3.23 是比较指令的基本操作,下面分别予以介绍。

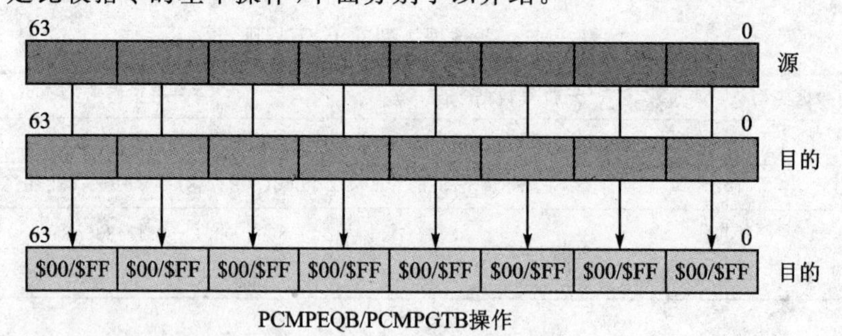

图 3.23　PCMPEQB/PCMPGTB 操作

1. 相等比较指令

格式:PCMPEQB/W/D　mm, mm/m64

紧缩数据相等比较指令,用于比较目的操作数(字节、字和双字)和源操作数(字节、字和双字)的相应位,若比较结果为真(相等),将目的操作数置为全 1;否则(即比较结果为假),将目的操作数置为全 0。

例 3.50　mm0＝0051 0003 0087 0023H,mm1＝0073 0002 0087 0009H

执行指令 PCMPEQW mm0, mm1;　　mm0＝0000 0000 FFFF 0000H

2. 大于比较指令

格式:PCMPGTB/W/D mm, mm/m64

紧缩数据大于比较指令,用于比较目的操作数(字节、字和双字)是否大于源操作数(字节、字和双字)的相应位,若比较结果为真(即大于),将目的操作数置为全1;否则(即比较结果为假),将目的操作数全置为0。

例3.51 mm0=0051 0003 0087 0023H,mm1=0073 0002 0087 0009H

执行指令 PCMPGTW mm0, mm1; mm0=0000 FFFF 0000 FFFFH

3.6.3.4 移位指令

1. 紧缩逻辑左移

格式:PSLLW/D/Q mm,mm/m64/i8

用于将目的操作数的字、双字、四字左移(移动的位数由源操作数确定),低位用0填补。

例3.52 mm7=0051 0003 0087 0023H,则执行

```
PSLLW mm7, 2                    ; mm7=0144 000C 021C 008CH
```

2. 紧缩逻辑右移

格式:PSRLW/D/Q mm,mm/m64/i8

用于将目的操作数的字、双字、四字右移(移动的位数由源操作数确定),高位用0填补。

例3.53 mm7=0051 0003 0087 0023H,则执行

```
PSRLW mm7, 2                    ; mm7=0014 000C 0021 0008H
```

3. 紧缩算术右移

格式:PSRAW/D mm, mm/m64/i8

用于将目的操作数中的字、双字右移(移动的位数由源操作数确定),高位用该字、双字的符号位填补。

例3.54 mm7=FF51 8003 0087 0023H,则执行

```
PCMPGTW mm7,2                   ; mm7=FFD4 E000 021C 008CH
```

3.6.3.5 类型转换指令

1. 无符号数饱和紧缩

格式:PACKUSWB mm, mm/m64

表示将8个有符号紧缩字压缩成无符号数的8个字节,将源操作数的4个字压缩后存入目的寄存器mm的低32位,目的操作数的4个字压缩后存入目的寄存器mm的高32位。

注:若有符号紧缩字大于FFH(255),被饱和处理为FFH;若有符号字为负,则被饱和处理为00H。

2. 有符号数饱和紧缩

格式:PACKSSWB/DW mm, mm/m64

PACKSSWB用来将8个有符号字压缩成8个有符号字节;PACKSSDW用来将4个双字压缩成4个字。该指令取出源操作数的双字,并压缩后存入目的寄存器低32位;将目的操作数的双字压缩后存入目的寄存器的高32位。

3. 低位紧缩数据解缩

格式:PUNPCKLBW/WD/DQ mm, mm/m64

合并了源操作数和目的操作数的低地址双字部分,并将64位结果保存到目的操作数中。

图 3.24 是 PACKSSWB 的操作的图解(一)。

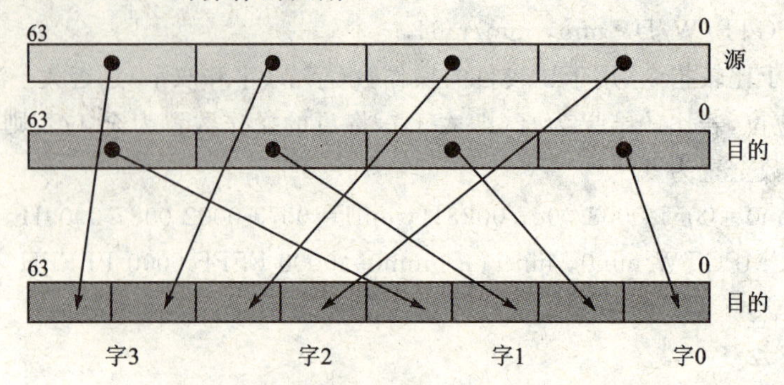

图 3.24 PACKSSWB 的操作的图解(一)

图 3.25 是 PACKSSWB 的操作的图解(二)。

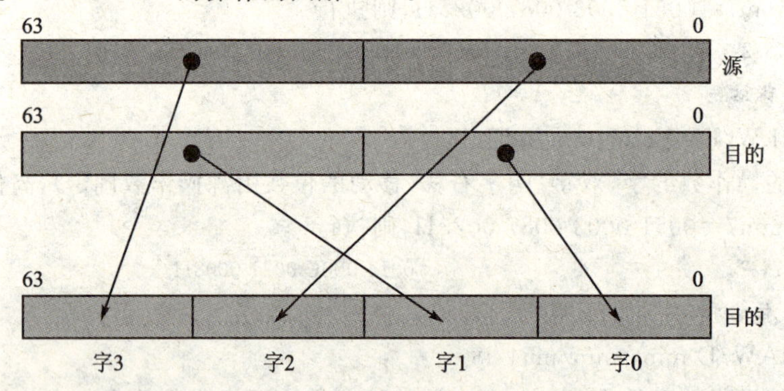

图 3.25 PACKSSDW 的操作图解(二)

PUNPCKLBW 指令把目的操作数的低地址 4 个字节放在目的操作数的偶地址部分,把源操作数的低地址 4 个字节放在目的操作数的奇地址部分。

其操作如图 3.26 所示。

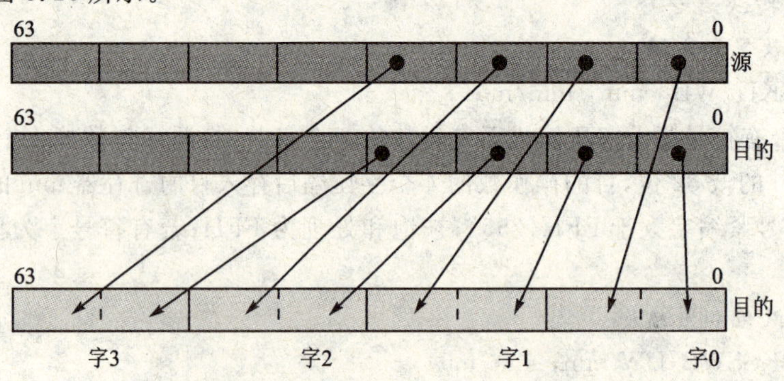

图 3.26 低位紧缩数据解缩图解

PUNPCKLWD 指令把目的操作数的低地址 2 个字放在目的操作数的偶字位置,把源操作数的低地址 2 个字放在目的操作数的奇字位置。

其操作如图 3.27 所示。

PUNPCKLDQ 该指令把源操作数的低地址双字放入目的操作数的高地址双字中,把目的操

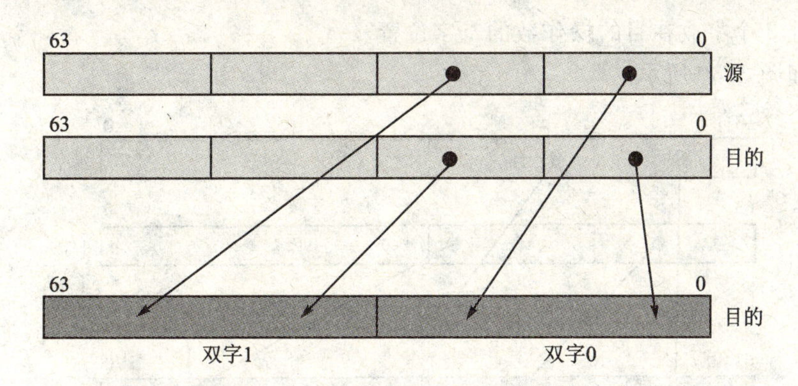

图 3.27 PUNPCKLWD 指令图解

作数的低地址双字放入目的操作数的低地址双字中，也即目的操作数的低地址双字保持不变。

其操作请参见图 3.28。

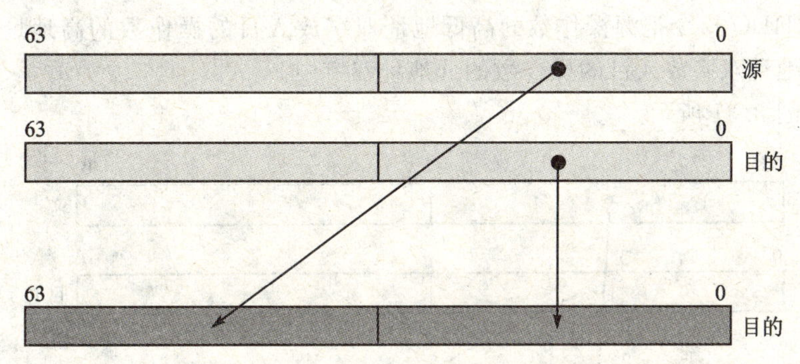

图 3.28 PUNPCKLDQ 指令图解

4. 高位紧缩数据解缩

格式：PUNPCKHBW/WD/DQ mm，mm/m64

是对源操作数和目的操作数的高地址部分进行解压缩。

PUNPCKHBW 指令把目的操作数的高地址 4 个字节放在目的操作数的偶地址位置，把源操作数的高地址 4 个字节放在目的操作数的奇地址位置。

其操作如图 3.29 所示。

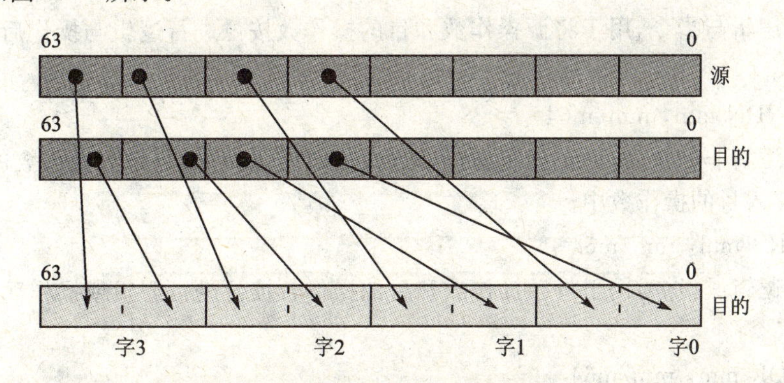

图 3.29 PUNPCKHBW 指令图解

PUNPCKHWD 指令把目的操作数的高地址 2 个字放在目的操作数的偶字位置，把源操作数的高地址 2 个字放在目的操作数的奇字位置。

其操作如图 3.30 所示。

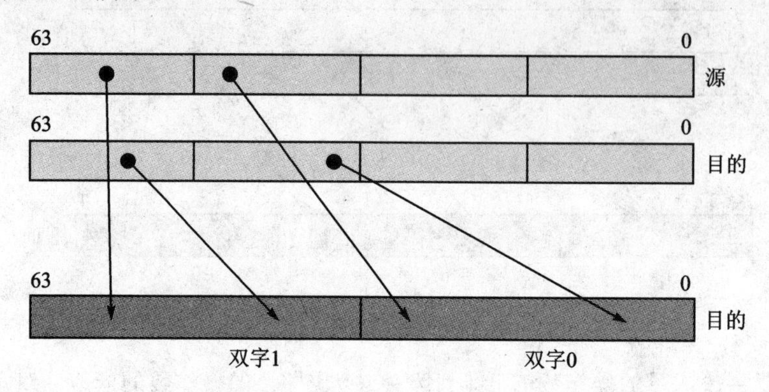

图 3.30　PUNPCKHWD 指令图解

PUNPCKHDQ 指令把源操作数的高低地址双字放入目的操作数的高地址双字中,把目的操作数的高地址双字放入目的操作数的低地址双字中。

其操作如图 3.31 所示。

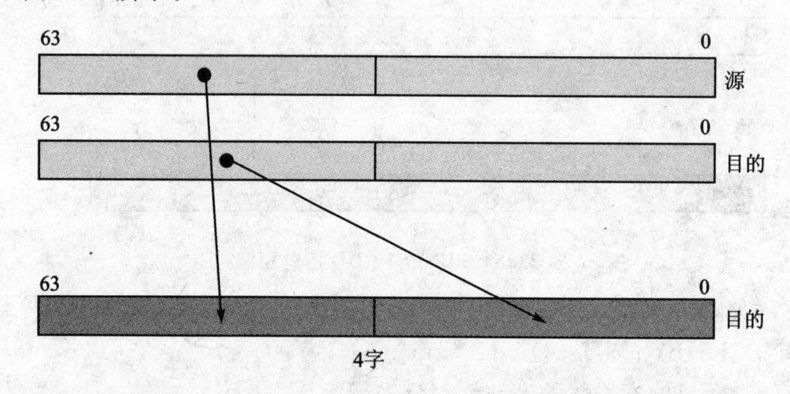

图 3.31　PUNPCKHDQ 指令图解

3.6.3.6　逻辑运算指令

格式:PAND　mm, mm/m64

紧缩数据逻辑与指令,用于将源操作数和目的操作数按位进行逻辑与操作后,将结果存入目的操作数中。

格式:PANDN mm, mm/m64

紧缩数据逻辑非与指令,用于先将源操作数按位取反,然后再与目的操作数进行逻辑与操作后,将结果存入目的操作数中。

格式:POR　mm, mm/m64

紧缩数据逻辑或指令,用于将源操作数和目的操作数按位进行逻辑或操作后,将结果存入目的操作数中。

格式:PXOR mm, mm/m64

紧缩数据逻辑异或指令,用于将源操作数和目的操作数按位进行逻辑异或后,将结果存入目的操作数中。

3.6.3.7 状态清除指令

格式:EMMS

用于清空浮点寄存器,也即恢复 CPU 中浮点寄存器的状态,使浮点寄存器全为 1。

习 题

1. 下列指令中,执行后对标志位发生影响的是________。

(A) mov ax,[bx] (B) push ax (C) add ax,00ffh (D) cmp ax,bx (E) jb next

(F) call subb (G) xor ax,ax (H) movsb (I) lea dx, buf (J) test ax,8000h

(K) mul bx (L) div bx (M) not cx (N) loop lop (O) xchg ax,bx

2. 按照下列指令中操作数的寻址方式在括号中填入适当的字母:

	源操作数	目的操作数
(A) mov ax,1200h	( )	( )
(B) cmp word ptr [si],120h	( )	( )
(C) add ax,14[bx]	( )	( )
(D) sub [bx+di],cx	( )	( )
(E) and bx,buf	( )	( )
(F) lea di,[si]	( )	( )
(G) xor [bx+si+3],dx	( )	( )

(a) 立即数寻址; (b) 寄存器寻址; (c) 直接寻址; (d) 寄存器间接寻址;

(e) 寄存器相对寻址; (f) 基址变址寻址; (g) 相对基址变址寻址。

3. 某存储单元的地址为 3A80:13ebh,其中的 3a80 是______地址,13eb 是______地址;该存储单元的物理地址是______。若段地址改变为 20d4,则该存储单元的物理地址为______。

4. 十进制数-100 的 8 位二进制数的补码为( )。

(A) 11100100 (B) 01100100 (C) 10011100 (D) 11001110

5. 下列是 8 位二进制数的补码,其中真值最大的是( )。

(A) 10001000 (B) 11111111 (C) 00000000 (D) 00000001

6. 16 位有符号数的补码所表示的十进制数的范围是( )。

(A) -32767~+32768 (B) -32768~+32767

(C) -65535~+65536 (D) 0~65535

7. 以下指令中,执行后 AL 中的数据不变的是( )。

(A) and al,cl (B) or al,al (C) xor al,al (D) cmp al,al (E) add al,0

(F) and al,0ffh (G) xor al,0ffh (H) or al,0ffh

8. 下列指令中,执行后,不改变标志位 cf 的是( )。

(A) not al (B) and al,al (C) sal al, 1 (D) mul al (E) movsb (F) inc al

(G) pop ax (H) popf

9. 下列指令中,执行后不改变标志位 zf 的是( )。

(A) cmp al, bl (B) and al, al (C) test al,0ffh (D) ror al, cl

10. 根据给定的条件写出指令或指令序列：

(1) 将一个字节的立即数送到地址为 NUM 的存储单元中。

(2) 将一个 8 位立即数与地址为 BUF 的存储单元内容相加。

(3) 将地址为 ARRAY 的存储单元中的字数据循环右移一位。

(4) 将 16 位立即数与地址为 MEM 的存储单元中的数比较。

(5) 测试地址为 BUFFER 的字数据的符号位。

(6) 将 AX 寄存器及 CF 标志位同时清零。

(7) 用直接寻址方式将首地址为 ARRAY 的字数组中第 5 个数送往寄存器 BX 中。

(8) 用寄存器寻址方式将首地址为 ARRAY 的字数组中第 5 个数送往寄存器 BX 中。

(9) 用相对寻址方式将首地址为 ARRAY 的字数组中第 8 个数送往寄存器 BX 中。

(10) 用基址变址寻址方式将首地址为 ARRAY 的字数组中第 N 个数送往寄存器 BX 中。

(11) 将首地址为 BCD_BUF 存储单元中的两个压缩 BCD 码相加，并送到第三个存储单元中。

11. 写出完成下列功能的程序段：

(1) 将 DL 中的 4 位二进制数转换成 16 进制数的 ASCII 码。

(2) 将 AL 中的 8 位二进制数高 4 位和低 4 位交换。

(3) 将 AL 中的 8 位有符号数转换成它的绝对值。

(4) 用串扫描指令在一个字符串中查找字符'*'。

(5) 将输入的大写字母改变成小写输出。

(6) 输入一个字母，然后输出它的后续字母。

(7) 将 DX:AX 寄存器中的 32 位数向右移两位。

(8) 完成计算 2×(34－5)。

12. 分析指令和程序。

(1) 已知 ss＝2000h，si＝1000h，ax＝0abcdh，sp＝0100h，bp＝00feh，给出下列指令执行后，指定寄存器中的内容，并画出指令执行中堆栈的变化示意图。

```
push ax        ax=        sp=
push si        si=        sp=
pop  ax        ax=        sp=
push bp        bp=        sp=
pop  si        si=        sp=
pop  bp        bp=        sp=
push ax        ax=        sp=
pop  bx        bx=        sp=
```

(2) 已知 cs＝2300h，ip＝32b4h，且在数据段中存在这样的定义：

```
ary db 0ah,28h,00h,3fh
```

分别给出下列指令执行后的 CS 和 IP 的内容：

```
(A) lea bx,ary
    jmp word ptr[bx]        cs=        ip=
(B) mov bx,offset ary
    call word ptr[bx]       cs=        ip=
```

(C) mov bx,offset ary

jmp dword ptr[bx]　　　cs=　　　　ip=

(3) 用移位指令将 x 乘以 30,结果存入 y 单元。

13. 编写完成下列功能的程序段。

(1) 将 DX:BX:AX 中的数右移 4 位。

(2) 字变量 ADDR 的段地址在 DS 中,将 ADDR 字单元中 1 的个数存入 CX 。(例如:[ADDR]=1000000100000100B,则 1 的个数为 3)。

14. 判断正误。如有错误,请说明理由。

(1) mov ds,0

(2) mov ax,[si][di]

(3) mov byte ptr[bx],10h

15. 执行下列指令后,AX 寄存器的内容是什么?

```
Table  dw   10, 20, 30, 40, 50
Entry  dw   3
...
mov    bx, offset table
add    bx, entry
mov    ax, [bx]
```

16. 分析下面的程序段完成什么功能?

```
mov    cl, 04
shl    dx, cl
mov    bl, ah
shl    ax, cl
shr    bl, cl
or     dl, bl
```

17. 试写出程序段把 dx, ax 中的双字右移四位。

18. 下列程序段执行完后,bx 寄存器中的内容是什么?

```
mov  cl, 3
mov  bx, 0b7h
rol  bx, 1
ror  bx, cl
```

19. 假定数据定义如下:

```
string1   db   'It is a fine day today'
string2   db   20 dup (' ')
```

用串指令编写程序段分别完成以下功能:

(1) 从左到右把 string1 中的字符串传送到 string2;

(2) 从右到左把 string1 中的字符串传送到 string2;

(3) 把 string1 中的第三个和第四个字节装入 ax;

(4) 把 ax 寄存器的内容存入从 string2+5 开始的字节中;

(5) 检查 string1 字符串中有无空格字符,如有则把它传送给 bh 寄存器。

20. 假设程序中数据定义如下:

```
student_name   db   30 dup(?)
student_addr   db   9 dup(?)
print_line     db   132 dup(?)
```

分别编写下列程序段:

(1) 用空格符清除 print_line 域;

(2) 在 student_addr 中查找第一个'—';

(3) 在 student_addr 中查找最后一个'—';

(4) 如果 student_name 域中全是空格符时,填入' * ';

(5) 把 student_name 移到 print_line 的前 30 个字节中,把 student_addr 移到 print_line 的后 9 个字节中。

第4章 汇编语言程序格式

汇编语言(assembly language)是一种面向机器的程序设计语言,是一种初级语言。它是介于计算机能直接识别的机器语言与高级语言之间的一种语言,具有与机器指令一一对应的符号指令,还有专用于定义变量、常量、标号、过程、定位程序起始地址、分配存储空间等一系列的伪指令。

通常,汇编语言的执行语句与机器语言的指令是一对一的关系,即汇编语言的一个执行语句对应一条机器语言指令。但同机器语言相比,汇编语言较易于阅读、编写和修改。同高级语言相比,它更接近机器语言,更能全面地反映计算机硬件的功能与特点。汇编语言因不同的计算机而不同。它通常是为特定的计算机或计算机系列而设计的,故又可称它为面向机器的语言。用汇编语言编写的程序的优点是,程序运行速度快,能充分运用硬件资源,所占存储空间少、能充分发挥计算机效能和进行精确控制等。汇编语言广泛应用于计算机系统的开发、高级语言编译程序的编制、编辑或调试等实用程序的编制等方面。

4.1 汇编程序功能

用汇编语言编制的程序称为汇编语言的源程序。它由一些助记符、符号地址、标号等符号来表示,对大小写是不敏感的。汇编语言是面向机器的语言,直接作用到机器硬件,因而用汇编语言编制的程序能够充分发挥硬件的性能,执行的速度快。但我们知道,在计算机上只能运行用二进制代码表示的信息,也就是二进制文件。因而,用汇编语言编制的源程序(.asm)是不能直接在机器上运行的,必须经过汇编程序把它汇编成目标文件(.obj),然后机器再使用连接程序(link)把经过汇编程序所得到的目标程序与库文件或其它目标文件连接在一起形成可执行文件(.exe)。这个可执行文件可以在DOS下直接运行。汇编就是把源程序解释翻译成计算机可以识别的机器语言的程序(目标程序)的过程。汇编的过程是由汇编程序来完成的。图4.1表示的是汇编语言程序的处理过程。

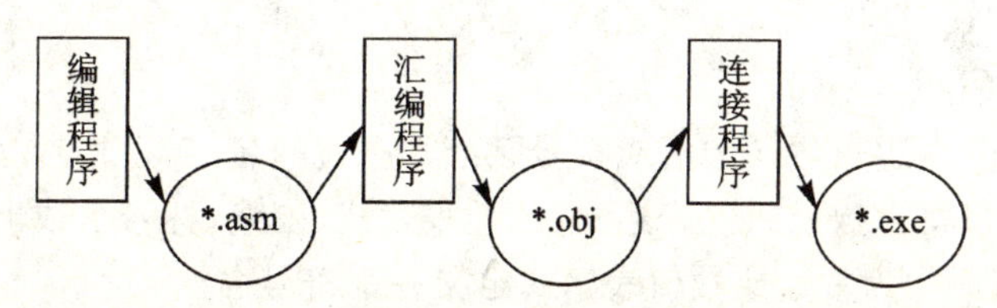

图4.1　汇编语言程序的建立及处理过程

从编制一个汇编语言源程序到可在机器上运行,需要经过以下步骤。

1) 选用一种编辑程序(如:edlin,edit,wordstar,word 等)建立汇编语言的源文件,其扩展名须为:.asm。

2) 用汇编程序把 *.asm 源文件汇编成目标文件,其扩展名为:.obj。

3) 用连接程序(link)把 *.obj 目标文件及所用到的库文件或其他目标文件转换成可执行文件,其扩展名为.exe。

4) 在 DOS 状态下,直接键入文件名就可执行。

根据实现方法的不同,可将汇编程序分为:自汇编程序、交叉汇编程序、微汇编程序、浮动汇编程序和宏汇编程序。在 IBM PC 机中有两个汇编程序:小汇编程序(asm)和宏汇编程序(masm)。宏汇编程序的功能要比小汇编程序的功能强,可以支持宏汇编,但它本身需要较大的存储容量,至少需要 96 KB。

通常来说,一个汇编程序的主要功能是:

1) 检查和编排源程序;

2) 对源程序中的宏指令进行展开;

3) 测出源程序中存在的语法错误,并给出出错信息;

4) 把源程序翻译成目标程序,并产生源程序的列表文件。

4.2 伪指令语句

汇编语言的源程序是由一系列的语句构成的,即语句是汇编语言的基本组成单位。汇编语言的源程序有三种指令类型:指令语句、伪指令语句和宏指令语句。指令语句在第 3 章已介绍过;宏指令语句将在 4.3 节进行讨论。本节详细介绍伪指令语句。

4.2.1 符号定义伪指令

在汇编语言的源程序中,可能多次出现同一个常数、变量名、标号名、表达式等。对于这种情况,程序设计人员在对程序进行调试修改的过程中,如果要修改一个变量名,就必须把源程序中的所有该变量名找出来,逐一地进行修改。这样对于程序设计人员调试程序是极为不便的。为了解决此类问题,可以在程序开始的时候,定义一些容易记忆和理解的符号来表示它们,即对它们进行重命名。这样在后面的程序中用到它们的地方,可以直接引用前面定义过的符号来代替之。因而,如果需要修改的话,只要在前面定义的符号处,进行修改就可以了,不必再对程序中所有用到该变量的地方逐一地进行修改,编程和调试的效率大有提高。对于汇编语言来讲,符号定义伪指令有两种:等值语句和等号语句。

4.2.1.1 等值语句(equ)

语句格式:名字(符号) equ 表达式

完成操作:把 equ 右边表达式的值或符号赋给其左边的名字(符号)。

其中,表达式可以是常数或数值表达式、地址表达式、变量、标号名或助记符等。

例 4.1 用等值语句为常数或数值表达式定义一个符号名。

```
number    equ    123             ;为常数 123 定义符号名
counst    equ    number * 4      ;为数值表达式定义符号名
```

例 4.2　用等值语句为地址表达式定义符号名。

```
var1      equ     var2              ;为变量定义别名
addr1     equ     [bp+10]           ;为变址引用赋以符号名
```

例 4.3　用等值语句为标号和助记符定义符号名。

```
name1     equ     ax                ;为助记符定义符号名
name2     equ     addrr             ;为标号定义符号名
```

注意:在 equ 语句中,如果在表达式中存在变量或标号,则必须在 equ 语句之前先给出变量或标号的定义,否则汇编程序会指示出错。如例 4.1 中,number 定义语句必须在 counst 定义语句之前。

符号名不能重复定义,即 equ 语句左边的符号名不能使用程序中已定义过的符号名,否则汇编程序会指示出错。

4.2.1.2　等号语句(=)

语句格式:名字(符号)=表达式

完成操作:把等号"="右边表达式的值或符号赋给左边的名字。

其中,表达式的类型同等值语句(equ)。

该语句与 equ 语句的功能相同,唯一不同处在于,等号语句中左边的符号名可以多次定义。

例如:

```
cont   =   78h                  ;为常数定义符号名
num1   =   9
       ⋮
num1   =   num1+1               ;修改常数符号 num1 的值
       ⋮
cont   =   var                  ;为变量定义别名
```

注意:无论是等值语句还是等号语句,都只是为常量、变量、表达式等定义符号名。它们并不分配存储单元。

4.2.2　数据定义伪指令

数据定义伪指令主要是用于描述数据和给数据赋初值。在一个数据定义语句中可以定义出数据元素的个数、大小和类型。它可指定数据在各分段中的相对位置以及数据的初值,还可以保留若干存储单元供程序使用。

数据定义语句格式:

[变量名]　数据定义伪指令　表达式 1,表达式 2,…[;注释]

其中,由[ ]括起来处可有可无。变量名字段是用符号地址表示的,与指令语句前的标号作用相同。它只是在形式上与指令语句略有差别,后边不用冒号。汇编程序把它记以该语句所定义的第一个字节的偏移地址。

表达式字段可以是数值表达式、字符串表达式、带 dup 的表达式等。若是字符串表达式,则字符串必须用单引号或双引号括起来,各字符是以 ASCII 码的形式存放在相应的存储单元中的。

注释字段主要是对该数据定义语句所完成的操作进行说明。

数据定义伪指令主要有下列几条。

4.2.2.1 db 伪指令

该指令是用来定义字节的,也就是为数据以字节为单位分配若干连续存储单元,并可为程序以字节为单位保留若干连续存储单元。如果操作数是字符串,则字符串中字符的个数要小于 255,并为每一个字符分配一个字节存储单元。无论表达式的结果是数据还是字符串,都是按照地址递增的顺序依次分配的。

4.2.2.2 dw 伪指令

该指令是用来定义字的,也就是为数据以字为单位分配若干连续存储单元,并可为程序以字为单位保留若干连续存储单元。其中,对于一个字来说,低位字节存放在第一个字节地址(低地址)中,高位字节在第二个地址(高地址)中。如果操作数是字符串,其中字符的个数要小于或等于 2,dw 伪指令为每一个字符串分配两个字节存储单元。对于包含两个字符的,前一个字符存放在高地址处,后一个字符存放在低地址处;至于包含一个字符的字符串,该字节的高地址存储单元存放 00,低地址存储单元存放该字符。

4.2.2.3 dd 伪指令

该指令是用来定义双字的,也就是为数据以双字(占 4 个字节)为单位分配若干连续存储单元,也可为程序以双字为单位保留若干连续存储单元。如果操作数是用字符串表达式表示的,每一个字符串最多只能包含两个字符,dd 伪指令为每一个字符串分配 4 个字节存储单元。其中,低两位存储单元存放字符(存放方式同 DW 伪指令),高两位存储单元自动被存为 00。

4.2.2.4 dq 伪指令

该指令是用来定义 4 个字的,也就是为数据以 4 个字为单位分配若干连续存储单元,也可为程序以 4 个字为单位保留若干连续存储单元。

4.2.2.5 dt 伪指令

该指令是用来定义 5 个字的,也就是为数据以 5 个字(占 10 个字节)为单位分配若干连续的存储单元,也可为程序以 5 个字为单位保留若干连续的存储单元。

例 4.4 操作数是数值表达式。

```
byte1     db    3,17,10 * 2,0ah
word1     dw    3,0ah,100h
double1   dd    0aabbh,7 * 6
```

上述数据定义语句经过汇编后,存储器将如图 4.2 所示。

例 4.5 操作数是字符串表达式。

```
str1   db    'computer'
str2   dw    'co','mp','ut'
str3   dd    'co'
```

上述数据定义语句经过汇编后,存储器将如图 4.3 所示。

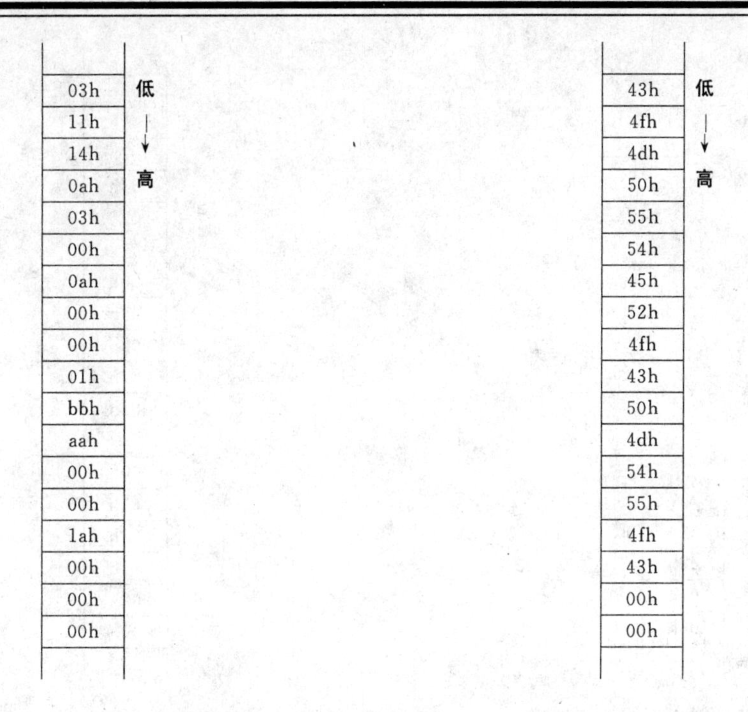

图 4.2　例 4.4 的汇编结果　　　　**图 4.3　例 4.5 的汇编结果**

例 4.6　操作数是带？的表达式；

```
byte2    db    1, ?, ?, 0
```

经过汇编后，存储器如图 4.4 所示。

对于操作数是？的，表示分配存储单元，但不存入数据。

例 4.7　操作数是带 dup 的表达式。

它的格式：*表达式 1*　dup　（*表达式 2*）

其中表达式 1 的值须是一个正整数，用来指定表达式 2 所指示的操作数的重复次数。

```
string1    db    2    dup(1, 2)
```

对于该数据定义语句，所占用的存储单元为：

　　2×2=4 个字节单存储单元

经过汇编后，存储器如图 4.5 所示。

对于数据定义语句：

```
string2    dw    20h    dup(9, ?)
```

经过汇编后，所占用的存储单元为：

　　2×2×20h=80h 个字节存储单元。

例 4.8　对于 dup 操作也可以嵌套使用

```
str5 db 3 dup(0, 2 dup(1,2),?)
```

经过汇编后，存储器如图 4.6 所示。

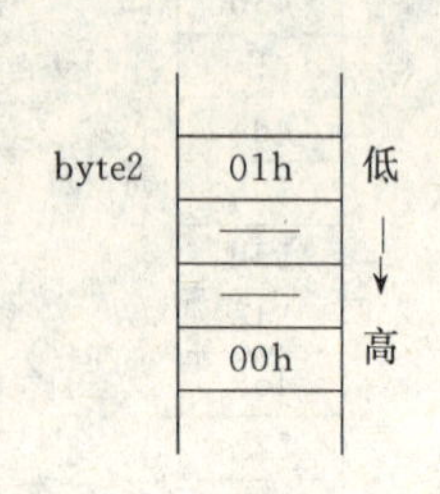

图 4.4 例 4.6 的汇编结果

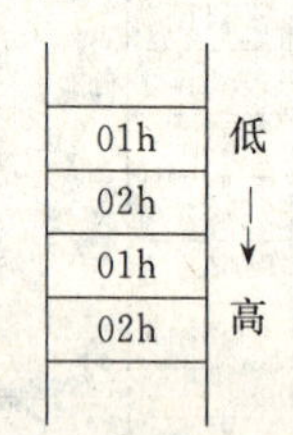

图 4.5 例 4.7 的汇编结果

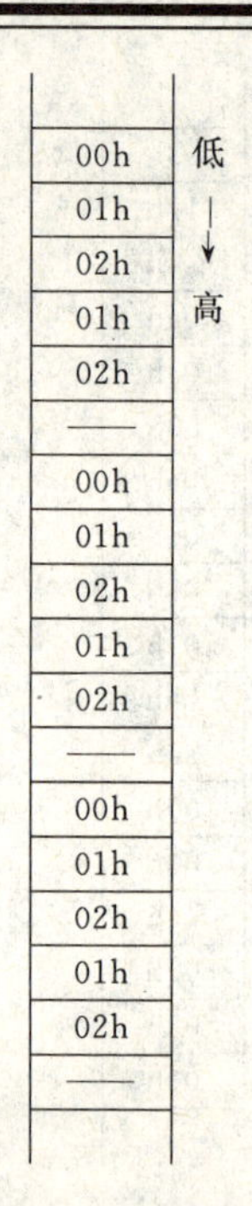

图 4.6 例 4.8 的汇编结果

4.2.3 段定义伪指令

众所周知，对于 8086/8088 来说，它有 20 位地址线，可却只有 16 位数据线。如何用 16 位数据来表示 20 位的地址空间呢？ 采用分段的方法，即把存储器分成一个一个的段。那么，要确定某一存储单元的物理地址，就必须知道该存储单元所在段的段基址(该段的起始地址)和在该段内的偏移地址。本节主要讨论有关段定义的伪指令。

4.2.3.1 段定义伪指令格式

段定义伪指令的格式：

```
段名  segment  [定位类型][组合类型][‘类别名’]
        …
        …
段名  ends
```

其中，segment 和 ends 是段定义伪指令，表示段的起始和结束。由[ ]括起来的部分可有可无。删节号部分表示的是段的主体。

1) 段名部分，就是为段定义一个符号名，这是定义段时必须存在的。符号名的命名规则同变量和标号的命名规则。segment 和 ends 伪指令前面的段名必须一致，否则汇编程序会指出错误。

2) 定位类型部分，是对段的起始地址的规定。它有以下四种类型。

- byte 表示本段可以从任意处起始。
- word 表示本段必须从字的边界起始，即段基址必须是偶数。
- para 表示本段必须从小段的边界起始，即段基址的最低 4 位的二进制数位必须为全 0。隐含为该类型。

- page 表示本段必须从页的边界起始，即段基址的最低8位的二进制数位必须为全0。

3）组合类型部分，表示段与段之间的连接，有六种类型。

- public 表示本段在连接时与其它同名段连接在一起，形成一个新的逻辑段。
- common 表示本段在连接时与其他的同名段具有相同的起始地址，产生一个覆盖段，连接后的长度是同名段中长度最大段的段长度。
- none 表示本段在连接时与其他段没有关系，可按在源程序中各个逻辑段的顺序分配存储单元。该类型为隐含的。
- at expression 表示本段的起始地址即为由 expression 计算出来的值，但不能用来指定代码段的段基址。
- stack 表示本段为堆栈段，即自动产生一个堆栈段，并把所有同名段连成一个新的逻辑段。系统自动对堆栈段寄存器(cs)和堆栈段指针(sp)进行初始化。
- memory 表示本段应被放置在所有其他段的前面。如果在连接时，存在多个段的组合类型，则把遇到的第一个段作为 memory 段，其他段都作为 common 段。

4）类别名部分，用于在连接时组成段组的名字。它必须用单引号括起来。

4.2.3.2 其他有关段的伪指令

assume 伪指令的格式1：

assume 段寄存器名:段名,段寄存器名:段名,…

其中段名必须是段寄存器 cs,ds,es 或 ss 之一。段名必须是用 segment/ends 伪指令定义过的段名。

完成操作：把所定义的段与段寄存器关联起来。

assume 伪指令的格式2：

assume nothing

完成操作：用于取消前面由 assume 所定义的段寄存器。

例 4.9

```
data_seg1    segment                          ；定义数据段
    x    db    12
data_seg1    ends
data_seg2    segment                          ；定义附加段
    y    db    0afh
data_seg2    ends
code_seg1    segment                          ；定义代码段
    assume   cs:code_seg1, ds:data_seg1, es:data_seg2
start:                                        ；起始执行地址
    …                                         ；把 ds 设置为当前数据段寄存器
    mov  ax, data_seg1
    mov  ds, ax
    mov ax, data_seg2                         ；把 es 设置为当前附加段寄存器
    mov    es, ax
    …
    …
```

```
code_seg1    ends                 ;代码段结束
             end    start         ;程序结束
```

注意:assume 伪指令语句不产生任何目标代码。

在 assume 语句中,对于 cs 段寄存器,它不仅把相应的段分配给 cs 寄存器,还把段基址装入到 cs 寄存器中。对于其他段寄存器(ds,es)只是指定把某个段分配给哪一个寄存器,并没有把段基址装入到相应的段基址中。因而,在上面的例 4.9 中有这样的语句:

```
mov   ax, data_seg1
mov   ds, ax
```

对于 ss 段寄存器,还要对 sp 进行初始化,如:

```
stack1       segment
        dw   100h dup (?)
top1         label word
stack1       ends
               ⋮
               ⋮
code         segment
               ⋮
                 mov    ax, stack          ;把 ss 设置为当前堆栈段寄存器
                 mov    ss, ax
                 mov    sp, offset top     ;修改 sp 指针
                   ⋮
                   ⋮
```

但如果代码段 stack1 是这样定义的:

```
stack1     segment     stack
  dw       100h        dup (?)
stack1     ends
```

则无需再对 ss 和 sp 寄存器进行初始化。

4.2.4 过程定义伪指令

过程又称为子程序。在一个程序中,有些功能需要重复使用,那么就可以把这些功能编制成一个个的子程序,在需要的时候调用就可以了。在汇编语言中,过程具有子程序的特性,是用过程定义伪指令来实现过程定义的。

过程定义语句的格式:

```
过程名     proc     [类型属性]
                       ⋮
                       ⋮
过程名     endp
```

其中,子程序名就是一个标识符,又相当于子程序入口的符号地址。它的命名规则同同段

名的定义规则。由[ ]括起来部分可有可无。proc /endp 是子程序定义伪指令,是成对出现的,表示一个过程的开始和结束。

属性部分有两类:far 和 near。隐含为 near 属性。

对于一个子程序它的属性可根据下列原则来确定:

1) 调用程序和子程序在同一代码段中,则子程序的属性使用 near;

2) 调用程序和子程序在不同代码段中,则子程序的属性使用 far。

4.2.5 其他伪指令语句

4.2.5.1 程序开始和结束伪指令

1. name

格式:name　名字

完成功能:汇编程序将 name 后面的名字作为模块的名字。

2. title

格式:title　名字

完成操作:该伪指令将其所定义的名字指定为每一页打印的标题。

说明:如果程序中没有使用 name 伪操作,汇编程序则将 title 指令所定义的名字的前 6 个字符作为模块名。title 所定义的名字最多可以含 60 个字符。

3. end

格式:end　[标号]

完成功能:表示源程序结束。

说明:标号指示程序开始执行的起始地址。如果有多个程序模块相连接,只有主程序需使用标号,其他子模块则只需用 end 而不必指定标号。

4.2.5.2 对准伪指令

1. even

格式:even

完成操作:使下一个字节地址成为偶数。

例 4.10

```
dataseg   segment
            ...
          even
          byte   db   78h, e2h
            ...
dataseg   ends
```

在该例中,byte 的地址为偶数。

2. org

格式:org　常数表达式

完成功能:使下一个字节的地址成为常数表达式的值。

例 4.11

```
great   segment
        org   100h
    word1   dw   0fd4h
    word2   dw   ?
        org   $+6
    byte   db   100 dup(?)
              …
great      ends
```

4.2.5.3 基数控制伪指令

汇编程序默认的数是十进制数,即若无专门指定,汇编程序把程序中出现的数均看作十进制数。对于专门指定的,标记如下:

对于二进制数,在数后用字母 b;十进制数,数后用字母 d;十六进制数,数后用字母 H;八进制数,在数后用字母 o 或 q。

例 4.12 01001101b, 0fad9h, 7611o

除了上述标记外,8086/8088 提供了基数控制伪操作,radix。

格式 .radix 表达式

其中,表达式的值用来表示基数值(用十进制数表示)。

例 4.13 下列语句:

```
mov   bx, 0a9h
mov   bx, 23
```

与下列语句是等价的:

```
.radix   16
mov      bx, 0a9
mov      bx, 123d
```

4.3 宏指令

汇编语言不仅为编程人员提供了丰富的段定义伪指令、过程定义伪指令,而且还提供了宏指令。宏指令可以用来定义宏。宏就是在汇编语言的源程序中的一段有独立功能的程序段,在源程序中定义一次,但可多次调用。因而,对于程序中某些需多次使用的功能块,可以把它定义成宏的形式,在使用时,进行宏调用就可以了。本节就有关宏的定义、调用及一些操作符进行讨论。

4.3.1 宏的使用

我们分别从宏的定义、调用和展开三方面来讨论。

4.3.1.1 宏定义

宏定义是由一组伪操作来实现的。它的格式:

宏名　　macro　　[形参1,形参2,…]

```
        …           ；宏定义体
        …
        endm
```

其中，macro/endm是用于定义宏的伪指令，由[ ]括起来的部分可有可无。宏名相当于为宏定义起一个符号名，命名规则同段名的规则。宏定义体是由一系列语句组成的。形参部分是宏定义体中需要修改的部分对外的一个窗口，通过与宏调用中的实参相对应，来改变需修改部分的值。宏定义本身并不在程序的目标代码中，故可把它放在程序的任何位置。

例4.14 定义一个没有参数的宏。

```
macr1       macro
    push bx
    push cx
    endm
```

例4.15 用宏指令定义两个字操作数相加，并把结果存放在一个字单元中。则宏定义应为：

```
add1    macro   op1, op2, sum
        push    ax
        mov     ax, op1
        add     ax, op2
        mov     sum, ax
        pop     ax
        endm
```

4.3.1.2 宏调用

定义了宏以后，汇编语言是通过宏指令语句对宏进行调用的。

该语句的格式：*宏名*　　[*实参1，实参2，…*]

其中，宏名是在宏定义中定义过的名字，由[ ]括起来的部分可有可无。

因为实参和形参是有对应关系的，故有几点说明：

- 实参的排列顺序要与形参一致，即第一个实参对应第一个形参；
- 如果实参的个数多于形参的个数，多余的实参将自动被略去；
- 如果形参的个数多于实参的个数，多余的形参自动用空白串取代。

例4.16 对例4.14和例4.15所定义的宏进行宏调用，语句为：

```
…
macr1
…
add1 data1, 10h, bx
…
```

4.3.1.3 宏展开

宏调用语句是在汇编程序对源程序进行汇编的时候展开的，也就是汇编程序用宏定义体取代在源程序中的宏调用语句，并把宏定义的所有形参用实参来代替。有一点需要说明，即进行宏展开以后得到的语句应该是有效的，否则汇编程序会指示出错。

下面我们对例 4.16 中的宏调用进行展开,为:

```
            …
+     push     bx
+     push     cx
            …
+     push     ax
+     mov      ax, data1
+     add      ax, 10h
+     mov      bx, ax
+     pop      ax
            …
```

注:对于是由汇编程序在汇编的过程中展开的语句,在该语句前是被加上符号——'+'的。

4.3.1.4 宏嵌套

宏嵌套可以有两种形式。一种是在宏定义体中又包含另一种宏定义,这种情况称为宏定义嵌套;另一种是在宏定义体内含有宏调用语句,这种情况称为宏定义内宏调用嵌套。对于第二种情况的宏嵌套,在宏定义体中所调用的宏必须在此之前已经定义过了。

4.3.2 宏定义中所使用的其它伪指令

4.3.2.1 伪指令 local

我们所做的宏定义是由汇编程序在源程序的宏调用语句处展开的。如果在源程序中调用多次,那么宏定义体就被展开多次,即在程序中就存在多个宏体。如果在宏定义体中含有变量名或标号,而此宏定义在同一个源程序中被多次调用,那么该源程序在汇编时,就会在该程序中出现多个相同的变量名或标号,汇编程序会指示出错。故在宏定义时,要考虑可能被多次调用的情况。如何避免这种情况发生呢?使用局部符号伪指令 local。

其格式:local 符号名 1,[符号名 2,…]

该伪指令仅用在宏定义中,通常作为宏定义体的第一条语句,即 macro 后的第一条语句。在 macro 和 local 之间不允许有注释和分号存在,符号名是在本宏定义中所使用的变量名或标号。在宏展开时,汇编程序则为包含在该语句后的符号名建立一个唯一的标号,其范围在 ?? 0000～?? ffff 之间,按递增的顺序。

例 4.17 存在下面的宏定义:

```
jump1    macro    var1
         local    next
         cmp      var, 0ffh
         je       next
         mov      al, var1
next:
         endm
```

宏调用:

```
        ⋮
        jump1    bl
        ⋮
        jump1    data1
        ⋮
```

宏展开：

```
              ⋮
+             cmp     bl, 0ffh
+             je      ?? 0000
+             mov     al, bl
+?? 0000 :
              ⋮
+             cmp     data1, 0ffh
+             je      ?? 0001
+             mov     al, data1
+?? 0001 :
              ⋮
```

4.3.2.2 伪指令 &

该伪指令用在宏定义中，放在形参前后都可以。在宏展开时，把对应的实参与它前面或后面的符号连接在一起，构成一个新的符号。该伪指令主要适于修改符号。

例 4.18 有下列宏定义：

```
macr1   macro  reg, symbol, flag
        mov   cl, flag
        s&symbol   reg, cl
        endm
```

设有下列宏调用：

```
macr1   bx, hl, 5
```

进行宏展开后：

```
+  mov   cl, 5
+  shl   bx, cl
```

4.3.2.3 伪指令%

格式：%表达式

完成操作：汇编程序将获取表达式的值。该伪指令不可以出现在形参的前面，一般出现在宏调用中。

例 4.19 存在下列宏定义：

```
macr2   macro  count
        mov    cl, count
```

```
        endm
macr3   macro  reg, symbol, flag
        data1=flag
        macr2      %data1
        s&symbol  reg, cl
        endm
```

宏调用：

```
macr3     bx, ar, 3
```

宏展开：

```
+    mov     cl, 3
+    sar     bx, cl
```

4.3.2.4 伪指令〈 〉

在宏定义中定义的是形参。在宏调用的时候，用实参来替代相应的形参。实参可以是符号、助记符或表达式等。对于实参是由表达式构成的情况，可以使用伪指令(＜ ＞)把一个完整的实参括起来，作为一个单一的实参。

例 4.20 对于例 4.18 的宏定义有这样的宏调用语句：

```
macr1     ax, hl, 〈byte ptr word1〉
```

4.3.2.5 伪指令!

格式：! 字符

汇编程序在汇编时，遇到该伪指令时，把该伪指令后面的字符以字符本身的意义进行处理，不作特别的操作符使用。

例 4.21 存在下面的宏调用语句：

```
macr1     ax, hl,〈word!<23h〉
```

在该宏调用的第三个实参中的“！＜”，伪指令！后边的‘＜’被作为小于号使用，而不是被作为文本伪指令(〈 〉)的起始符来使用。

4.3.2.6 伪指令;;

格式：;;文本

本伪指令又称为宏注释符，用来表示其后面的文本是宏注释，在宏展开的时候不予展开。该伪指令仅可用在宏定义中。

4.3.2.7 伪指令 purge

格式：purge　宏定义名 1[,宏定义名 2,…]

该伪指令用于取消前面的宏定义。

例 4.22 取消前面各例题的宏定义的语句为：

```
purge     macr1
purge     macr2, macr3
```

4.3.2.8　伪指令 include

格式:include　文件名

汇编语言提供了一些宏库。宏库是由若干个宏定义以文件的形式组成在一起的,供其他汇编语言源程序使用。汇编程序在对源程序进行汇编的时候遇到 include 伪指令,把该伪指令后面的宏库文件扫描一遍,这样在源程序中该指令后面的语句就可以直接调用宏库中的宏定义。

4.4　汇编语言程序格式

我们在前面已经介绍过,汇编语言源程序是由一条一条的语句构成的。每一条语句是由四部分组成的,它的格式是:

[名字:]　　操作符　　操作数　　[;注释]

其中,由[ ]括起来部分可有可无,需根据具体情况而定。各部分之间须用间隙隔开。

名字部分就是一个符号名。

操作符部分就是一个指令码的助记符。

操作数部分是由 n 个表达式构成的,为操作提供所需的信息。

注释部分是说明程序或语句的功能,用来提高程序的可读性。必须以";"开头。下面我们将对各部分进行详细的探讨。

4.4.1　名字部分

该部分可由字母、数字和专用字符(?,·,@,—,$)构成,但数字不能放在名字部分的最前面。该部分最长 31 个字符,超出部分不能被汇编程序所识别,但不会报错。此部分须以冒号(:)表示结束。

名字部分可以是标号或变量。用来表示本语句的符号地址,一般来说,只有在需要访问本语句时才用到。如果在程序中不需要对本语句进行访问,可以不要名字部分。

4.4.1.1　标　号

标号是在代码段中定义的。它是一条指令的符号地址,代表该语句的第一个字节单元的地址,也可作为过程名定义。标号有三种属性:段属性、偏移属性和类型属性。

段属性是定义标号所在段的段基址,也就是段的起始地址。标号的段属性是在段寄存器 cs 中的,因为标号是在代码段中定义的。

偏移属性表示标号距段起始地址之间的字节数。它是一个无符号的 16 位二进制数。

类型属性有两种:far 和 near,用来表示本标号是在本段内引用,还是在其它段内引用。如果是在本段内引用,则是 near,指针长度为 2 个字节;如果是在其它段中引用,则是 far,指针长度为 4 个字节。

4.4.1.2　变　量

变量是在除代码段以外的其它段中定义的,常常出现在操作数字段。变量同样也具有三种属性:段属性、偏移属性和类型属性。

段属性:变量的段属性是用来代表定义变量的段的起始地址。变量的段属性的值一定不在代码段寄存器 cs 中,而是在其它段寄存器中。

偏移属性:从定义变量的段的起始地址到定义变量的位置之间的字节数。

类型属性:根据所定义的变量的字节数来确定的,如表 4-1 所列。

表 4-1　数据定义伪操作的类型属性

属　性	DB	DW	DD	DQ	DT
类　型	1	2	4	8	10

4.4.2　操作符部分

操作符部分是由我们前面所介绍过的助记符构成的,如指令、伪操作符或宏指令,用来说明该指令所要执行的操作。

4.4.3　操作数部分

操作数部分是由表达式组成的。对于一条语句所包含的操作数个数是由操作符部分决定的。对于包含多个操作数的语句,操作数之间是用逗号分隔的。该部分可以是常数、寄存器、标号、变量或是它们和不同运算符有序组合。下面就此部分进行详细讨论。

4.4.3.1　算术运算符

算术运算符有:+,-,*,/,mod。分别表示数学上所说的加、减、乘、除、取余(表示两数相除后所得的余数,如 5/2 的值为 2,5 mod 2 的值为 1)。

例 4.23　在数据段中有下列定义:

```
num1    db     'how are you'
num2    dw     'hello'
num3    equ    num2-num1
```

例 4.24　在一段程序段中有下列语句:

```
mov     dx, (6-1) * 2
mov     ax, 5 mod 2
```

经过汇编程序汇编后,这两条语句将成为:

```
mov     dx, 10
mov     ax, 1
```

4.4.3.2　逻辑运算符

逻辑运算符有:and,or,xor,not。

它是按位进行操作的,故只能用于数字表达式中。其中 not 是单操作数运算符,其它三个都是双操作运算符。

例 4.25　设在某一程序段中存在下列语句:

```
mov     al, not 01h
mov     bl, 10h and 01h
mov     cl, al or 01h
```

经过汇编程序汇编后,这三条语句将成为:

```
mov     al, 0feh
```

```
mov     bl, 0h
mov     cl, 0ffh
```

4.4.3.3　关系运算符

关系运算符有：eq（相等）、ne（不等）、lt（小于）、gt（大于）、le（小于或等于）、ge（大于或等于）。

所有的关系运算符都是双操作数运算符，并且它的两个操作数必须都是数字或是同一个段内的两个存储单元的地址。所得的值是逻辑值——真或假。如果结果是真，则值为 0ffffh；如果结果是假，则值为 0。

例 4.26　设在某一程序段中存在下列语句：

```
mov     al, 3ch   eq   01h
mov     bx, 3ch   gt   01h
```

经过汇编程序汇编后，这两条语句将成为：

```
mov     al, 00h
mov     bx, 0ffffh
```

4.4.3.4　数值回送运算符

数值回送运算符有：offset，seg，type，length，size。

它们是把操作符的一些特征或部分存储器地址进行回送。下面将分别介绍运算符。

1. offset 运算符

格式：offset　变量或标号

汇编程序会把变量或标号的偏移地址进行数值回送。

例 4.27　设在某一程序段中存在下列语句：

```
mov  di, offset table
```

该语句与语句：lea　di，table 是等价的，是把 table 的偏移地址送入寄存器 di 中。

2. seg 运算符

格式：seg　变量或标号

汇编程序在汇编期间会把定义变量或标号的段的段起始地址作为数值进行回送。

例 4.28　设有下面的段定义：

```
dataseg     segment
    array4      dw      20 dup ( ? )
dataseg     ends
```

该段的段基址（ds）＝00f0h，对于下面的语句：

```
mov     dx, seg array4
```

经过汇编程序汇编后，该语句将成为：

```
mov     dx, 00f0h
```

3. type 运算符

格式：type　变量或标号

如果是变量,则按表 4.1 中的类型值来进行回送;如果是标号,经过汇编程序汇编后,对于类型属性为 near 的标号则值为－1;类型属性为 FAR 的标号,回送的值为－2。

例 4.29 假设有这样的数据定义语句:

```
array3    dw    0ffh, 9, 45h
```

则语句:

```
mov    bx, type array3
```

经过汇编程序汇编后,该指令将成为:

```
mov    bx, 2
```

4. length 运算符

格式:length 变量

对于使用 dup 形式定义的变量,汇编程序会把分配给该变量的 dup 单元数作为数值回送;其它的情况的回送值为 1。

例 4.30 设有如下数据定义语句:

```
table      dw     200 dup ( ? )
quick      db     1, 0fh, 9
```

在某一程序段内存在这样的语句:

```
mov    cx, length  table
mov    di, length  quick
```

经过汇编程序汇编后,这两条语句将成为:

```
mov    cx, 200
mov    di, 1
```

5. size 运算符

格式:size 变量

该运算符是回送分配给该变量的字节数。它的值相当于 length 和 type 的乘积值。

例 4.31 对于例 4.30 中所定义的 table 和 quick,存在下面语句:

```
mov    cx, size table
mov    di, size quick
```

经过汇编程序汇编后,这两条语句将成为:

```
mov    cx, 400
mov    di, 1
```

4.4.3.5 属性运算符

属性运算符有:段属性操作符 ptr,short,this,high,low。

1. 段属性操作符

该操作符用来表明一个标号、变量或地址表达式的段属性。

例 4.32　设在某一程序段中存在这样的语句：

```
mov   bx, es : [si+2004h]
```

该语句源操作数的物理地址是由 es 的段基址与[si+2004h]所表示的偏移地址进行运算而得到的。如果在操作数部分没有指示是在哪一个段内，则默认是在数据段内。

2. ptr

格式：类型　ptr　表达式

该操作符是为同一个存储单元赋予不同的类型属性。

例 4.33　在例 4.30 中定义的 table。对它赋予字节类型属性为：

```
table_byte   equ   byte   ptr   table
```

该语句表示对由 table 定义的一段字存储空间赋予一个新的名字 table_byte。使用 table_byte 就可以以字节方式来存取该存储空间。

3. short

该操作符用来定义 jmp 指令的转向属性。使用它表示转向地址是在下一条指令地址的±127 个字节范围内。

例 4.34　跳转指令：

```
jmp    short next
```

4. this

格式：this　属性或类型

说明：该指令可以像 ptr 一样建立一个指定类型(byte、word 或 dword)的，或指定距离(near 或 far)的地址操作数。该操作数的段地址和偏移地址与下一个存储单元地址相同。

例 4.35

```
first_byte     equ      this      byte
first_word     dw       100 dup (?)
```

此处，first_byte 的偏移地址与 first_word 的偏移地址完全相同，但 first_byte 是字节类型，而 first_word 是字类型。

5. high

该操作符可以把一个数或地址表达式的值的高位字节进行回送。

例 4.36　有这样的语句：

```
num   equ   0d4ch
```

那么语句：

```
mov   al, high num
```

经过汇编程序汇编后将成为：

```
mov   al, 0dh
```

6. low

该操作符可以把一个数或地址表达式的值的地位字节进行回送。

例 4.37 num 同在上例中的定义,对于语句:

```
mov  al, low num
```

经过汇编程序汇编后,语句将成为:

```
mov  al, 4ch
```

4.4.4 注释部分

注释部分用来说明一段程序或指令的功能,主要是利于程序的易读性,但是,它又是此部分可有可无的。下面是一个汇编语言的程序例子。

程序

```
dataseg   segment                          ; 定义数据段
          flag     db   1
dataseg   ends                             ; 数据段结束
codeseg   segment
main      proc     far                     ; 主过程开始
          assume   cs : codeseg, ds : dataseg
start:                                     ; 起始执行地址
          mov      ax, dataseg             ; 把 ds 设置为当前数据段寄存器
          mov      ds, ax
          mov      si, flag
          mov      ah, 04ch                ; 返回 DOS
          int      21h
main      endp                             ; 主过程结束

codeseg   ends                             ; 代码段结束
          end      start                   ; 程序结束
```

4.5 汇编语言程序的上机过程

从建立一个汇编语言的源程序到执行已在本章开头介绍过了。本节通过一个具体的例子,较详细地讲述从建立源程序到运行的过程。

4.5.1 建立软件环境

要开发一个汇编语言程序,首先要通过编辑软件使用汇编语言指令编写源代码,得到的程序要以.asm 的扩展名来存放。汇编语言的源程序并不能由计算机直接执行,须经过汇编程序(masm)汇编成目标程序,所得到的目标程序的扩展名为.obj。得到的文件.obj 须经过连接程序 link 形成可执行文件.exe,方可在 DOS 下直接运行。因而,对开发一个汇编语言程序来讲,至少要有编辑软件、汇编程序(masm)和连接程序(link)。每一个程序设计者都知道,调试是开发程序不可或缺的步骤,因而,debug 调试程序也是运行汇编语言程序必不可少的工具。

下面就从一个具体实例出发,来讲述开发一个汇编语言程序的全过程。

例 4.38　有一函数

$$y=\begin{cases}1 & x>0\\0 & x=0\\-1 & x<0\end{cases}$$

假设 x 和 y 的值分别存放在内存单元 x 和存储单元 y 中,根据 x 值 的不同,来给 y 赋值。我们可以采用一种编辑软件来编辑源程序。该源程序的编制如下:

```
                title   example
data            segment                         ; 定义数据段
        x       db      0
        y       db      ?
data            ends
stack           segment  stack                  ; 定义堆栈段
                db      100     dup(?)
stack           ends
code            segment                         ; 定义代码段
                assume  cs:code, ds:data, ss:stack
start:                                          ; 起始执行地址
                mov     ax, data                ; 设置 ds 为当前数据段段基址
                mov     ds, ax
                mov     al, x
                cmp     al, 0                   ; (al)与 0 比较
                jge     high                    ; 若 al>0,跳到分支 high
                mov     al, 0ffh                ; x < 0
                jmp     put
    high:       je      put
                mov     al, 1
    put:        mov     y, al
                mov     ah, 4ch                 ; 返回 DOS
                int     21h
code            ends                            ; 代码段结束
                end     start                   ; 程序结束
```

4.5.2 汇编程序

汇编程序的功能已在 4.1 节详细介绍过了,这里不再赘述。

在上一步,已建立了一个汇编语言的源程序,名为 example1. asm。源程序建立完以后,就要用汇编程序对其进行汇编,能产生 3 个文件——目标文件(. obj)、列表文件(. lst)和交叉引用符号表文件(. crf)。本文使用的是 masm v4.0 版本。具体步骤如下:

```
C > masm example↙
Microsoft (R) Macro Assembler Version 4.00
```

```
Copyright (C) Microsoft Corp 1981, 1983, 1984, 1985. All rights reserved.
Object filename [.example. OBJ] : ↙
Source listing [NUL. LST] : example↙
Cross- reference [NUL. CRF] :example↙
    49882 bytes symbol space free
         0    Warning  Errors
         0    Severe   Errors
```

在上述操作中,可以看到第一次提问要求回答目标文件名,我们可以输入任意的名字,若不输入任何值,直接按回车↙将取默认值为 example. obj。这一步是汇编程序最重要的目的——由汇编语言的源文件产生目标文件。第二个提示是否要产生列表文件(source listing)。此列表文件能同时列出源程序和机器语言程序清单,并给出符号表,故可方便调试程序。这个文件是可有可无的。如果需要此文件对[NUL. LST]:回答一个文件名,本例回答是 example,这样就建立了文件 example. LST;如果不需要此文件,回答↙即可。下面的文件就是所产生的列表文件 example. lst。

```
Microsoft (R) Macro Assembler Version 4.00   6/16/1example
1                              title example
2   0000                       data segment           ;定义数据段
3   0000        00             x  db  0
4   0001        ??             y  db  ?
5   0002                       data ends
6   0000                       stack segment stack    ;定义堆栈段
7   0000        0064[          db     100 dup(?)
8                    ??
9                    ]
10
11  0064                       stack ends
12  0000                       code  segment          ;定义代码段
13                             assume cs:code, ds:data, ss:stack
14  0000                       start:                 ;起始执行地址
15  0000  1e                   push  ds               ;把当前 ds,ax 内容保存起来
16  0001  2b  c0               sub  ax, ax
17  0003  50                   push  ax               ;设置 ds 为当前数据段段基址
18  0004  b8… r                mov  ax, data
19  0007  8e  d8               mov  ds, ax
20  0009  a0  0000  r          mov  al, x
21  000c  3c  00               cmp  al, 0             ;(al)与 0 比较
22  000e  7d  05               jge  high              ;若 al>0,跳到分支 high
23  0010  b0  ff               mov  al, 0ffh          ;x<0
24  0012  eb  05  90           jmp  put
```

```
25  0015  74  02          high: je  put
26  0017  b0  01          mov  al, 1
27  0019  a2  0001  r     put:  mov  y, al
28  001c  b4  4c          mov  ah, 4ch          ；返回 DOS
29  001e  cd  21          int  21h
30  0020                  code  ends            ；代码段结束
31                        end  start            ；程序结束
microsoft (r) macro assembler version 4.00      6/16/1example
                          symbols-1

   segments and groups:
           name                size        align    combine    class

code . . . . . . . . . . . . . . . 0020    para     none
data. . . . . . . . . . . . . . .  0002    pare     none
stack . . . . . . . . . . . . . .  0064    para     stack
symbols:
           name                type        value    attr
high . . . . . . . . . . . . . . . l near  0015     code
put  . . . . . . . . . . . . . . . l near  0019     code
start  . . . . . . . . . . . . . . l near  0000     code
x  . . . . . . . . . . . . . . . . l byte  0000     data
y  . . . . . . . . . . . . . . . . l byte  0001     data
          28    source  lines
          28    total   lines
          29    symbols
          49882  bytes  symbol  space  free
          0             warning  errors
          0     severe    errors
```

汇编程序的第三次提问：是否需要产生 crf 文件。该文件将列出源程序中定义的所有符号。每个符号列出了定义它的行号(加上#)和引用它的行号。如果不需要建立此文件，则在[nul. crf]：处回答↙；如果需要建立此文件，则在[nul. crf]：处用一个名字来回答，该文件一般用处不大，在本例就不再过多提及了。

汇编程序除了给出上述3个文件以外，它还给出源程序中的错误信息，分两类：警告错误(warning errors)和严重错误(severe errors)。警告错误是指一般性的错误，有的警告错误并不影响汇编。严重错误是指该错误致使汇编程序无法正确进行，因而必须修改源程序，然后重新汇编直到严重错误为0。

对于使用 masm v6.0，在汇编源程序的时候，不产生上述提示：是否生成列表文件和交叉引用表文件的信息。如果需要生成列表文件和交叉引用表文件，需在汇编的命令行后加4个；。

4.5.3　连接程序

至此已产生出了目标文件 example. obj，但它并不是可执行文件，因而这里用到了连接程序，需进行如下操作：

```
c > link example↙
microsoft (r) overlay linker version 3. 51
copyright (c) microsoft corp 1983, 1984, 1985, 1986. all rights reserved.
run file [example. exe] : ↙
List file [nul. map] : example
libraries [. lib] : ↙
```

在运行 link 程序中，有三次提问。第一个是问：是否使用默认的文件名 example. exe 作为所产生的可执行文件名。如果可以，回答↙；否则需要键入一个文件名。本例使用默认的文件名。第二次提问：是否要输出 map 文件。map 是连接程序的列表文件，又可称为连接映像，它给出每个段在存储器中的分配情况。该文件可有可无。如果不需要，回答↙；否则，回答一个文件名。本例回答 example，表示 link 程序输出一个名为 example. map 的文件。该文件的内容如图 4.7 所示。第三个提问：询问程序中是否用到库文件。如果没有用到，则回答↙。

Start	Stop	Length	Name	Class
00000H	00001H	00002H	DATA	
00010H	00073H	00064H	STACK	
00080H	0009FH	00020H	CODE	

Program entry point at 0008 : 0000

图 4.7　example. map 的文件内容

4.5.4　程序的执行与调试

任一个编程成人员都知道，调试程序是编制程序的关键一步。我们可以通过调试程序来察看程序的运行结果，也可以通过调试程序来纠正程序中的错误。

4.5.4.1　程序的执行

现在，可执行文件 example. exe 已经产生，可在 DOS 下直接运行，如：

```
c > example↙
c >
```

4.5.4.2　程序的调试

无论是汇编程序还是连接程序只能指出语法错误，对于程序在功能上是否有错，需要进行调试。对于本例题，程序的执行结果存放在存储单元中，并没有显示出来。那么如何才能看到该程序的运行结果呢？通过调试程序可以实现。debug 调试程序是为汇编语言设计的一种调试工具。它涉及到机器的内部，可以对寄存器和存储单元的内容进行察看和修改。在使用

debug调试程序时，有以下几点声明：

- 在debug中，命令参数中的数据和屏幕显示的数据均是以十六进制数表示的。
- 所有debug命令只有一个字母，后面可有一个或多个参数。参数之间用空格或逗号隔开，且命令是以回车符作结束符。下面通过本例，介绍几个debug调试程序的常用命令。

1. 程序的装入

程序的装入有两种方式：一种是在调用debug时装入；另一种是在进入debug后再装入。

(1) 在调用debug时装入

这种方式只需键入：

```
c > debug example.exe↙
-
```

debug以短划线－作为响应。我们可以在其后输入任何debug提供的命令和参数。

(2) 进入debug以后装入

本方式可以在进入debug后，通过它的命名命令 *n* 和装载命令l来装入可执行文件，操作如下：

```
c > debug↙
- n example.exe↙
- l↙
-
```

2. 退出命令

如果已进入debug中，现需要退出debug状态，返回操作系统可使用退出命令q即可实现。操作如下：

```
- q↙
c >
```

3. 运行命令

程序的运行命令有两个：连续运行命令g和跟踪运行命令t。

(1) 运行命令g

格式：－g　[＝地址1][地址2[地址3 …]]

说明：地址1指定了运行的起始地址。如没有指定，则从当前的cs：ip开始运行。后面的地址是断点地址。当指令执行到断点时，就停止运行，并显示出当前所有寄存器和标志位的内容，最后还要显示出下一条要执行的指令。

我们可以通过反汇编命令来确定所要设的断点地址，如图4.8所示。

```
-u
22C5:0000 1E          PUSH    DS
22C5:0001 2BC0        SUB     AX,AX
22C5:0003 50          PUSH    AX
22C5:0004 B8BD22      MOV     AX,22BD
22C5:0007 8ED8        MOV     DS,AX
22C5:0009 A00000      MOV     AL,[0000]
22C5:000C 3C00        CMP     AL,00
22C5:000E 7D05        JGE     0015
22C5:0010 B0FF        MOV     AL,FF
22C5:0012 EB05        JMP     0019
22C5:0014 90          NOP
22C5:0015 7402        JZ      0019
22C5:0017 B001        MOV     AL,01
22C5:0019 A20100      MOV     [0001],AL
22C5:001C B44C        MOV     AH,4C
22C5:001E CD21        INT     21
```

图 4.8　断点地址

如图 4.8 我们设断点地址是 22c5h : 001c,则出现图 4.9 所示的情况。

```
-g  001c
AX=2200  BX=0000  CX=00A0  DX=0000  SP=0060  BP=0000  SI=0000  DI=0000
DS=22BD  ES=22AD  SS=22BE  CS=22C5  IP=001C   NV UP EI PL ZR NA PE NC
22C5:001C B44C          MOV     AH,4C
```

图 4.9　设出断点后的情况

(2) 跟踪命令 t

格式:1) -t[=地址]

　　 2) -t[地址 1][n]

说明:格式 1)是逐条跟踪,从指定地址起执行一条指令后停下来,显示所有寄存器内容和标志位的值。如果没有指定地址,则从当前的 cs : ip 开始执行。格式 2)是多条跟踪,从指定地址起执行 n 条指令后停下。

图 4.10 是采用逐条跟踪的形式使用命令 t 情形。

```
-t  22c5:000c
AX=0000  BX=0000  CX=00A0  DX=0000  SP=0064  BP=0000  SI=0000  DI=0000
DS=22AD  ES=22AD  SS=22BE  CS=22C5  IP=000E   NV UP EI PL ZR NA PE NC
22C5:000E  7D05          JGE     0015
```

图 4.10　采用逐条跟踪使用命令 t 出现的情形

4. 显示命令 r

在例中程序已经执行过了,但还没有看到程序的执行结果。需察看存储单元的内容,可使用显示存储单元内容的命令 d;察看寄存器的内容可用命令 r。

首先察看一下寄存器的内容,以便得知数据段的段基址。

从此处开始,即认为机器处于 debug 状态下,并已把 example. exe 可执行文件装入了内存,如下图 4.11 所示。

```
-r
AX=0000  BX=0000  CX=00A0  DX=0000  SP=0064  BP=0000  SI=0000  DI=0000
DS=22AD  ES=22AD  SS=22BE  CS=22C5  IP=0000   NV UP EI PL NZ NA PO NC
22C5:0000  1E              PUSH     DS
```

图 4.11　将执行文件已装入内容

由图 4.11 可以看出,显示出了从 ax ～ ip 所有寄存器的内容。紧接其后显示的是个标志位的状态。最后一行显示的是下一条要执行的指令。

命令 r 还可用于显示单个寄存器的内容:- r　寄存器名。

从图 4.11 显示可得知,数据段的段基址 ds=22ad,现在我们就可以察看一个数据段中存储单元的内容,如图 4.12 所示。

我们看到数据段偏移地址 0000h 和 0001h 处,值是 cdh 和 20h,并不是本例所应得结果 00h,因为在前面命令 r 所显示的寄存器内容,是在还没有执行 push ds 命令之前的状态。故察看 example. lst 文件,可以看到指令 mov ax, data 和 mov ds, ax 的下一条指令的偏移地址是 0009h,故在执行到该处 ds 寄存器的内容才是本例的数据段基址。如图 4.13 所示。

由上可知 ds=22bdh。下面使用显示命令 d,出现如图 4.14 所示的结果。

```
-d  22ad:0000
22AD:0000  CD 20 00 A0 00 9A F0 FE-1D F0 4F 03 07 1C 8A 03   ........O.....
22AD:0010  07 1C 17 03 07 1C F6 1B-01 01 01 00 02 FF FF FF   ...............
22AD:0020  FF FF FF FF FF FF FF FF-FF FF FF 93 22 4C 01      ............."L
22AD:0030  0E 20 14 00 18 00 AD 22-FF FF FF FF 00 00 00 00   ......"........
22AD:0040  07 0A 00 00 00 00 00 00-00 00 00 00 00 00 00 00   ...............
22AD:0050  CD 21 CB 00 00 00 00 00-00 00 00 00 00 20 20 20   .!..........
22AD:0060  20 20 20 20 20 20 20 20-00 00 00 00 00 20 20 20        .....
22AD:0070  20 20 20 20 20 20 20 20-00 00 00 00 00 00 00 00        ........
```

图 4.12　22ad 段内容

```
-g  0009
AX=22BD BX=0000  CX=00A0  DX=0000  SP=0060  BP=0000  SI=0000  DI=0000
DS=22BD  ES=22AD SS=22BE  CS=22C5  IP=0009   NV UP EI PL ZR NA PE NC
22C5:0009  A00000          MOV      AL,[0000]                 DS:0000=00
```

图 4.13　数据段基址

```
-d  22bd:0000
22BD:0000  00 00 00 00 00 00 00 00-00 00 00 00 00 00 00 00  ................
22BD:0010  00 00 00 00 00 00 00 00-00 00 00 00 00 00 00 00  ................
22BD:0010  00 00 00 00 00 00 00 00-00 00 00 00 00 00 00 00  ................
22BD:0020  00 00 00 00 00 00 00 00-00 00 00 00 00 00 00 00  ................
22BD:0030  00 00 00 00 00 00 00 00-00 00 00 00 00 00 00 00  ................
22BD:0040  00 00 00 00 00 00 00 00-00 00 00 00 00 00 00 00  ................
22BD:0050  00 00 00 00 00 00 00 00-00 00 00 00 00 00 00 00  ................
22BD:0060  00 00 00 00 00 00 00 00-00 00 00 00 00 00 00 00  ................
22BD:0070  00 00 00 00 00 00 00 00-00 00 00 00 00 00 00 00  ................
```

图 4.14 使用显示命令的结果

对于单元 22bdh :0000h 和单元 22bdh :0001h 的值为 00h 和 00h,表明结果正确。

5. 修改命令 e

我们可以通过修改命令 e 来改变存储单元 x 的内容,然后重新执行,观察一下运行的结果。

```
-e ds :0000↙
```

我们可在屏幕上看到 22bdh :0000h   00h._

此为存储单元 ds :0000 单元的原有内容。我们可在光标处输入新值,然后按回车键即可完成修改。

习 题

1. 为在一连续字节存储单元中依次存放数据 51h,52h,53h,54h,55h,56h,57h,58h。试用 db 和 dw 分别列出两个不同的数据定义语句。

2. 分别使用两种不同的语句在某数据段中保留 100h 个连续的字节存储单元。

3. 下面两条语句汇编后,两个字节存储单元 num1 和 num2 中的内容分别是什么?

```
Num1   db   (12 or 4 and 2) ge 0eh
Num2   db   (12 xor 4 and 2) le 0eh
```

4. 下列指令执行后,字存储单元 da2 中的内容是多少?

```
Da1   equ   byte  ptr  da2
Da2   dw    0abcdh
...
      shl   da1, 1
      shr   da2, 1
```

5. 设某数据段:

```
data   segment
       org    40h
       con1=8
```

```
        con2=con1+10h
da1     db      'ibm pc'
        db      0ah, 0dh
count equu      $ -da1
da2     dw      'ib', 'm', 'pc', 0a0dh
data    ends
```

试回答：1) da1 和 da2 的偏移量分别是多少？

2) count 的值是多少？

3) da2+5 字节存储单元内容是多少？

6. 指出下列指令的错误

```
(1) mov   ah, bx              (2) mov   [bx], [si]        (3) mov   ax, [si][di]
(4) mov   address[bx][si], es:ax        (5) mov   byte   ptr [bx], 1000
(6) mov   bx, offset address[si]        (7) mov   cs, ax
```

7. 假设 vari1 和 vari2 均是字变量，addr 是标号，试指出下列指令的错误之处。

```
(1) add   vari1, vari2        (2) sub   al, vari1         (3) jmp   addr[si]
(4) jnz   vari1               (5) jmp   near   addr
```

8. 假设程序中的数据定义如下：

```
pnum      dw      ?
pname     db      16 dup(?)
count         dd      ?
plengh    equ     $ -pnum
```

问 plengh 的值是多少？它表示什么意义？

9. 有符号定义语句如下：

```
p_byte    db      1, 2, 3, '123'
p_b       db      0
l         equ     p_b-p_byte
```

问 l 的值是多少？

10. 按下面的要求写出程序的框架。

(1) 数据段的位置从 0e000h 开始，数据段中定义一个 100 字节的数组，其类型属性既是字又是字节。

(2) 堆栈段从小段开始，段组名为 stack。

(3) 代码段中指定段寄存器，指定主程序从 1000h 开始，给有关段寄存器赋值。

(4) 程序结束。

11. 指出下列两条语句有何区别？

```
Vari1          equ      1800h
Vari2      =1800h
```

12. 阅读下列程序段，当执行完带下画线的指令后填空。

```
(1) addr    dw      2000h, ?
            …
            mov         bx, 150h
            lea         di, addr
            add         bx, [di]
            mov         2[di], bx
            mov         ax, bx
            sub         ax, 2000h
            mov         addr, ax
```

(di) = ____________　　[addr+3, addr+2]= ____________

(bx) = ____________　　[addr+1, addr] = ____________

```
(2) org     200h
        data1   dw      0f345h, 2000h
        data2   dw      1045h, 3000h
                ⋮
                mov     bx, offset data1
                lea     si, data2
                mov     ax, 2[bx]
                add     ax, 2[si]
                mov     data2, ax
```

(si) = ____________ (bx)= ____________ [data2+1, data2] = ____________

13. 定义如下宏指令：

(1) 存储器某缓冲区清零；

(2) ax 中的二进制数转换成 4 个十六进制字符，要求设一个形参存储转换的结果。

14. 给定宏定义如下：

```
macr1   macro   x, y
        mov     ax, x
        sub     ax, y
        endm
macr2   macro   var1, var2, var3
        local   cn
        push    ax
        macr1   var1, var2
        cmp     ax, 0
        neg     ax
cn:     mov     var3, ax
        pop     ax
        endm
```

试展开以下调用，并判定调用是否有效。

(1) macr2m1, m2, dist

(2) macr2[bx], [si], [di], cx

(3) macr2[bx][si]，[bx][si+100h]，22h

(4) macr2ax，ax，ax

15. 编写一条宏指令，完成用空格符将一字符区中的字符取代的功能。要求将字符区首地址及其长度作为变元。

16. 对于下面的数据定义，各条 mov 指令单独执行后，有关寄存器的内容是什么？

```
Numb1      db
? Numb2      dw      20 dup(?)
Numb3      db      'apple'
```

```
(1) mov    ax, type numb1
(2) mov    ax, type numb2
(3) mov    cx, length numb2
(4) mov    dx, size numb2
(5) mov    cx, length numb3
```

第 5 章 汇编语言程序设计

前面几章已把程序设计的基石——指令系统做了详细的介绍。对于一个程序来讲,它的结构无外乎有顺序、循环、分支和子程序四种结构形式。一个好的程序应该是占用空间小,执行速度快,结构化设计,并且应简明、易理解、易调试。从这章起,就进入了汇编语言程序设计阶段,主要介绍一下程序设计的方法和技巧。

5.1 程序设计的基本步骤

编制一个汇编语言程序的基本步骤如下。

1) 分析题意,确定算法。要编制程序,最重要的是要全面地对问题进行分析,理解题意,找出规律,尽可能地用一个数学模型把它描述出来,设计出合理的算法。

2) 根据算法画出程序流程图。流程图对于编程人员来说是相当重要的。它把问题的解决进一步地具体化了,这样可以减少在程序编制过程中出错的机会。

3) 根据流程图编写程序代码。

4) 调试运行。只有经过调试运行才能检验出程序的功能是否成功实现,设计思想是否正确。

5.2 循环程序设计的基本步骤

5.2.1 循环程序的结构形式

循环程序可由以下三部分构成。

1) 循环的初始状态。也就是设置一些初始值,如设置一些寄存器、计数器的初值等信息,在整个循环程序中只执行一遍。

2) 循环体。该部分是循环工作的主体,是由工作部分和修改部分构成的。工作部分是循环程序具体要完成的功能,是循环的主要部分。该部分可以采用任一种程序设计方法来实现。修改部分主要是用来控制循环的一些参数的变化。这些参数通常都是按某种规律变化的,如每循环一次加 1 等。

3) 循环控制部分。该部分主要是为了控制循环的结束,即满足什么条件跳出循环。它是循环设计的关键一步。如果循环控制条件设计不好,极易导致死循环。

循环程序有两种结构形式:do_while 形式和 do_until 形式,如图 5.1 和 5.2 所示。

do_until 结构形式是先执行循环体,然后判断循环控制条件,再根据循环控制条件所得的值确定下一步的操作。对于这种结构形式,循环体至少被执行一次。do_while 结构形式是先判断循环控制条件,如果循环控制条件满足,才执行循环体,即循环体可能一次不被执行。故程序设计人员可以根据具体的形况,采取适当的结构形式。

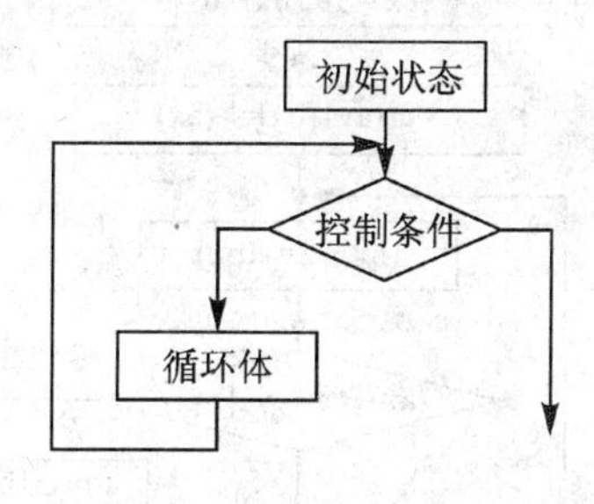

图 5.1　do_while 形式

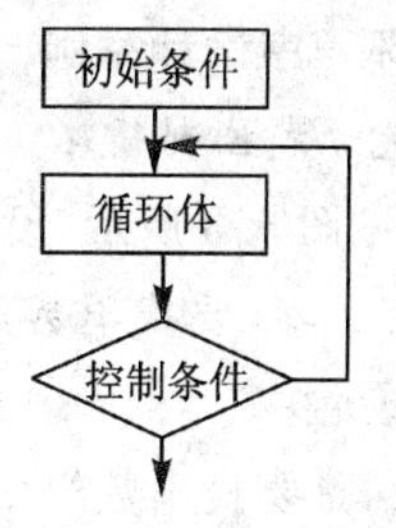

图 5.2　do_until 形式

5.2.2　循环程序设计方法

在介绍循环程序设计方法之前,先介绍一下有关循环的指令。

5.2.2.1　循环指令

在设计循环程序时,使用循环指令可使循环程序更加简洁,减少指令条数。循环指令不影响标志位。

1. loop

格式:loop　标号(目标地址)

其中,标号必须表示一个 8 位位移量,也就是说该指令的转向地址范围应在下一条指令地址的－128 ～＋127 之间。

执行步骤如下。

1) (cx)－1→(cx)。

2) 判断(cx)≠0,如果判定条件成立则(ip)＋目标地址→(ip),继续循环;否则退出循环,执行该指令下面的那条指令。

2. loopz/ loope

格式:loopz/loope　标号(目标地址)

其中,标号必须表示一个 8 位位移量,也就是说该指令的转向地址范围应在下一条指令地址的－128～＋127 之间。

执行步骤如下。

1) (cx)－1→(cx)。

2) 判断((cx)≠0) ∧ (zf＝1),如果判定条件成立,则 ip)＋目标地址→(ip),继续循环;否则退出循环,执行该指令下面的那条指令。

3. loopnz/ loopne

格式:loopnz/loopne　标号(目标地址)

其中,标号必须表示一个用 8 位位移量,也就是说该指令的转向地址范围应在下一条指令地址的－128 ～＋127 之间。

执行步骤如下。

1) (cx)－1→(cx)。

2) 判断((cx)≠0)∧(zf=0),如果判定条件成立,则(ip)+目标地址→(ip),继续循环;否则退出循环,执行该指令下面的那条指令。

5.2.2.2 循环程序设计举例

1. 用计数方式控制循环

例 5.1 见图 5.3 所示,设有一个数组 array1,含有 20 个无符号字元素,要找出数组中值最大的元素,并把它送到 max 单元中。

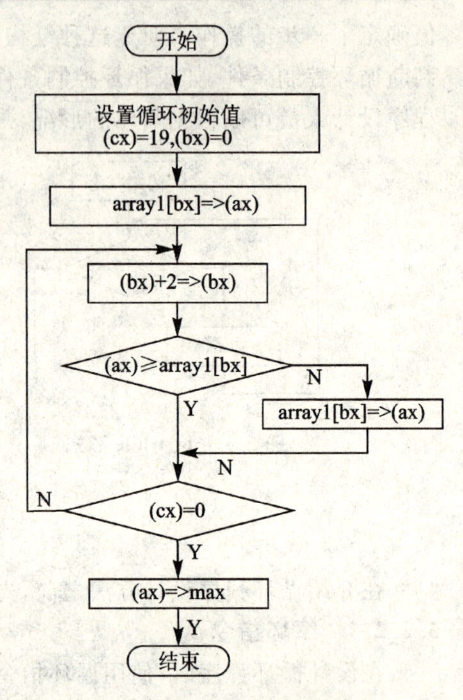

图 5.3 例 5.1 的程序流程图

根据题意,是要找出数组中值最大的元素。我们最初可以认为第一个元素是最大的,把它放入寄存器 ax 中,然后依次与数组中其他的元素进行比较。如果比 ax 中的值大,则把该元素放入 ax 中,也就是使 ax 寄存器中的值始终保持为比较过的数组元素中值是最大的元素。这样共需要比较 20-1=19 次,即循环计数值(比较的次数)应为 19。

程序编制如下:

```
dataseg   segment                              ;定义数据段
  array1  dw   20 dup(?)
  max     dw   ?
dataseg   ends
stack     segment  stack                       ;定义堆栈段
          dw     200 dup(?)
stack     ends
codeseg   segment                              ;定义代码段
main    proc     far                           ;主过程
     assume  cs:codeseg, ds:dataseg
start:                                         ;起始执行地址
     push   ds                                 ;保存当前信息
     mov    ax, dataseg                        ;把 dataseg 段基址放入 ds
     mov    ds, ax
     sub    ax, ax
     mov    bx, ax                             ;初始化 bx=0
     mov    ax, array1[bx]
     mov    cx, 19                             ;设置循环次数
loop1:    add     bx, 2                        ;调整指针
          cmp     ax, array1[bx]               ;比较
          jge     next                         ;大于,转到 next
          mov     ax, array1[bx]               ;否则,交换
next:     dec     cx
          loop    loop1                        ;若循环未结束,继续
```

```
          mov     max, ax                ; 否则
          mov     ah, 4ch                ; 返回 DOS
          int     21h
main      endp                           ; 主过程结束
codeseg   ends                           ; 代码段结束
            end       start              ; 程序结束
```

例 5.2　设存在数组 arr1 和 arr2,各含有 12 个元素。试编制程序实现下列计算:

sum(1)=arr1(1)+arr2(1);　sum(2)=arr1(2)−arr2(2);　sum(3)=arr1(3)−arr2(3);
sum(4)=arr1(4)−arr2(4);　sum(5)=arr1(5)+arr2(5);　sum(6)=arr1(6)+arr2(6);
sum(7)=arr1(7)−arr2(7);　sum(8)=arr1(8)+arr2(8);　sum(9)=arr1(9)−arr2(9);
sum(10)=arr1(10)+arr2(10);sum(11)=arr1(11)+arr2(11);sum(12)=arr1(12)+arr2(12);

结果存放在数组 sum 中。

分析题意,是要进行 12 次操作,故可以采用循环结构来完成。循环次数是 12,每次循环的操作数可以顺序取出。但有一点需注意,就是每次所应进行的操作是不同的,有时是进行加法操作;有时是进行减法操作。为了判定本次循环是进行加法操作还是减法操作,可以通过设定标志位来解决该问题。如果标志位是 0 就进行加法操作;如果是 1 就进行减法操作。这样进入循环后只要判断一下标志位的值就可以确定本次循环所要进行的操作了。对于本例要进行 12 次循环,故应设定 12 个标志位。标志位是 0 代表加法操作;为 1 代表减法操作。因而本例的逻辑尺为:000101001110,从低位到高位依次表示两个组从第一个元素到第 12 个元素的操作。该逻辑尺既可放在存储单元中也可放在寄存器中。在本例逻辑尺被放在字存储单元 logic 内。

程序的流程图如图 5.4 所示。

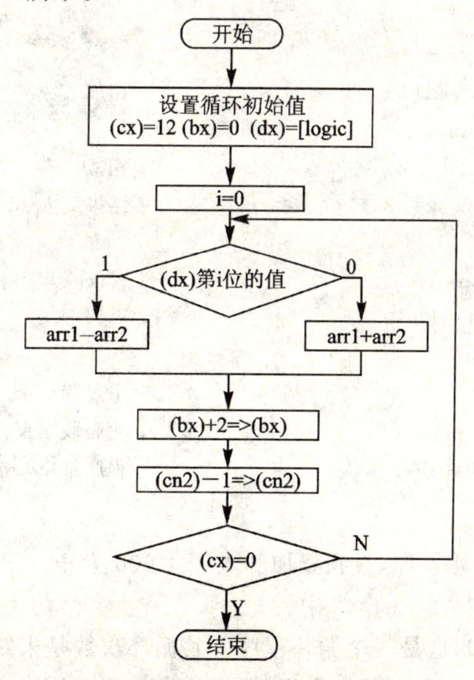

图 5.4　例 5.2 的程序流程图

程序编制如下：

```
dataseg     segment                                        ;定义数据段
            arr1    dw   arr1(1), arr1(2), arr1(3), arr1(4), arr1(5), arr1(6), arr1(7)
                    dw   arr1(8), arr1(9), arr1(10), arr1(11), arr1(12)
            arr2    dw   arr2(1), arr2(2), arr2(3), arr2(4), arr2(5), arr2(6), arr2(7)
                    dw   arr2(8), arr2(9), arr2(10), arr2(11), arr2(12)
            sum     dw   sum(1), sum(2), sum(3), sum(4), sum(5), sum(6), sum(7)
                    dw   sum(8), sum(9), sum(10), sum(11), sum(12)
            logic   dw   000101001110b
dataseg     ends                                           ; 数据段结束
stackseg    segment stack                                  ; 定义堆栈段
            dw  100 dup(?)
stackseg    ends                                           ; 堆栈段结束
codeseg     segment                                        ; 定义代码段
main        proc   far                                     ; 主过程
            assume   cs:codeseg,
start:                                                     ; 起始执行地址
            mov    ax, dataseg                             ; 把 dataseg 段基址置入 ds
            mov    ds, ax
;程序主要部分
            mov    bx, 0
            mov    cx, 12
            mov    dx, logic                               ; 把逻辑变量放入 dx
loop1:      mov    ax, arr1[bx]
            shr    dx, 1
            jc     subtract
            add    ax, arr2[bx]                            ; 相加
            jmp    contine
subtract:   sub    ax, arr2[bx]                            ; 相减
contine:    mov    sum[bx], ax                             ; 结果放入 sum 单元中
            add    bx, 2
            loop   loop1                                   ; 若(cs)≠0 则循环
            mov    ah, 4ch                                 ; 返回 DOS
            int    21h
main        endp                                           ; 主过程结束
codeseg     ends                                           ; 代码段结束
            end    start                                   ; 程序结束
```

2. 用条件控制循环

例 5.3 从自然数 1 开始累加，直到累加和大于 1 000 为止。求被累加的自然数的个数，并把这些自然数依次存放到数组 array2 中。

根据本题分析题意可知，这是一个循环程序。其循环次数是未知的，因而就不能使用计数器的方法来控制循环次数。但我们可以看到，题意要求直到累加和大于 1 000 为止，也就是累

加和只要大于 1 000，程序就结束循环，故可把它作为循环控制条件。我们把被累加的自然数的个数放在单元 count 中，ax 表示累加和。

程序的流程图如图 5.5 所示。

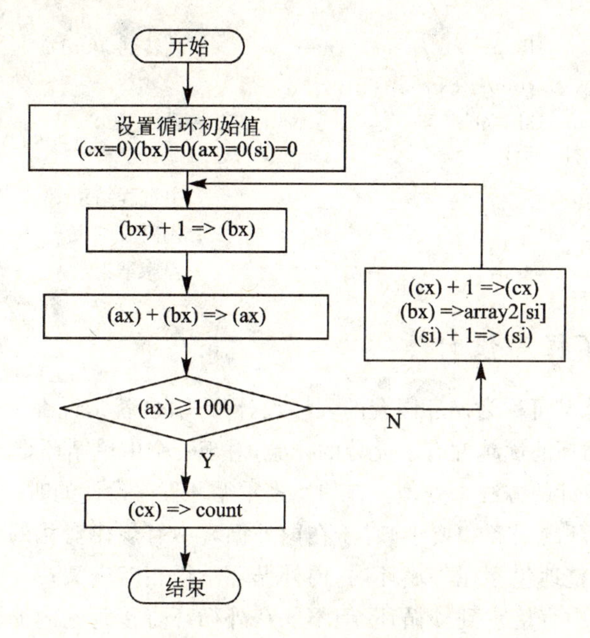

图 5.5　例 5.3 的流程图

程序编制如下：

```
dataseg    segment                                    ；定义数据段
  array2   db      250 dup ( ? )
  count    dw    ?
dataseg    ends                                       ；数据段结束
stack      segment   stack                            ；定义堆栈段
           dw      300 dup ( ? )
stack      ends                                       ；堆栈段结束
codeseg    segment                                    ；定义代码段
           assume  cs ：codeseg，ds ：dataseg，ss：stack
main       proc    far                                ；主程序
start ：                                              ；起始执行地址
           mov     ax，dataseg                        ；把 dataseg 段基址放入 ds 中
           mov     ds，ax
           xor     ax,ax
           mov     cx，ax                             ；初始化 0→cx
           mov     bx，ax                             ；0→bx
           mov     si，ax                             ；0→si
loop1：    inc     bx                                 ；bx 增 1
           add     ax，bx                             ；求和
           cmp     ax，1000                           ；比较 ax 与 1000
```

```
            jge     exit                    ；若大于，则退出
            mov     array2[si], bx
            inc     cx
            inc     si
            jmp     loop1                   ；跳转到 loop1
exit:       mov     count, cx
            mov     ah, 4ch                 ；返回 DOS
            int     21h
main        endp                            ；主过程结束
codeseg     ends                            ；代码段结束
            end     start                   ；程序结束
```

5.2.3 多重循环程序设计

多重循环程序设计又可称为循环嵌套的程序设计形式，也就是说在一个单循环里面又存在循环。在前面已对单循环的优越性有了充分的体验，对于一个由单循环难于解决的复杂问题，可以采用多重循环程序设计的方法来处理。在使用多重循环程序设计的时候，要注意以下几点：

1) 要分清内外循环的任务和要求，对于在内外循环中有规律变化的参数要分别设置；
2) 内循环必须完整地包含在外循环内，内外循环不得相互交叉；
3) 可以从内循环中直接跳到外循环，但不能从外循环直接跳到内循环；
4) 防止出现"死循环"，千万不要使循环返回初始部分；
5) 在从外循环返回内循环时，初始条件必须重新设置。

例 5.4 对例 5.1 中的数组 array1 按照从大到小的次序排列。

对数组进行排序可以有多种方法。在本例中我们采用冒泡排序法。冒泡排序法的基本思想就是进行一遍比较，找出最小元素放到数组的最后一位；进行第二遍比较，找出次最小元素放到数组的倒数第二位。这样依次下去，最多进行 $n-1$(设数组中元素的个数为 n)遍比较即可排完序。对于第一遍比较，先比较前两个元素。如果第一个数(array1(1))比第二个数(array1(2))大，就不变换位置；否则，把这两个数组元素的值进行交换(array1(1)(arrya1(2))，然后再用第二个元素与第三个元素进行比较，原理同上。就这样依次进行下去，在进行 $n-1$ 次比较后，数组中最后一个元素就是该数组中值最小的元素。故此时就不用再考虑数组中的最后一个元素，只考虑前 $n-1$ 个元素即可。然后再按照前面提到的方法进行 $n-2$ 次比较，即可把次最小元素找出放在数组 array[$n-2$]的位置上。就这样一直比较下去，最后可以完成数组排序。表 5-1 给出一个只有 5 个元素的数组采用冒泡排序法的例子。

表 5-1 冒泡排序法示例

数组(排序前)	第一遍	第二遍	第三遍	第四遍
58	58	98	98	100
2	98	58	100	98
98	7	100	58	58
7	100	7	7	7
100	2	2	2	2

该例的流程图如图 5.6 所示。

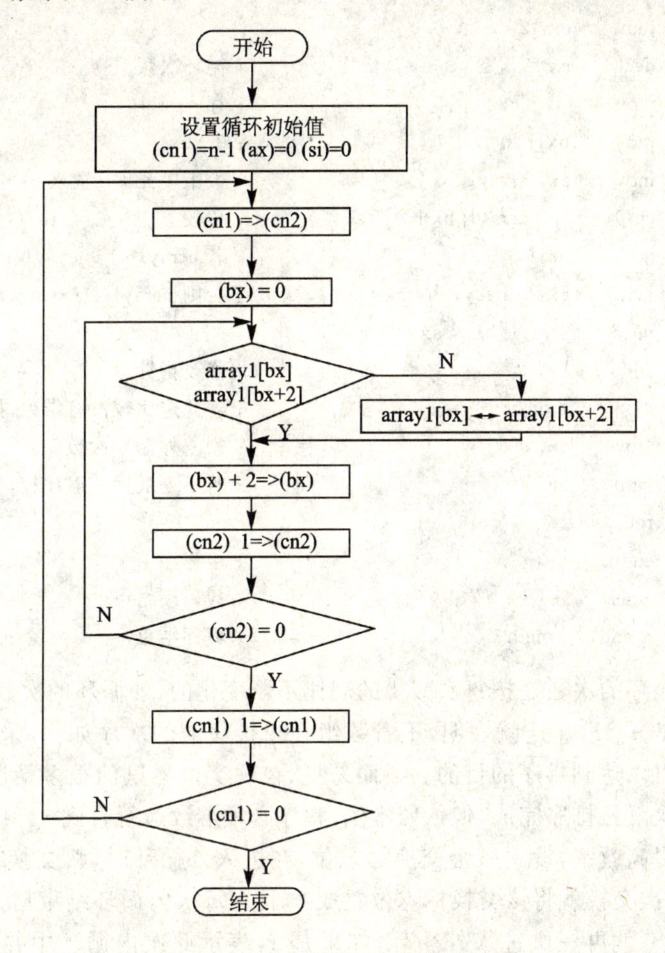

图 5.6　例 5.4 的流程图

采用冒泡排序法程序编制如下：

```
dataseg     segment                          ；定义数据段
  array1    dw   20 dup（？）
dataseg     ends
stack       segment   stack                  ；定义堆栈段
            dw   500 dup（？）
stack       ends
codeseg     segment                          ；定义代码段
            assume  cs ：codeseg，ds：dataseg，ss ：stack
main        proc    far                      ；主过程
                                             ；起始执行地址
            push    ds                       ；保存当前信息
            mov     ax，0                    ；0→ax
            push    ax                       ；入栈
            mov     ax，dataseg              ；置 dataseg 段基址于 ds 中
```

```
            mov     ds, ax
            mov     cx, 20
            dec     cx                          ; 循环次数
loop1:      mov     si,  cx                     ; 存入 si 中
            mov     bx,  0                      ; 0→bx
loop2:      mov     ax, array1[bx]              ; 数组中元素 i 置入 ax 中
            cmp     ax, array1[bx+2]            ; 比较
            jge     next                        ; 若 array1(i)≥array1(i+1)则执行 next
            xchg    ax,  array1[bx+2]           ; 否则 array1(i)↔(array1(i+1)
            mov     array1[bx], ax
next:       add     bx, 2                       ; 修改指针
            loop    loop2                       ; 若此遍比较没有结束,执行 loop2
            mov     cx, si                      ; 恢复外循环次数
            loop    loop1                       ; 若不是最后一遍比较,执行 loop1
            ret
main        endp                                ; 主程序结束
codeseg     ends                                ; 代码段结束
              end    main                       ; 程序结束
```

对于本例,内循环的次数是按每次减 1 的规律不断变化的;外循环的次数是由数组的长度而确定的数(其值是 $n-1$)。这就表明,不管数组在未排序前的次序如何,采用该算法只要进行 $n-1$ 次比较总可以达到排序的目的。显而易见,在现实世界里的很多情况下,要对数组排序并未达到 $n-1$ 次就已排序完成,但依照本例,程序必须继续运行直到 $n-1$ 次才能结束。为了解决这个问题,提高效率,设立一个交换标志位,在进入外循环时,将交换标志位置成 1;在内循环中每进行一次交换就将该交换标志位置成 0,且在每次内循环结束后,测试一下交换标志位。如果该位为 0 就再一次进入外循环;如果是 1,表示此次内循环中并没有进行交换操作,数组已经排序完成,可以立即结束外循环。使用这种方法只是比排序完成的次数多做了一遍比较。读者可以自己尝试使用这种方法来编制程序。

5.3 分支程序设计

5.3.1 分支程序设计概述

分支程序设计要求程序在运行的过程中,可以根据条件决定下一条所要执行的指令或程序段,而不是按照顺序依次地、一条一条指令地执行。

分支程序的结构概括起来有两种形式:二叉分支和多叉分支。二叉分支结构是指机器只有一个判断条件,并根据判断条件最多只有两种选择,即可以引出两个分支。多叉分支是根据判断条件可以有多种选择或可有多个判断条件,都可引出多个分支。有一点需要注意,就是对于分支程序来说,无论是哪一种结构形式,在某一种条件下只能执行一个分支。

图 5.7 给出了分支程序的结构。我们可以看出图 5.7(a),(b),(c)中情况属于二叉分支;图 5.7 中(d)和(e)属于多叉分支的情况。

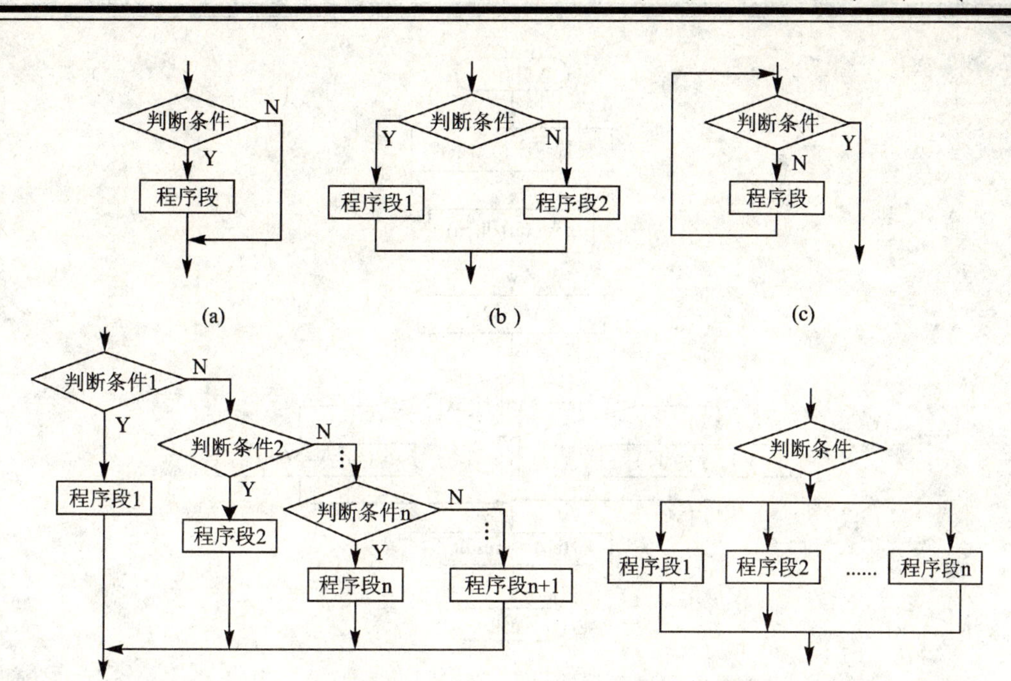

图 5.7　分支程序结构

5.3.2　分支程序设计方法

下面我们结合例题来讨论一下分支程序的设计方法。分支程序一般都是用跳转或条件转移指令、跳转表和关键字等方法来实现的。

5.3.2.1　基本的分支程序设计方法

一般的程序设计方法是根据比较指令和转移指令来实现的。

例 5.5　设存在两个带符号数 x 和 y 分别存放在 num1 和 num2 两个字节单元中。如果两个数的符号相同，则求 $(x-y)$，否则求 $(x+y)$，把结果存放在单元 result 中。

分析题意可知，本题的判断条件是 x 和 y 的是否同号。如果同号就执行 $(x-y)$ 分支；如果异号则执行分支 $(x+y)$。因为 x 和 y 都是字节变量，判断这两个数的符号是否相同，我们只要对这两个数进行异或操作，然后根据所得结果的符号位的值就可以判断。如果是 0，表明两数符号相同；如果是 1，表明两数符号相异。

根据上述分析可画出该题的流程图，如图 5.8 所示。

程序编制如下：

```
dataseg   segment                              ；定义代码段
          num1      db   x
          num2      db   y
          result    db   ?
dataseg   ends                                 ；代码段结束
stack1    segment   stack                      ；定义堆栈段
          dw        100 dup (?)
```

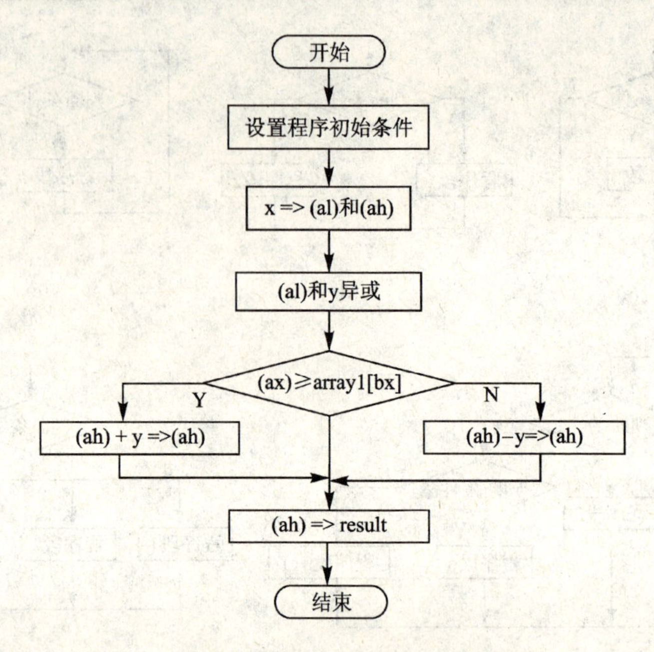

图 5.8　例 5.5 的程序流程图

```
stack1   ends
codeseg  segment                                 ；定义代码段
main     proc     far
         assume   cs:codeseg，ds:dataseg，ss:stack1
                                                 ；起始执行地址
         push     ds                             ；保存当前信息
         sub      ax，ax
         push     ax
         mov      ax，dataseg                    ；把 dataseg 段基址置入 ds
         mov      ds，ax
         mov      al，num1                       ；x→al
         mov      ah，al
         xor      al，num2                       ；x 与 y 异或
         js       add1                           ；符号不同则相加
         sub      ah，num2                       ；否则相减
         jmp      exit
add1：   add      ah，num2
exit：   mov      result，ah                     ；结果放入 result 单元中
         ret                                     ；返回 DOS
main     endp                                    ；主过程结束
codeseg  ends                                    ；代码段结束
         end      main                           ；程序结束
```

例 5.6　设在附加段中有一个首地址为 series 的正数字数组。该数组已按升序排好，数组中元素的个数存放在数组的第一个字中，求在数组中查找正数 n。如果找到该数，则把 n 从

数组中删除；如果找不到数 n，则把 n 插入到正确的位置，并且始终保持数组中的一个元素真实地反映数组中元素的个数。

分析题意，本例应分为两部分。第一部分是在数组 series 中查找数 n，可以采用串操作指令来实现。第二部分是一个分支结构。如果找到，则删除该数，且把数组中其后的各数依次前移；如果没有找到，则把 n 插入到正确的位置。

程序流程图如图 5.9 所示。

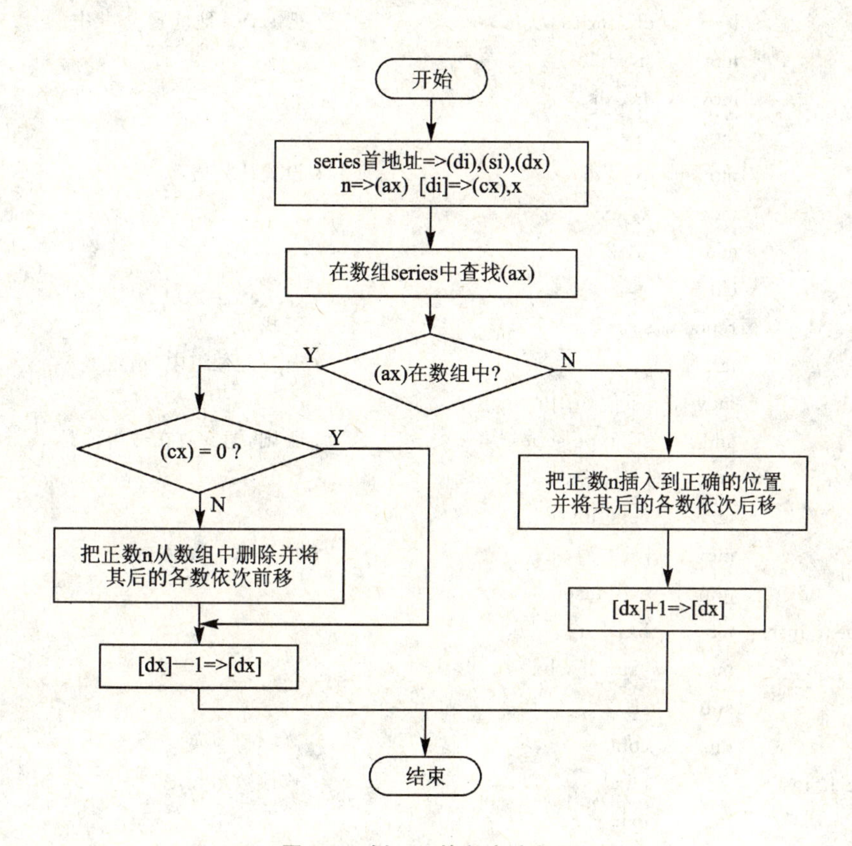

图 5.9　例 5.6 的程序流程图

程序编制如下：

```
estraseg    segment                              ; 定义附加段
            series   dw   256 dup (?)
            x        dw   ?
estraseg    ends
stackseg    segment stack                        ; 定义堆栈段
            dw   100 dup(?)
stackseg    ends                                 ; 堆栈段结束
codeseg     segment                              ; 定义代码段
main        proc      far
            assume  cs:codeseg, es:estraseg, ss:stackseg
```

```
start:                                  ；起始执行地址
            push    es                  ；保存当前信息
            sub     ax, ax
            push    ax
            push    ds                  ；保存当前信息
            mov     ax, estraseg        ；置 estraseg 段基址于 es 中
            mov     es, ax
            lea     di, series          ；把 series 地址置于 di 中
            mov     si, di
            mov     dx, di
            mov     ax, n
            mov     cx, [di]            ；设置计数值
            mov     x, cx
            add     di, 2
            cld
            repne   scasw               ；查找 n
            je      delete              ；若在此数组中,删除
            mov     [si], 0ffffh
            add     si, type series * x ；否则,把 n 放在适当位置
comp:       cmp     [si], ax
            jg      next_inser
            mov     [si+2], ax          ；把 n 插入数组中
            jmp     exit_inser
next_inser: mov     bx, [si]
            mov     [si+2], bx
            sub     si, 2
            jmp     comp
exit_inser: inc     [dx]                ；修改数组长度
            jmp     exit
delete:     jcxz    next_del            ；删除 n
loop1       mov     bx, [di]
            mov     [di-2], bx
            add     di, 2
            loop    loop1
next_del:   dec     [dx]                ；修改数组长度
exit:       pop     ds
            pop     ax
            pop     es
            mov     ah, 4ch             ；返回 DOS
            int     21h
main        endp                        ；主过程结束
codeseg     ends                        ；代码段结束
            end     start               ；程序结束
```

5.3.2.2　跳转表法

跳转表法就是将程序的不同分支程序段的地址存放在一连续的片单元中。这一片单元就称为跳转表。这样就可以利用跳转表转移到程序的不同分支。一般对于多叉分支的情况，多使用跳转表法。它相当于高级语言的 case 语句，根据不同的条件可以有多个分支。下面我们看一个例子。

例 5.7　假设某学校有 11 个班级，对每个班级有不同的处理方法和培养程序。对于一班应执行程序段 class1，二班应执行程序段 class2，…，class11 班应执行程序段 class11。

分析题意我们可以想到，建立一个跳转表存放各个班级的程序段的地址。

跳转表和程序的流程图如图 5.10 所示。

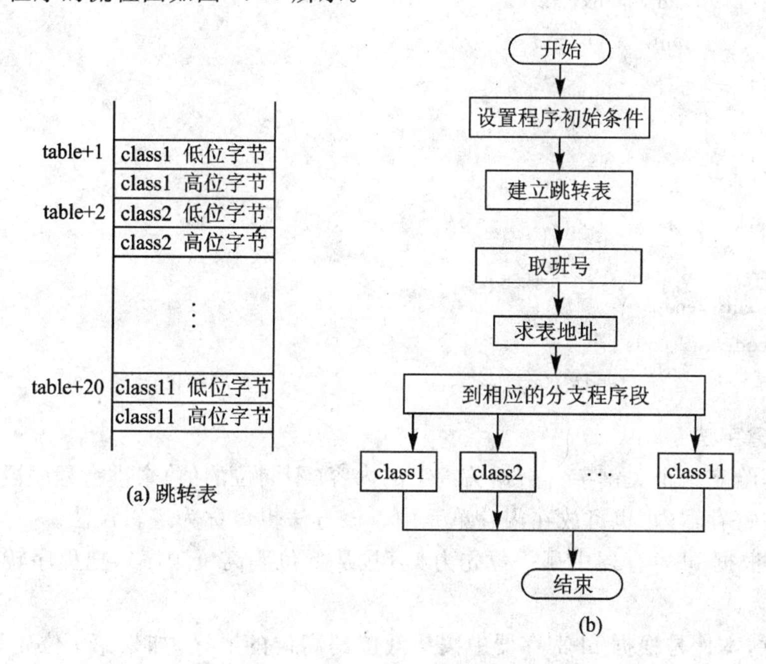

图 5.10　例 5.6 的跳转表和流程图

程序编制如下：

```
dataseg     segment                                    ；定义数据段
            table    dw    class1，class2，class3，class4，class5，class6
                     dw    class7，class8，class9，class10，class11
            num      db    ?                           ；班级个数
dataseg     ends                                       ；定义数据段结束
stackseg    segment stack                              ；定义堆栈段
                     dw  100 dup (?)
stackseg    ends
codeseg     segment                                    ；定义代码段
main        proc   far                                 ；主过程
            assume      cs:codeseg，ds:dataseg，ss:stackseg
start:                                                 ；起始执行地址
            push    ds                                 ；保存当前信息
```

```
            sub     ax, ax
            push    ax
            mov     ax, dataseg                    ；把 dataseg 段基址置入 ds
            mov     ds, ax
            mov     al, num
            mov     ah, 0
            shl     ax
            sub     ax, 2
            lea     bx, table                      ；把表的偏移地址给 bx
            add     bx, ax
            jmp     [bx]
class1：
            …
class2：
            …
class11     …
            ret
     main   endp
     codeseg  ends
                  end  start                       ；程序结束
```

5.3.2.3　关键字法

该方法是给定一个关键字。根据关键字的内容(不同位的值)来进行程序段的转移。该关键字可以放在寄存器内,也可放在内存单元中。该方法也可称为逻辑尺法。

例 5.8　根据 bl 寄存器中哪一位先为 1,(按从低位到高位顺序),把程序转移到 8 个不同的程序分支去。

分析题意,本例是根据 bl 寄存器中按从低位到高位的顺序,如果第 i 位先为 1,则把程序转移到 a(i+1)分支去执行。程序的关键字和流程图如图 5.11 所示。

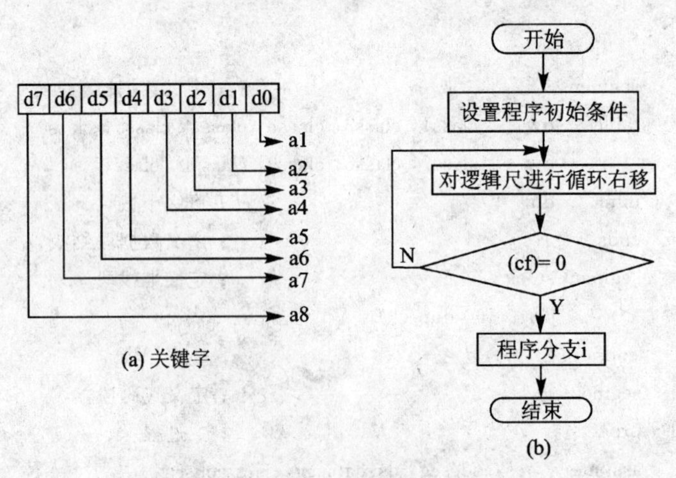

图 5.11　例 5.7 关键字和流程图

程序编制如下：

```
dataseg     segment                                        ；定义数据段
            table   dw a1，a2，a3，a4，a5，a6，a7，a8
dataseg     ends
stackseg    segment   stack                                ；定义堆栈段
            dw   100 dup(?)
stackseg    ends
codeseg     segment                                        ；定义代码段
    assume      cs ：codeseg，ds ：dataseg
main   proc   far                                          ；主过程
start：                                                    ；起始执行地址
            mov      ax，dataseg                            ；把 dataseg 段基址置入 ds
            mov      ds，ax
            cmp      bl，0
            je       main－line
            lea      si，table                              ；si 指向表首地址
loop1：     ror      bl，1                                  ；把 bl 最低位移入 cf 中
            jc       qq                                     ；若 cf＝0,则该位不为 1
                                                           ；查找
            jmp      word ptr [si]
qq：        add      si，type     table                     ；修改指针,指到表中下一个元素
            jmp      loop1
main－line：                                                ；如果都不为 1,则执行此处
a1：                                                       ；分支 a1
            …
a2：                                                       ；分支 a2
            …
a3：                                                       ；分支 a3
            …
…
a8：                                                       ；分支 a8
            …
            mov      ah，4ch                                ；返回 DOS
            int      21h
main        endp                                           ；主过程结束
codeseg     ends                                           ；代码段结束
            end      start                                 ；程序结束
```

5.4　子程序设计

由前面的知识可知,循环程序设计解决了在一段程序中重复执行某个或某些程序段的问题。分支程序设计解决了在程序中根据不同的条件,跳转到不同分支的问题。这一节讨论子

程序设计,主要是用来解决在同一程序或不同程序之间,存在某些功能完全相同的程序段的问题。

5.4.1 子程序概念

在编制程序、解决实际问题的过程中,常常会遇到这样的问题,就是某些功能完全相同的程序段可能在同一个程序或者不同程序之间多次存在。如果这些功能完全相同的程序段存在多次,那不仅需要重复编写多次相同的代码,而且还很浪费存储空间。为了解决上述问题,可以把功能完全相同的程序段编制成一个独立的程序段,也就是子程序(又可称为过程)。这样,在程序中需要此功能处,只要调用该程序就可以了。也就是说,在程序运行的过程中,在需要此功能时就跳转到该子程序处执行,执行完毕后再跳转回来,继续运行程序。关于子程序的定义格式已在第4章介绍过了。

5.4.2 子程序的调用和返回

子程序的调用指令格式:call　过程名

子程序的返回指令格式: ret　[n]

其中,由[ ]括起来的部分可有可无。n 表示返回时堆栈的弹出值。

我们在前面已提到,子程序存在 far 和 near 两种属性,因而对于子程序的调用和返回来讲,就存在段内调用和返回与段间调用和返回两种。如果子程序是 near 属性;一定只存在段内调用和返回;far 属性既可以在段内调用和返回,也可以在段间调用和返回。

5.4.2.1 段内调用和返回

对于调用程序和子程序在同一个逻辑段内的情况,作为段内调用和返回来处理。段内的调用和返回又存在:段内直接调用和返回与段内间接调用和返回两种情况。

1. 段内直接调用

格式:call　过程名

执行操作:

(sp)−2→(sp)

(ip)→((sp)+1, (sp))

(ip)+imm16→(ip)

功能:先把该指令的下一条指令的地址(子程序的返回地址)存入堆栈,然后转移到子程序的入口地址处继续执行。

说明:imm16 是转向地址相对于该指令的下一条指令的地址的相对位移量。

2. 段内间接调用

格式:call　des

执行操作:

(sp)−2→(sp)

(ip)→((sp)+1, (sp))

(des)→(ip)

功能:先把该指令的下一条指令的地址(子程序的返回地址)存入堆栈,然后转移到由 des 所指示的地址处继续执行。

说明：des 可以采用除了立即数以外的任一种寻址方式，但 des 一定是一个 16 位的操作数。

例 5.9　存在调用指令：

```
call  ax
call  word ptr [bx+100h]
```

3. 段内返回

返回指令放在子程序的末尾。返回指令可以使子程序的功能执行完毕后，返回调用程序继续执行。返回地址是在调用程序时，存入堆栈的地址值。下面就来看一下段内返回指令。

格式：ret

执行操作：

((sp)+1，(sp))→(ip)

(sp)+2→(sp)

功能：从堆栈中弹出由调用指令存入堆栈的返回地址，把该地址放入 IP 中，这样程序就可返回调用程序继续执行。

4. 段内带立即数返回

格式：ret　n

执行操作：

((sp)+1，(sp))→(ip)

(sp)+2→(sp)

(sp)+n→(sp)

其中，*n* 可以是一个立即数(imm8/imm16)。

功能：从堆栈中弹出由调用指令存入堆栈的返回地址，把该地址放入 ip 中，然后用 n 来修改 sp 的值。这样程序就可返回调用程序继续执行。

说明：该指令可以在弹出返回地址后修改堆栈指针。这是为便于在调用子程序之前可以把子程序将用到的一些参数入栈。当子程序返回时通过设定 *n* 的值就可使入栈的参数出栈，保持调用程序的原有状态。

5.4.2.2　段间调用和返回

对于调用程序和子程序不在同一个逻辑段内，或者虽然在同一个逻辑段内，但被调用的子程序的类型属性是 far 的情况下，被作为段间调用和返回来处理。

1. 段间直接调用

格式：(1) call　过程名

　　　(2) call　far　ptr　过程名

执行操作：

(sp)−2→(sp)

(cs)→((sp)+1,(sp))

(sp)−2→(sp)

过程的偏移地址→(ip)

过程所在段的段基址→(cs)

功能:先把该指令的下一条指令所在段的段基址(子程序的返回段地址)压入堆栈,然后再把该调用指令的下一条指令的地址(子程序的返回偏移地址)存入堆栈,最后转移到子程序的入口地址处继续执行。

说明:如果调用程序与子程序在同一个逻辑段内,子程序的类型属性是far,必须采用第二种格式编制程序,否则汇编程序会指示出错。其它情况使用哪一种格式都可。

2. 段间间接调用

格式:call dword ptr des

执行操作:

(sp)-2→(sp)

(cs)→((sp)+1,(sp))

(sp)-2→(sp)

(des)→(ip)

(des+2)→(cs)

功能:先把该指令的下一条指令所在段的段基址(子程序的返回段地址)压入堆栈,然后再把该调用指令的下一条指令的地址(子程序的返回偏移地址)存入堆栈,最后转移到由des指定的子程序的入口地址处继续执行。

说明:des可以采用除立即数和寄存器外的任意寻址方式。

例5.10 存在这样的段间调用指令:

```
call dword ptr [bx+1000h]
```

3. 段间返回

对于子程序的类型属性是far的情况,返回一定按段间返回来处理。

格式:ret

执行操作:

((sp)+1,(sp))→(ip)

(sp)+2→(sp)

((sp)+1,(sp))→(cs)

(sp)+2→(sp)

功能:从堆栈中弹出由调用指令存入堆栈的返回偏移地址,把该地址放入ip中,然后再把从堆栈中弹出的调用指令压入堆栈的返回段基址放入cs内,这样程序就可正确返回调用程序继续执行。

4. 段间带立即数返回

格式:ret n

执行操作:

((sp)+1,(sp)) →(ip)

(sp)+2→(sp)

((sp)+1,(sp))→(cs)

(sp)+2→(sp)

(sp)+n→(sp)

功能:从堆栈中弹出由调用指令存入堆栈的返回偏移地址,把该地址放入 ip 中,然后再把从堆栈中弹出的调用指令压入堆栈的返回段基址放入 cs 内,最后用立即数 n 来修改 sp 的值。这样程序就可正确返回调用程序继续执行。

说明:同段内带立即数返回指令。

5.4.3 子程序的设计方法

在设计子程序时,可以采用一般程序的设计方法和技巧。但子程序又有其固有的特点,所以在子程序的设计上又有一些特殊的要求。在进行子程序设计时要考虑以下一些问题。

1) 正确而适宜地划分和确定子程序模块　这一步可以说是设计的关键,要根据实际应用来确定,既可把具有独立功能的程序段作为一个子程序模块(如排序模块,查询模块等),也可把在程序中经常重复出现的某段指令序列作为一个子程序,把它们独立出来分别调试。这样可以增强程序的结构化和模块化,而且也能提高程序的可读性和灵活性。

2) 确定适宜的参数传送方式　在设计子程序时,子程序的通用性是我们要考虑的问题。要使子程序能被更多的调用程序所引用,也就是子程序要有很好的通用性,那么在子程序中存在一些变化的参数是必不可少的。这样在根据自己的需要调用子程序时,把一些信息传递给子程序,子程序在运行结束返回时,同样也把一些信息返回给调用程序。这种在调用程序和子程序之间信息的传递称为参数传送(或变量传送)。参数传送方式主要有4种:寄存器参数传送方式、存储单元参数传送方式、地址表参数传送方式和堆栈参数传送方式。

3) 确定保存的信息　子程序可以被程序调用,对于它本身来讲也是一个独立的程序,可以使用任何寄存器内的信息。如果子程序所使用的寄存器正巧被调用它的程序所使用,那么在执行子程序之前就需要把这些寄存器保存起来,等到子程序运行结束以后再把寄存器的内容从堆栈中弹出。否则,当子程序返回时,寄存器的原有内容(在调用子程序前寄存器的值)就已被改变了。当然,如果采用寄存器参数传送方式,那么作为参数传送的寄存器的内容不用保存起来。

4) 注释说明　对于任何一个程序来讲,这部分都是可有可无的,往往被大多数编程人员所忽视。但在这里要强调,注释说明部分实际上是很重要的,尤其对于大而复杂的程序来说,不但可以增强程序的可读性,而且对于编程人员检查程序的结构和功能方面是很有用的。这样编程人员可以不用读代码,能提高工作效率。

下面我们以参数传送方式为主线,结合例题介绍一下子程序的设计方法。

5.4.3.1 寄存器参数传送方式

寄存器参数传送方式是把要在调用程序和子程序之间传送的参数放在约定的寄存器内。这种参数传送方式既简单又方便,但CPU中的寄存器的数量是有限的,故这种传送方式只用于要传送的参数较少的情况。

例5.11　从键盘取得一个十进制数,并把该数以十六进制数形式在显示器上显示出来。

分析题意,可把该程序划分为3个子程序:reader 子程序(从键盘取数并转换为二进制数)、display 子程序(把二进制数以十六进制数形式在显示器上显示出来)和 relf 子程序(用于取得回车和换行效果)。本例采用寄存器 bx 作为传送参数的寄存器。

程序编制如下:

```
codeseg    segment
```

```
            assume  cs:codeseg
;程序主体
main        proc    far
start:      call    reader                  ;调用 reader(读)
            call    relf                    ;cr 和 lf
            call    display                 ;调用显示子程序
            call    relf
            mov     ah, 4ch                 ;返回 DOS
            int     21h
main        endp
;从键盘输一数字,并将其转换成二进制数
reader      proc    near
            mov     bx, 0                   ;0→bx
repeat:     mov     ah, 01h                 ;从键盘读
            int     21h
            sub     al, 30h
            jl      over                    ;若小于 0 则结束
            cmp     al, 9                   ;与 9 比较
            jg      over                    ;若不是数字则结束
            cbw                             ;字节扩展成字
            xchg    ax, bx                  ;交换
            mov     cx, 10                  ;10→cx
            mul     cx
            xchg    ax, bx
            add     bx, ax                  ;相加
            jmp     repeat                  ;读下一个数字
over:       ret                             ;返回主程序
reader      endp
;把二进制数转换成十六进制数并显示出来
display     proc    near
            mov     ch, 4                   ;位数
loop1:      mov     cl, 4                   ;循环次数
            rol     bx, cl                  ;循环左移 4 位
            mov     al, bl
            and     al, 0fh                 ;屏蔽掉高 4 位
            add     al, 30h                 ;把十六进制数转换成 ASCII
            cmp     al, 3ah                 ;与 9 比较
            jl      console                 ;若在 0~9 之间,则转到 console 处
            add     al, 7h                  ;否则,加 7
console:    mov     dl, al                  ;把 ASCII 字符放入 dl 中
            mov     ah, 2                   ;显示输出功能
            int     21h
            dec     ch
```

```
            jnz     loop1                        ；若未结束，则继续循环
            ret                                  ；返回主程序
display     endp
；cr 和 lf
relf        proc    near
            mov     dl, 0dh                      ；回车
            mov     ah, 2
            int     21h
            mov     dl, 0ah                      ；换行
            mov     ah, 2
            int     21h
            ret
relf        endp
codeseg     ends
            end start
```

5.4.3.2　存储单元参数传送方式

存储单元参数传送方式是把要传送的参数放在约定的存储单元内。这种参数传送方式可以传送多个参数，只是在实现上较繁琐。

例 5.12　设在数据段中有一个字数组 array，其长度在单元 count 中，求数组中所有元素之和，并要求把结果放在 total 单元中。

分析题意，对数组求和可以设计成一个子程序。数组的元素、个数及和都放在存储单元内，即通过存储单元来传送参数。

程序编制如下：

```
dataseg     segment                              ；定义数据段
            array   dw   200 dup (?)
            count   dw   ?
            total   dw   ?
dataseg     ends
stackseg    segment  stack                       ；定义堆栈段
            dw      500 dup (?)
stackseg    ends
codeseg     segment                              ；定义代码段
程序主体部分
main        proc    far
                assume    cs:codeseg, ds:dataseg
start:      push    ds                           ；保存当前信息
            sub     ax, ax
            push    ax
            mov     ax, dataseg                  ；把 dataseg 段基址置于 ds 中
            mov     ds, ax
            call    sumsub
```

```
            ret
main        endp
子程序
sumsub      proc    near
            push    ax                          ；保存当前 ax，cx，di 中的内容
            push    cx
            push    di
            mov     cx，count                   ；设置循环次数
            mov     di，offset array            ；把数组首地址置入 di
            mov     ax，0
     next： add     ax，[di]                    ；求和
            add     di，2                       ；调整指针
            loop    loop1                       ；若(x)≠0，继续循环
            mov     total，ax                   ；结果放入 total 单元内
            pop     di
            pop     cx
            pop     ax
            ret
sumsub      endp                                ；子程序结束
codeseg     ends                                ；代码段结束
            end     start                       ；程序结束
```

5.4.3.3 地址表参数传送方式

地址表参数传送方式是指在调用子程序之前,先把所有参数的地址依次放入地址表中。这样子程序就可以按照地址表内给出的参数地址来进行操作。这种参数传送方式对于参数较多的情况下,特别有效。

例 5.13 对于例 5.12 的情况只是对于数据段中的一个数组进行求和,假设现在数据段内存在两个数组 array_one 和 array_two,现要求对这两个数组进行求和。

对于这种情况,如果还采用存储器参数传送方式,在计算完第二个数组的和之后,要把其结果保存起来,需把第二个数组放到第一个数组所在的存储单元,然后在调用求和子程序,非常繁琐。我们可以采用地址表参数传送方式来解决这个问题,就是在每次调用求和子程序之前,先把所有参数的地址依次放入地址表中,实现起来比较方便。

程序编制如下：

```
dataseg     segment                             ；定义数据段
        array_one   dw   200   dup( ?)
        count_one   dw   ?
        total_one   dw   ?
        array_two   dw   200   dup(?)
        count_two   dw   ?
        total_two   dw   ?
        table       dw   3     dup (?)
dataseg             ends
```

```
…
codeseg     segment                          ；定义代码段
main        proc   far
                   …
start：            …                         ；起始执行地址
            lea  table，array_one            ；把 array_one 的地址放入 table 中
            lea  table+2，count_one
            lea  table+4，total_one
            call  sumsub1
            …
            …
            mov  table，offset array_two     ；把 array_two 的地址放入 table 中
            mov  table+2，offset count_two
            mov  table+4，offset total_two
            call  sumsub1
            …
；子程序 sumsub1
sumsub1     proc     near
            push     ax                      ；保存当前 ax，cx，di，bx，si 的值
            push     cx
            push     di
            push     bx
            push     si
            mov      bx，offset table        ；置 bx 指向 table 首地址
            mov      ax，0
            mov      di，[bx]
            mov      cx，[bx+2]              ；设置循环次数
            mov      si，[bx+4]
            next：   add ax，[di]            ；相加
            add      di，2                   ；调整指针
            loop     loop1                   ；若循环未结束，继续
            mov      [si]，ax                ；结束放入 total 中
            pop      si
            pop      bx
            pop      di
            pop      cx
            pop      ax
            ret
sumsub1     endp                             ；子程序结束
codeseg     ends                             ；代码段结束
            end      start                   ；程序结束
```

5.4.3.4　堆栈参数传送方式

堆栈参数传送方式是调用程序把参数地址保存在堆栈中，子程序从堆栈中取出参数。这

种参数传送方式可以避免前几种参数传送方式的不足,但往往调用程序压入堆栈的参数总是在返回地址的下面,子程序的返回参数又不能直接压入堆栈的顶部,容易得不到正确的返回地址,所以使用的时候一定要多加小心。该方式适用于子程序的嵌套和递归调用。

例 5.14 对于例 5.11 修改为使用堆栈参数传送方式。在调用子程序前,把数组的首地址、数组元素个数以及存放结果单元的地址压入堆栈,在子程序中从堆栈中取出使用。

程序修改如下:

```
dataseg     segment                                 ;定义数据段
            array    dw   200 dup (?)
            count    dw   ?
            total    dw   ?
dataseg     ends
stackseg    segment  stack                          ;定义堆栈段
            dw       500 dup (?)
stackseg    ends
codeseg     segment                                 ;定义代码段
;程序主体
assume      cs:codeseg, ds:dataseg
main        proc     far
start:
            mov      ax, offset array               ;把 array 地址入栈
            push     ax
            mov      ax, offset count
            push     ax
            mov      ax, offset total
            push     ax
            call     sumsub
            …
;子程序 sumsub
sumsub      proc     near
            push     ax                             ;保存当前信息
            push     cx
            push     di
            push     bx
            push     si
            mov      bx, sp                         ;置 bx 指向 table
            mov      ax, 0
            mov      di, [bx+10]
            mov      cx, [bx+14]                    ;设置循环次数
            mov      si, [bx+12]
next:       add      ax, [di]                       ;加
            add      di, 2                          ;调整指针
            loop     loop1                          ;若(cx)≠0,继续
```

```
        mov     [si], ax                        ；结果放入 total 中
        pop     si
        pop     bx
        pop     di
        pop     cx
        pop     ax
        ret     6
sumsub endp
        …
        end     start                           ；程序结束
```

程序进出栈情况如图 5.12 所示。

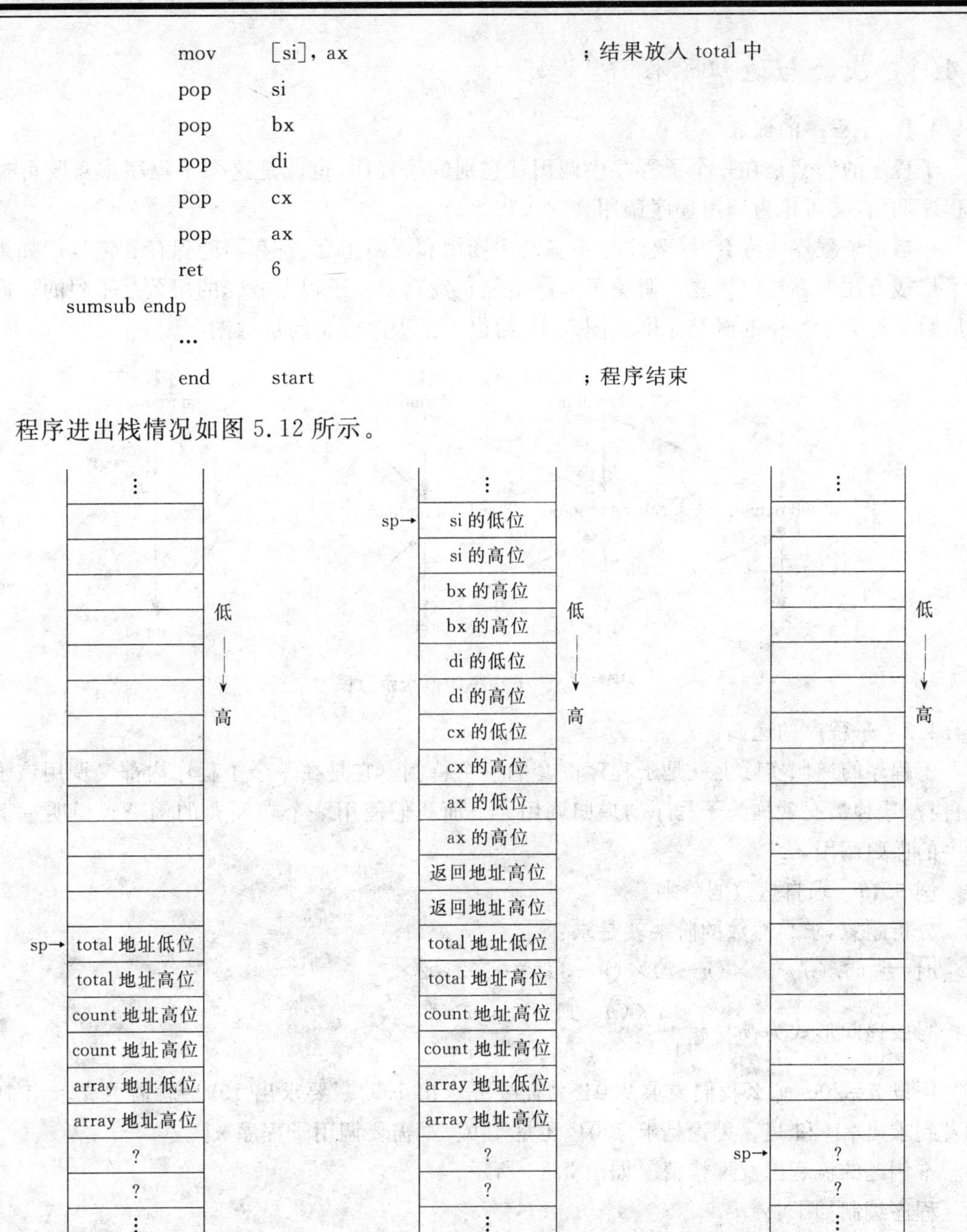

图 5.12　例 5.14 堆栈的情况

本例是假设调用程序和子程序是在同一个段内，故返回地址只占两个字节，表示偏移地址。在子程序返回的时候，是一个带立即数的返回指令 ret 6，用于弹出调用程序压入堆栈的参数信息，以便使堆栈恢复原样。

5.4.4　嵌套与递归子程序

5.4.4.1　子程序的嵌套

子程序的嵌套是在一个子程序中调用其它别的子程序,也就是这个子程序本身既可被别的程序调用,又可作为调用程序调用其它子程序。

在运用子程序的嵌套时,要注意正确使用调用和返回指令、寄存器的保存和恢复。如果使用了堆栈要注意堆栈的恢复。避免子程序不能正确返回。子程序嵌套的层数是不限的。嵌套的层数又称为子程序的嵌套深度。图 5.13 给出了子程序嵌套的示意图。

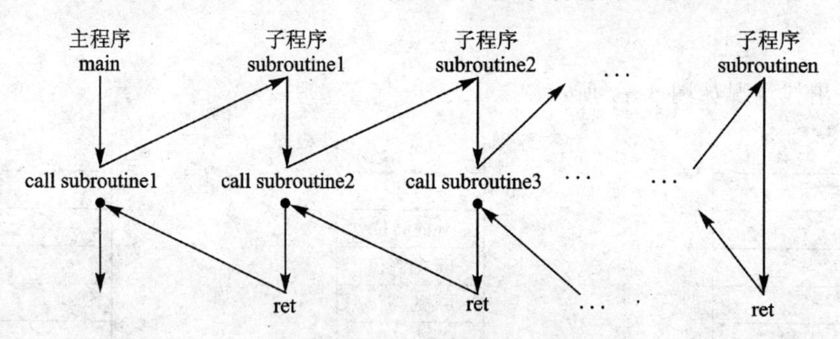

图 5.13　子程序的嵌套示意图

5.4.4.2　子程序的递归

子程序的递归实际上就是子程序嵌套的一个特例。它是在一个子程序内部又调用该子程序自身,这种情况就称为子程序的递归调用。下面我们使用一个较经典的例子来说明一下子程序的递归调用。

例 5.15　求自然数的阶乘。

分析题意,求自然数的阶乘就是求:

$n! = n\times(n-1)\times(n-2)\times(n-3)\times\cdots\times3\times2\times1$

写成递归形式为:$n! = \begin{cases} n\times(n-1)! & ,n>1 \\ 0! & ,n=1 \end{cases}$

假设 $n=200$,那么我们要求 200! 就需要先求出 199!。要求出 199! 就需要先求出 198! …直到求出 2! 和 1!。无论是求 200! 还是 199! 都需要调用子程序 n!。

本例题的流程图及堆栈情况如图 5.14 所示。

程序编制如下:

```
dataseg     segment                              ;定义数据段
            n          dw    ?
            m_result   dw    ?
dataseg     ends                                 ;代码段结束
stackseg    segment                              ;定义代码段
            dw         200 dup(?)
            tos        label   word
stackseg    ends
codeseg     segment                              ;定义代码段
```

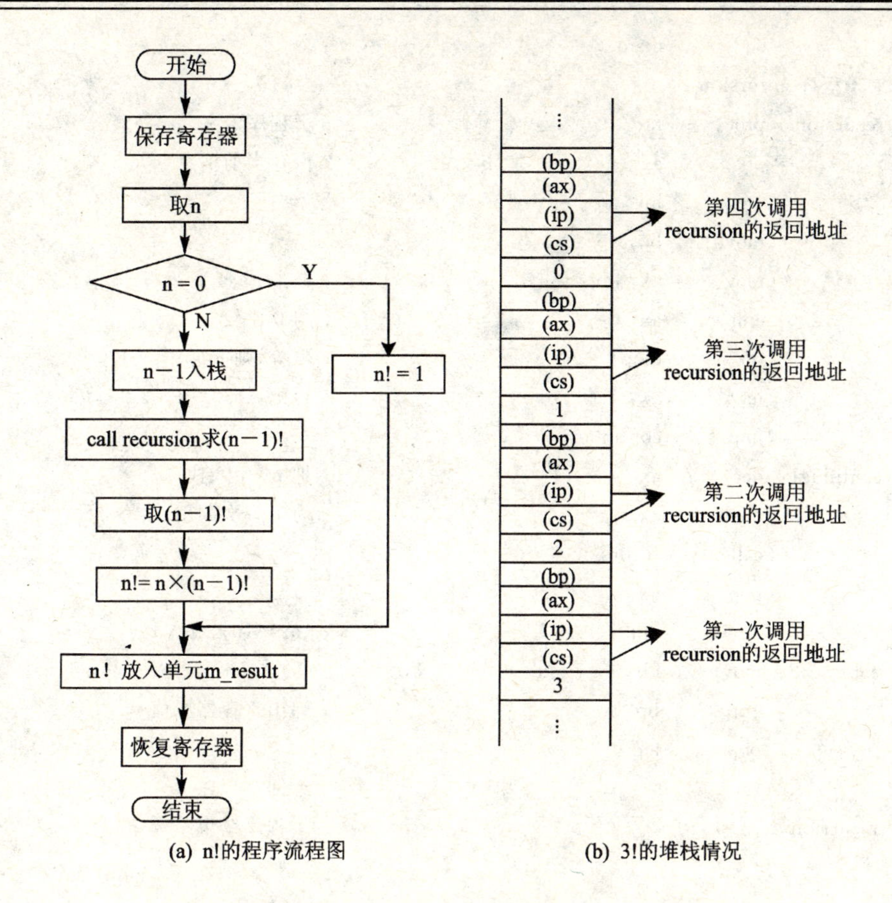

(a) n!的程序流程图　　　　(b) 3!的堆栈情况

图 5.14　例 5.15 的示意图

```
main      proc      far                            ；主过程
          assume    cs:codeseg，ds:dataseg，ss:stackseg
                                                   ；起始执行地址
          push      ds                             ；保存当前信息
          sub       ax，ax
          push      ax
          mov       ax，stackseg                   ；置 stackseg 段基址于 ss 中
          mov       ss，ax
          lea       sp，tos
          mov       ax，dataseg                    ；把 dataseg 段基址置入 ds 中
          mov       ds，ax
          mov       ax，n
          push      ax
          call      recursion
          pop       ax
          mov       m_result，ax                   ；结果放入 m_result 内
          ret                                      ；返回 DOS
main      endp
codeseg   ends
```

```
            end         main
;子程序 recursion
recursion   proc        far                     ;子程序定义
            push        ax                      ;保存当前信息
            push        bp
            mov         bp, sp
            mov         ax, [bp+8]              ;取 n→ax
            cmp         ax, 0                   ;与 0 比较
            jnz         loop1                   ;不等,则 loop1
            mov         ax, 1                   ;否则,(ax)=1
            jmp         continue2
continue1:  dec         ax                      ;把 n-1 入栈
            push        ax                      ;为下一次调用
            call        recursion
            pop         ax
            mul         [bp+8]                  ;(ax)=n×(n-1)!
continue2:  mov         [bx+8], ax
            pop         bp                      ;弹出寄存器原值
            pop         ax
            ret                                 ;返回主程序
recursion   endp                                ;子程序结束
```

5.5 DOS 系统功能调用

DOS 系统功能调用是为了提高编制程序的效率,是 DOS 为程序设计人员及用户提供的一组常用的功能子程序。这组功能子程序主要是实现系统外部设备的输入输出功能子程序、文件管理功能子程序等。DOS 系统功能子程序的调用是以中断的形式进行调用的,使用软中断指令 int。

格式:int　n

其中,n 表示中断类型号,其值在 00～ffh 之间。

功能:执行该指令时,先把标志寄存器的内容压入堆栈,并把 tf 和 if 位清零,接着把调用程序的返回地址(当前的 cs 和 ip 的值)压入堆栈,然后再按照指令 int 后给出的中断类型号 *n*,从中断向量表中的对应位置取出中断调用的功能子程序的入口地址,把入口地址分别放入 cs 和 ip 内。这样就可以执行中断调用功能子程序。中断调用功能子程序执行结束时,使用 iret 指令返回调用程序。

对于每一个中断类型号,它所对应的中断功能子程序包含多个不同的子功能。如 DOS 规定 int 21h 是进入该中断功能子程序的总入口。如何进入每个子功能的入口呢?使用 ah 寄存器。DOS 系统功能调用将在后面章节有详细介绍。在这里以 int 21h 为例,简单说明一下 DOS 系统功能调用的使用方法。

1) 所需调用的子功能号⇒(ax)。

2）根据所调用的子功能的规定设定入口参数。

3）int 21h。

5.6 Pentium 程序设计举例

例 5.16　程序功能：演示 Pentium 片上高速缓存的作用。

```
cdbit        =   30                          ;cr0 中的 cd 位位置
ciybtv       =   10
             .486                            ;识别 486 指令集
             include    pentium.inc          ;包括定义 pentium 新增指令的宏文件
dseg         segment    para    use16
mess1        db 'clock1：$'
mess2        db 'clock2：$'
mess3        db 'clock3：$'
count1       dd ?
count2       dd ?
count3       dd ?
             dseg   ends
             cseg   segment    para    use16
             assume   cs:cseg, ds:dseg
      begin：mov   ax, dseg
             mov   ds, ax
      step1：
             cli
             mov   eax, cr0
             bts   eax, cdbit
             mov   cr0, eax                  ;禁止超高速缓存
             wbinvd                          ;清洗超高速缓存
             call  access1                   ;调用测试子程序 1
             sti
             mov   count1, eax               ;保存时钟数
      step2：
             cli
             mov   eax, cr0
             btr   eax, cdbit
             mov   cr0, eax                  ;允许超高速缓存
             wbinvd                          ;清洗超高速缓存
             call  access1                   ;调用测试子程序 1
             sti
             mov   count2, eax               ;保存时钟数
      step3：
             cli
```

```
        wbinvd                          ;清洗超高速缓存
        call   access2                  ;调用测试子程序2
        sti
        mov    count3, eax              ;保存时钟数
    step4:
        mov    dx, offset mess1
        mov    ecx, count1
        call   dmess                    ;显示提示信息和所用时钟数1
        mov    dx, offset mess2
        mov    ecx, count2
        call   dmess                    ;显示提示信息和所用时钟数2
        mov    dx, offset mess3
        mov    ecx, count3
        call   dmess                    ;显示提示信息和所用时钟数3
        mov    ax, 4c00h
        int    21h
;测试子程序1
;eax返回运行所用时钟数
access1 proc
        mov    cx, countv
        mov    ebx, 1024
        rdtsc                           ;开始时读时间标记计数器
        mov    esi, edx                 ;保存
        mov    edi, eax
acci:   mov    eax, [ebx]
        mov    eax, [ebx+1024*4]
        mov    eax, [ebx+1024*2]
        mov    eax, [ebx+1024*6]
        loop   acci
        rdtsc                           ;结束时再读时间标记计数器
        sub    eax, edi
        sbb    edx, esi                 ;得所用时钟数
        ret
access1 endp
;测试子程序2
;eax返回运行所用时钟数
;与测试子程序1不同之处是访问的存储单元
access2 proc
        mov    cx, count
        mov    ebx, 1024
        rdtsc
        mov    esi, edx
        mov    edi, eax
```

```
acc2:       mov   eax, [ebx]                 ;这种安排使数据超高速缓存不断被置换填充,
            mov   eax,[ebx+1024 * 4]         ;也即仍然每次访问都不命中
            mov   eax, [ebx+1024 * 8]
            mov   eax, [ebx+1024 * 12]
            loop  acc2
            rdtsc
            sub   eax, edi
            sbb   edx, esi
            ret
access2     endp
;略去过程 dmess
cseg        ends
            end   begin
```

该演示程序含有以循环方式访问某些存储单元的两个测试子程序。测试子程序用于测定运行所耗时钟数。在禁止超高速缓存的情况下，调用测试子程序 1，在允许超速缓存的情况下调用子程序 2，然后显示所用时钟数。该演示程序利用了读时间标记计数器指令 RDTSC，用循环结束时所读取的时间标记值减去循环开始时所读取的时间标记值，所得的差值即为循环所用的时钟数。

例 5.17　功能识别处理器类型(没有显示功能)。

```
        .386p
        include   pentium.inc          ;包含定义 pentium 新增指令的宏文件
cseg    segment   use16
        assume    cs:cseg, ds:cseg
cputype   db ?                         ;处理器类型(0:86,2:286, 3:386, 4:486,5:pentium)
cpuidf    db 0                         ;1 表示使用 cpuid 指令
intelf    db 0                         ;intel 产品标识
family    db 0                         ;家族代号信息
cmodel    db 0                         ;型号信息
stepid    db 0                         ;系列号信息
propf     dd 0                         ;特征标志字
;获取处理器类型的过程
getcpui    roc
check8086:
;8086 标志寄存器的最高 4 位总为 1,根据此特征判断是否是 8086
        pushf
        pop   ax
        and   ax, 0fffh
        push  ax
        popf
        pushf
        pop   ax
        and   ax,0f000h
```

```
        cmp  ax,0f000h
        mov  cputype,0
        jnz  short check286
        ret
check286:
;实用方式下 80286 标志寄存器中的 iopl 总为 0,根据此特性判断是否是 286
        pushf
        pop  ax
        or   ax, 3000h
        push  ax
        popf
        pushf
        pop  ax
        test  ax, 3000h
        mov  cputype,2             ;假设是 80286
        jnz  short check386
        ret
check386
;80386 标志寄存器中的位 18 不能设置,而 80486 中该位定义成 ac 标志
;根据此特性判断是否是 80386
;现在可以使用 386 指令和 32 位操作数
        mov  bp,sp
        and  sp,not 3              ;避免堆栈出现不对齐现象
        pushfd
        pop  eax
        mov  edx,eax
        bts  eax,18
        push  eax
        popfd
        pushfd
        pop  eax
        bt  eax,18
        jc  short   a386
        mov  cputype,3             ;是 80386
        mov  sp,bp
        ret
a386:   push  edx                  ;恢复
        popfd
        mov  sp,bp
check486:
;对于后期的 80486 以及 pentium,可利用 cpuid 指令获取处理器类型信息
;标志寄存器中的位 21 定义成 id 标志
;能否改变 id 标志,反映是否可使用 cpuid 指令
```

```
        mov   eax,edx
        bts   eax,21
        push  eax
        popfd
        pushfd
        pop   eax
        push  edx
        popfd
        bt    eax,21
        mov   cputype,4                ;至少是 80486
        jnc   short  idok
ae486:  mov   cpuidf,1                 ;可使用 cpuid 指令
        xor   eax,eax
        cpuid                          ;取厂商识别标识串
        cmp   ebx,"uneg"
        jne   short idok
        cmp   edx,'ieni'
        jne   short  idok
        cmp   ecx,'ietn'
        jne   short  idok
yintle: mov     intelf,1               ;是 intel 产品
        cmp   eax,1
        jb    short  idok
        mov   eax, 1
        cpuid                          ;进一步取得特征信息
        mov   propf,edx
        mov   bl,al
        and   ax,0f0fh
        mov   stepid,al                ;保存系列号信息
        mov   family,ah                ;保存家族代号信息
        shr   bl,4
        mov   cmodel,bl                ;保存型号信息
        mov   cputype,ah
idok: ret
getcpuid  endp
;
begin:  push  cs
        pop   ds
        call  getcpuid
        mov   ah, 4ch
        int   21h
cseg  ends
        end   begin
```

从上面可以看出该示例是通过判断标志寄存器中的标志位来区分 8086,80286,80386 和 80486 的。在确定处理器至少是 80486 之后,根据判别 ID 标志来判断是否可执行处理器特征识别指令 CPUID。Pentium 总是支持 CPUID 的。

5.7 汇编语言和 C 语言的混合编程

汇编语言作为一种面向机器的语言,其特点是占用存储空间小、运行速度快且能够直接驱动硬件;其缺点是指令是助记符,不易记忆,调试复杂。C 语言作为一种高级语言,很接近自然语言,容易理解和记忆;但其不能直接驱动硬件。通过利用汇编语言和 C 语言的混合编程,来达到利用这两种语言的优点,互补缺点的目的。

一般来讲,汇编语言和 C 语言的混合,也就是连接在一起,主要通过两种方法。一种方法是在 C 语言程序中嵌入汇编语言语句,此方法又称为嵌入式汇编法;另一种方法是用这两种语言分别编写独立的程序模块,分别产生目标代码文件(. obj),然后进行连接,从而形成一个完整的程序,此方法又称为模块式连接法。

5.7.1 嵌入式汇编法

例 5.18 功能:查看 DOS 的版本号。

```
# pragma view
#include <stdio. h>
main()
{
    int ver;
    asm mov ah, ox30
    asm int 0x21
    asm mov ver, al
    printf("DOS version%d", ver)
    return 0;
}
```

例 5.19 将字符串中的小写字母转变为大写字母显示。

```
# include<stdio. h>
void upper(char   * dest, char   * src)
 {      asm mov si, src                      ;dest 和 src 是地址指针
        asm mov di, dest
        asm  cld
loop:  asm  lodsb                            ;C 语言定义的标号
        asm  cmp  al, 'a'
        asm  jb copy                         ;转移到 C 的标号
         asm  cmp  al, 'z'
        asm   ja   copy                      ;不是'a'至'z'之间的字符原样复制
    asm   sub  al, 20h                       ;是小写字母转换成大写字母
```

```
copy:  asm    stosb
       asm    and al, al                        ;字符串用 null(0)结尾
       asm    jnz   loop
}
main()                                          ;主程序
{
char   str[]="this started out as lowercase!";
char   chr[100];
upper(chr, str);
printf("origin string: \n%s\n", str);
printf("uppercase string: \n%s\n", chr);
}
```

嵌入式汇编方式把插入的汇编语言语句作为C语言的组成部分,而不使用完全独立的汇编模块,所以比调用汇编子程序更方便、更快捷,并且在大存储模式、小存储模式下都能正常编译通过。

5.7.2　模块式连接法

例 5.20　用汇编语言程序实现将C语言程序中的整形变量 num 加1,并返回给C程序。

```
   #pragma add1
   int num=0
   extern void incnum(void);
   main()
   {
   int i;
for (i=0; i<10; i++)
{incnum();
printf("%d", num);
}
}
;汇编语言实现变量加 1
.model small
          extern        _num:word
           public      _incnum
           .code
_incnum    proc
              inc _num
              ret
_incnum       endp
              end
```

本例在汇编语言和C语言之间是通过 num(在C程序中为整形变量并说明为外部变量,在汇编语言中为 Word 属性并声明为外部变量)来传递值的。

在使用汇编语言和 C 语言混合编程的时候，一定要注意入口参数和返回参数在汇编语言和 C 语言之间的传递问题。

例 5.21 实现取两数较小值的函数 min。

```
extern   int   min(int, int)              ;引用外部函数
main()                                    ;主程序
{   printf("%d", min(100, 200));
}
;汇编语言程序
         .model   small, c
         public   min
         .code
min      proc                             ;在小型模式下,这是一个 near(近)过程
         push   bp
         mov   bp, sp
         mov   ax, [bp + 4]               ;取第 1 个参数 var1
         cmp   ax, [bp + 6]               ; 与第 2 个参数 var2 比较
         jle   minexit
         mov   ax, [bp + 6]               ; 保存返回值
minexit: pop   bp
         ret
min      endp
         end
```

该例是以 near 过程属性调用外部函数，此时返回地址仅需要保存偏移地址 IP，在堆栈占 2 字节。

习 题

1. 读下列程序段，并说明该程序段所完成的功能是什么，并画出程序的流程图。

```
     mov al,0
     mov bl,0
     mov cx,10
l1:  inc bl
     inc bl
     add al,bl
     loop l1
     htl
```

2. 读下列程序段，该程序段执行完后 X 和 Y 的关系为何？

```
dataseg   segment
   x db 14
   y db 4 dup(?)
```

```
...
mov si,0
mov ah,0
mov al, x
mul al
mul ax
mov word ptr[si],ax
inc si
inc si
mvo word ptr [si], dx
hlt
```

3. 编制一汇编语言程序,实现在屏幕上显示下列两个字符串。两个字符串要显示在不同的行。

this is a program

disk operation system

4. 设有三个数A,B和C,如果其中一个为0,就将另外两个清零,否则求它们的和存入D单元中。编写汇编语言程序实现该功能。

5. 编写一个汇编语言程序,实现在一个数组中查找最小数。

6. 试使用字符串操作指令将有符号数数组ARY中的数转换成绝对值存回原单元。

7. 试编写一程序,从键盘输入一个字符串,将其中的小写字母转换成大写字母后输出。

8. 试编制程序实现下述功能,统计一个16位二进制数中1的个数,并将结果输出。

9. 编制程序实现,用字符串扫描指令查找字符串中的第3个空格,找到显示found,否则显示not found。

10. 从键盘输入两个一位数,求它们的和,将结果输出,要求通过使用子程序的方式来编制本题所要求的功能。

11. 设已定义了两个整数变量num1和num2,试编制程序完成下列功能:

(1) 若两个数中有一个数是奇数,则将奇数存入num1中,偶数存入num2中;

(2) 若两个数都是奇数,则将两数相加,并把结果存入num1中;

(3) 若两个数都是偶数,则将两个数分别求反。

12. 设有一个数组array,元素个数存放在数组中第一个元素内,试编制一程序删除数组中所有值是0的元素,并将后续元素向前移动,而且要始终保证数组中第一个元素真实地反映数组array的元素个数。

13. 试编制一程序,从键盘输入2位十六进制数(如输入的数有非十六进制数,则输入作废,重新输入),然后转换为8位二进制数,并输出在显示器上。

14. 试编制一程序,从键盘输入3位十进制数(如输入的数有非十进制数,则输入作废,重新输入),要求数值范围在0～200之间,然后转换为2位十六进制数,并输出在显示器上。

15. 已知数组serial1中包含20个互不相等的整数,数组serial2中包含25个互不相等的整数,试编制一程序把既在数组serial1中存在又在数组serial2中存在的整数存入数组serial3中。

16. 假设已编制好10首歌曲程序,它们的段地址和偏移地址存放在数据段的跳转表sing_

list 中,试编制汇编语言程序,根据键盘输入的歌曲编号 1～10,而转去执行该编号的歌曲程序。

17. 设有一数组 part。该数组中元素的个数放在寄存器 cx 中,请求出该数组中所有元素之和,并计算出它们的平均值,分别存放在单元 sum 和 average 内。

18. 设有两个字节数组 byte1 和 byte2,各含 8 个元素,试编制程序进行下列逻辑运算:

byte3(1)=byte1(1) and byte2(1); byte3(2)=byte1(2) or byte2(2)

byte3(3)=byte1(3) or byte2(3); byte3(4)=byte1(4) and byte2(4)

byte3(5)=byte1(5) or byte2(5); byte3(6)=byte1(6) or byte2(6)

byte3(7)=byte1(7) and byte2(7); byte3(8)=byte1(8) or byte2(8)

19. 试编制一个比赛得分程序。9 个评为分别给分在 10～20 分之间的整数,9 个评委中去掉一个最高分和一个最低分,将剩下的 7 个评分的平均值作为最后的得分。要求:

① 评委给分须以 2 位十进制数从键盘输入;

② 最后得分以十进制数形式在屏幕上显示出来;

③ 最后的分取小数 1～2 位;

④ 键盘输入和结果输出前应有提示符输出。

20. 设数据段中有一个字节数组 success,现要求编制一程序,对数组中每一数据用 0fh 相除,用它的余数构造另一个新数组 wonderful。如某次相除,余数为 0 或对 success 数组中的数据处理结束,即停止构造新数组,最后要把新数组的个数存放入单元 count 内。

21. 试编制一程序,从键盘输入一行字符,要求第一个键入的字符必须是空格符,如果不是则退出程序;如果是,则开始接受键入的字符,并顺序存放在首地址为 beginner 的缓冲区中(空格符不存入),直到接受到第二个空格符时退出程序。

22. 设有 4 名学生参加 5 门课程的考试,试计算每个学生的平均成绩和每门课的平均成绩。

23. 求矩阵 A 和矩阵 B 相乘所得矩阵 C 的程序。设矩阵 A 和矩阵 B 中的元素为字节。

24. 有一个 100 阶方阵,每个元素占一个存储单元,试编制如下程序:

① 每行元素分别按从大到小的次序排列;

② 将每列的最大元素都放在第一行上。

25. 从键盘输入一组 4 位的十进制数,每组数中间以空格分割,以回车作为输入结束标志,后将这组数按升序输出。

26. 阅读下列程序,在划线处填入适当的语句。从键盘读入一字符串(长度小于 40),将该串反转后,输出显示。

```
maxno equ 41
sseg segment stack
    dw 100 dup(?)
sseg ends
dseg segment
    mesg1 db 'input a string: $'
    mesg1 db 'it' s reverse is:'
    buf db maxno, ?, dup(?)
dseg ends
cseg segment
```

```
        assume cs:cseg, ds:dseg
start:
      mov ax, dseg
      mov ds, ax
      mov dx, offset mesg1
      mov ah, 9
      int 21h
      mov dx, offset buf
      int 21h
      xor ax, ax                    ;取实际读入字符个数
      lea di, buf+2
      mov si, di
      add si, ax
      mov byte ptr [si],'$'
      dec si
cont:
      cmp di, si
      mov al, [si]
      xchg al, [di]
                                    ;调整 di
      jmp cont
finishd:
      lea dx, buf+2
      mov ah, 9
      int 21h
      mov ax, 4ch
      int 21h
cseg   ends
       end start
```

27. 编写计算 $f=(z-(x\times y+200))\div y$ 的程序。其中 x，y 和 z 均为带符号的 16 位二进制数。

第6章 存储器

存储器是用来存放信息的部件。程序和数据统称信息。在微型计算机中存储器分为内部存储器和外部存储器。内部存储器简称内存或主存。它是计算机主机的一部分,用来存放当前机器运行的程序和数据,可与 **CPU** 直接交换信息。内存的存取速度要求和 **CPU** 的处理速度相匹配。在微型计算机中,通常用半导体存储器作为内存。外部存储器简称外存,属于计算机的外部设备,用来存放当前暂时不用的程序和数据。外存不能被 **CPU** 直接访问,其中的信息必须调入内存后,才能被 **CPU** 使用。在微型计算机系统中常用硬盘、**U** 盘、和光盘作为外存。外存的存储量很大,且易于扩展,因此又称为海量存储器。

本章的内容主要讨论作为内部存储器的半导体存储器。

6.1 概　述

6.1.1 存储器的分类

微型计算机中所使用的半导体存储器,按照功能来划分可分为读写存储器 RAM 和只读存储器 ROM 两大类。其具体分类如图 6.1 所示。

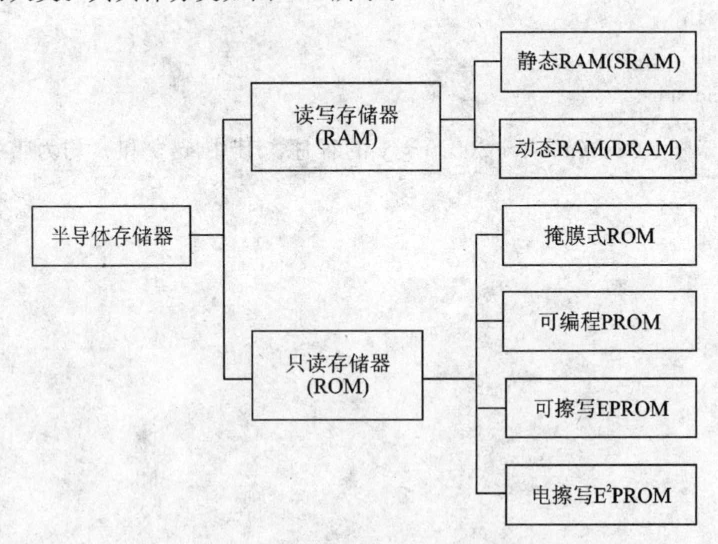

图 6.1　内部存储器的分类

读写存储器 RAM 也称随机存取存储器(random access memory)。RAM 的内容可以随时根据需要进行读、写。按照信息存储方式分为静态 RAM(Static RAM)和动态 RAM(dynamic RAM)两种。

只读存储器 ROM 中的信息是事先写入的,在使用过程中只能读出信息,而不能写入信息。ROM 从功能和工艺上可分为掩膜式 ROM、可编程 PROM、可擦写 EPROM 和电擦写 E^2PROM。

6.1.2 存储器的主要性能指标

微型计算机系统存储器的性能指标有存储容量、存取速度、功耗、可靠性、价格等。其中最主要的性能指标是存储器的容量和存取的速度。

6.1.2.1 存储容量

存储容量是存储器所能存储的二进制信息总数。

存储容量常用存储单元数与每个存储单元的位数或字节数的乘积来表示。设微型计算机半导体存储器芯片其地址线位数为 16 位,数据线位数为 8 位,则该存储器芯片的存储容量为 $2^{16}\times8$ 位(64K×8 位)=64 KB。存储容量与地址线数的关系如表 6-1 所列。

表 6-1 存储容量与地址线数的关系

地址线位数	10	11	12	13	14	15	16
存储单元数	2^{10}	2^{11}	2^{12}	2^{13}	2^{14}	2^{15}	2^{16}
存储容量/KB	1	2	4	8	16	32	64

6.1.2.2 存取速度

存储器的存取速度是用存储时间和存储周期来衡量的。存取时间(acess time)是指从启动一次存储器读/写操作到完成该操作所经历的时间,一般为几百 ns。存储时间越小,则存取速度越快。对于高速缓冲存储器(cache)的存储时间已小于 20 μs。存储周期(Memory cycle)是来定义连续 2 次访问存储器所需的最小的时间间隔。通常存储周期略大于存取时间。这是由于存储器在完成一次读/写操作后,不能立即启动下一次的操作,需要一定的恢复时间。

6.2 半导体存储器

6.2.1 读/写存储器 RAM

RAM 的特点是其内容可根据需要随时读/写。但断电后所存信息会全部丢失。RAM 在微型计算机中主要用来暂时存放正在执行的程序和数据。

6.2.1.1 静态 RAM(SRAM)

1. SRAM 基本存储电路

基本存储电路用于存储一位二进制代码 0 或 1。SRAM 的基本存储电路通常是由 6 个 MOS 管组成,如图 6.2 所示。

图 6.2 中 T1～T4 管共同组成一个双稳态触发器。T1 和 T2 为放大管,T3 和 T4 为负载管。T5、T6 为门控管,由选择线来控制。根据 T1 和 T2 的状态,这个电路便可以用来存储信息 0 或者 1。

若 T1 截止,则 A 点为高电平,使 T2 饱和导通,于是 B 点为低电平,保证 T1 截止,是一种稳定状态,用来表示 0 状态。若 T2 截止,T1 饱和导通,则又是一种稳定状态,用来表示 1 状态。可见,这个双稳态触发器可以保存一位二进制数据。

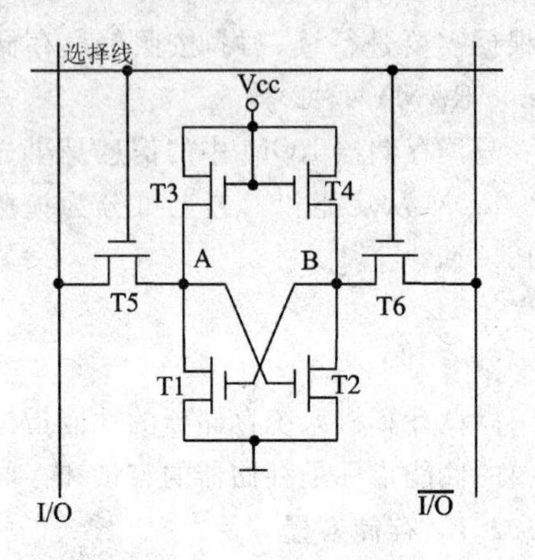

图 6.2 6 管静态 RAM 的基本存储电路

门控管 T5,T6 的栅极接到地址线译码器某一个输出线。当该选择线为高电平时,T5,T6 导通,则点 A 与 I/O 线相连,点 B 与 $\overline{I/O}$ 相连,这时写入信号从 I/O 线和 $\overline{I/O}$ 线进入。若要写 1,则 I/O 为 1;$\overline{I/O}$ 为 0,使 A=1,B=0。这样使 T2 导通而 T1 截止。在写入信号和选择信号消失后,T5,T6 重新处于截止状态。于是 T1~T4 组成的双稳态触发器保存数据 1。只要不掉电,这个状态是一直保持,除非重新通过写操作写入新的数据。若要写 0,则 I/O 为 0,$\overline{I/O}$ 为 1。这样使 T1 导通,而 T2 截止。同样,只要不掉电,0 状态便一直保持,直到重新写入一个新的数据。

对所存数据读出时,由地址译码器的某一输出线送出高电平的选择信号到 T5,T6 管栅极,则 T5,T6 导通,使 T1 管的状态被送到 I/O 线上,而 T2 管的状态被送到 $\overline{I/O}$ 线上。这样就读取了存储器的信息。

由上可见,静态 RAM 只要有电,信息就能保存,且读操作不破坏触发器的状态,不需要刷新,所以简化了外部电路。这是静态 RAM 的优点。但由于 SRAM 存储电路 MOS 管较多,集成度不高,且 T1,T2 管中必有一个是导通的,因而功耗较大。这是静态 RAM 的两大缺点。

2. 静态 RAM 芯片实例

常用的 SRAM 芯片之一是 6116 芯片。

6116 芯片是容量为 2KB×8 位的高速静态 CMOS 可读写存储器,有 2048 个存储单元,需 11 根地址线:7 根用于行地址译码输入;4 根用于列地址译码输入。每条列地址线控制 8 位,形成 128×128 的存储单元矩阵,即片内有 16 384 个存储单元。

6116 的引脚和内部功能框图如图 6.3 所示。

6116 的引脚共有 24 个。其中有地址线 11 根,为 A10~A0;8 条数据线,为 I/O1~I/O8;控制线 3 条为 $\overline{CS}$(片选)、$\overline{OE}$(输出允许)、$\overline{WE}$(写允许)。

控制线 $\overline{CS}$,$\overline{OE}$,$\overline{WE}$ 的组合决定 6116 的工作方式,如表 6-2 所列。

表 6-2 6112 的工作方式

$\overline{CS}$	$\overline{WE}$	$\overline{OE}$	工作方式
0	1	0	读
0	0	1	写
1	×	×	未选通

6116 芯片的数据输入和数据输出是采用双向数据总线 I/O1~I/O2。当进行读操作时,$\overline{OE}$=0,$\overline{CS}$=0,$\overline{WE}$=1,列 I/O 输出的三态门打开。由地址线 A0~A10 译码选中的存储单元的 8 位数据经列 I/O 电路和三态门,到达 I/O1~I/O8 输出。

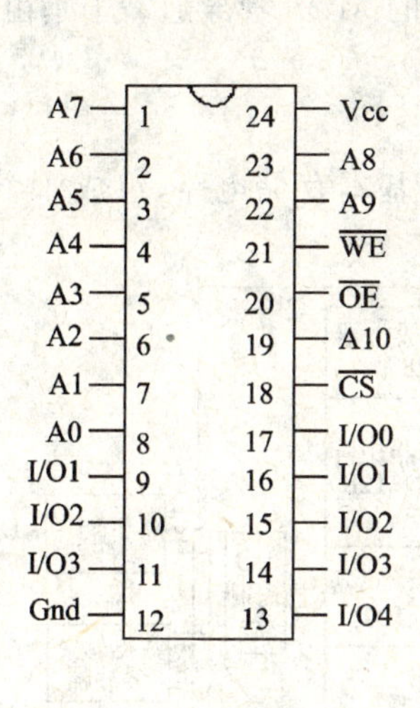

(a) 6116芯片引脚

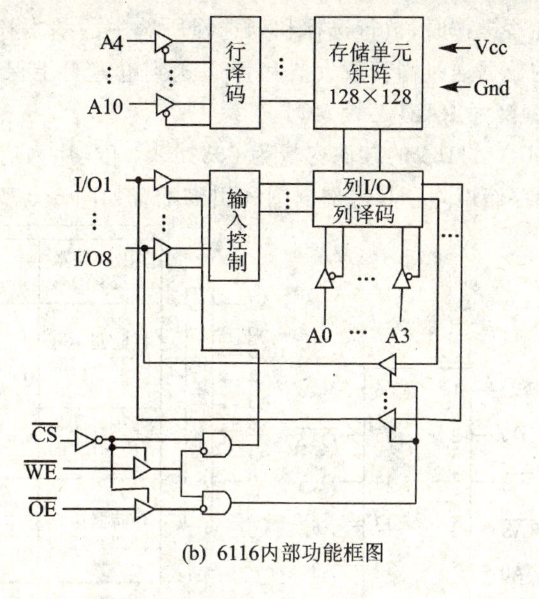

(b) 6116内部功能框图

图 6.3　6616 引脚和内部功能框图

当写操作时，$\overline{OE}$=1，$\overline{CS}$=0，$\overline{WE}$=0，输入控制的输入三态门打开。从 I/O1～I/O8 输入的 8 位数据经三态门输入控制，列 I/O 输入到被选中的存储单元中。

但$\overline{CS}$=1 时，输入、输出三态门均为高阻态，无读/写操作。

6.2.1.2　动态 RAM(DRAM)

DRAM 在原理和构造上与 SRAM 不同，但 DRAM 也是由许多基本存储电路按照行和列来组成的。

在 DRAM 中，基本存储电路可以采用四管电路、三管电路、单管电路。其中四管 DRAM 所用的管子最多，使芯片的容量较小，而单管 DRAM 所用的管子最少，但读出的数据信号较弱，需要读出放大器来进行读出放大。目前多采用单管电路作为基本存储电路。

1. 单管 DRAM 基本存储电路

单管动态 RAM 基本存储电路如图 6.4 所示。它只有一个管子和一个电容。

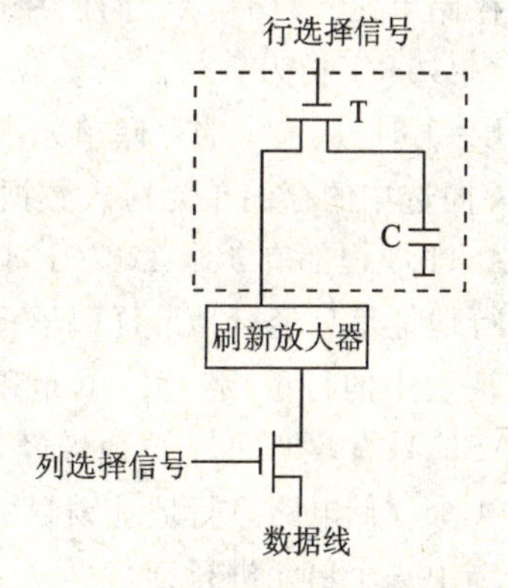

图 6.4　单管 DRAM 基本存储电路

该存储电路的状态存储在电容 C 上。若 C 上存有电荷，表示信息为 1；若 C 无电荷，表示信息为 0。由于任何电容都存在漏电，经过一段时间后，电容上的电荷就会泄放掉，信息就丢失了，不能长时间保存信息。为了解决电容漏电问题，必须定时地对动态 RAM 存储单元进行刷新，使信息再生。

对电路进行读操作时，通过对行地址译码，使某一条行选择线为高电平，则该行上的所有基本存储电路中的 T 管导通，使每一列上的刷新放大器读取对应电容 C 上的电压值。由于刷新放大器的灵敏度很高，放大倍数很大，可将从电容上读得的电压值转换为逻辑电平 1 或 0，并将值重写到电容 C 上。列地址译码电路产生列选择信号，使选中行上和选中列上的基本存储电路受到驱动，从而可以输出数据。

在写操作时,被行选择和列选择所选中的基本存储电路的 MOS 管导通。于是由数据线送来的数据通过刷新放大器和管 T 送到电容 C 上保存。

2. 动态 RAM 芯片实例

DRAM4164 的存储容量为 65536×1 位,片内有 64K 个基本存储电路,组成 4 个 128×128 的存储矩阵。其内部框图和引脚配置如图 6.5 所示。

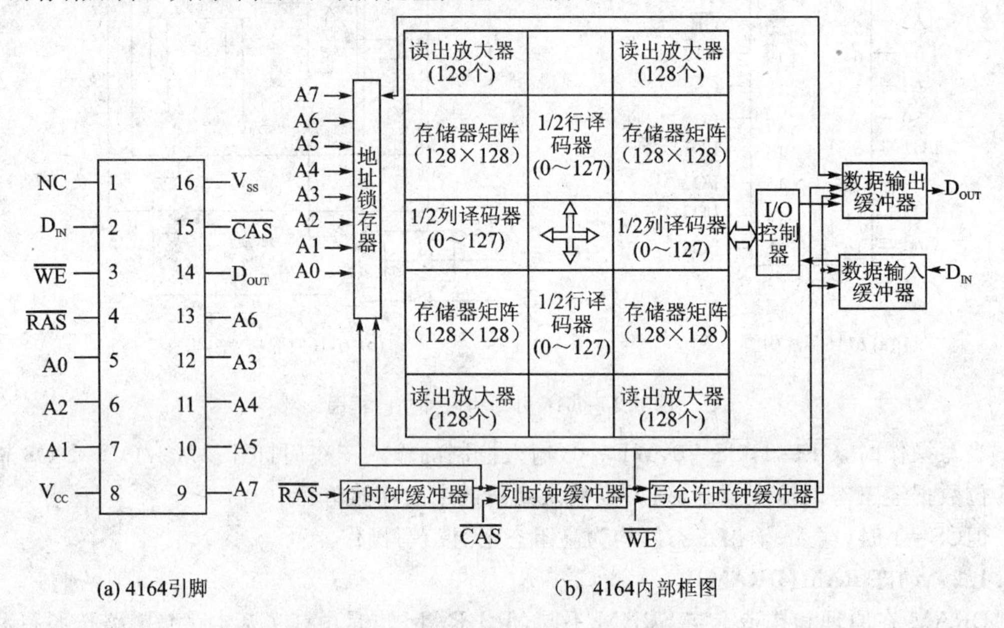

图 6.5 4164 引脚和 4164 内部功能框图

4164 有 8 根地址线 A7～A0。当 CPU 送地址信息给 4164 时,采用分时传送方式。利用外部的多路开关,由行地址选通信号$\overline{RAS}$将先来的 8 位行地址锁存到片内的行地址锁存器;然后由列地址选通信号$\overline{CAS}$将 8 位列地址锁存到片内的列地址锁存器。由 16 位地址线选中一个存储单元。4164 无专门的片选信号,一般将$\overline{RAS}$作为片选信号。

4164 字长为一位。其数据线有两根,D_{IN} 为数据输入,D_{OUT} 为数据输出。当控制信号$\overline{WE}$=1 时,从选中的存储单元中读出数据,由 D_{OUT} 输出数据;当$\overline{WE}$=0 时,进行写入操作,由 D_{IN} 向选中的存储单元写入数据。

4164 内部有 4 个 128×128 的存储矩阵,各配置有 128 个读出放大器。在$\overline{RAS}$有效期间 7 位行地址信息经行地址译码器译码可选中存储矩阵中的一行,共 128 个单元,共选中 4 个区。在被选中的行里,各存储单元和读出放大器接通,读出放大器的输出返回到存储单元中。在$\overline{CAS}$信号有效期间,7 位地址经列地址译码器译码后,选中一列。它们同时选中 4 个存储矩阵的 4 个存储电路。行地址锁存器的最高位 RA7 和列地址锁存器的最高位 CA7 经 I/O 控制电路选中一个单元进行读/写。

4164 的刷新操作是通过执行只有$\overline{RAS}$的访问周期来实现的。刷新时,使行选通信号$\overline{RAS}$有效,地址被送到行译码器经译码后同时选中 4×128=512 个存储单元进行刷新。一般的刷新周期为 2 ms。行地址低 7 位提供 128 个行号,即在 2 ms 内进行 128 次刷新操作,使 64K 个存储单元全部完成一次刷新。刷新时,$\overline{CAS}$信号无效,所以,芯片与外界不进行数据传送。

用动态 RAM 来构成存储器除了要配置刷心控制逻辑电路外,主要缺点就是在刷新周期中，内存模块的输入/输出被禁止，而必须等刷新周期完成之后，才能启动读周期或写周期。

DRAM 比 SRAM 集成度高，功耗低，成本低，在存储容量大的系统中，DRAM 被广泛使用。

6.2.2 只读存储器 ROM

只读存储器 ROM 中的信息是预先写入的。在使用时只能读出，不能写入。ROM 集成度高，成本低，更重要的是掉电时存储信息不会丢失。在计算机系统中一般既有 RAM 模块，也有 ROM 模块。ROM 用来存放固定的程序、系统软件、启动程序、监控程序或操作系统的常驻内存部分等。ROM 可分为 4 种：掩膜式 ROM，PROM，EPROM 和 E^2PROM。

6.2.2.1 掩膜式 ROM

掩膜 ROM 是由生产厂家对芯片图形（掩膜）进行二次光刻，决定其中的信息。一旦生产完毕，信息就不能改变了。根据制造技术，掩膜 ROM 可分为 MOS 型和双极型两种。MOS 型功耗小，但是速度较慢。双极型的速度比 MOS 型的快，但功耗大。在微型机系统中使用的 ROM 主要是 MOS 型的。

掩膜 ROM 适合于程序成熟、批量生产的场合。生产批量一般在 10 万片以上才合算。若少量生产时造价昂贵。

掩膜 ROM 的引脚信号只有一组地址输入引脚，一组数据输出引脚和 2 个控制信号以及片选信号和输出允许信号。

图 6.6 是一个简单的 4×4 位 MOS 管掩膜 ROM，采用单译码结构、两位地址线 A1、A0，译码后输出四种状态信息，选中四个单元。

在存储矩阵中，在行与列交叉处连接有 MOS 管的表示信息 0；没有 MOS 管的表示信息 1。若地址线 A1 A0＝00，则选中字线 0，即字线 0 为 1。与其相连的 MOS 管导通，该位线输出为 0；否则输出为 1。图 6.6 中的位线 0 和 2 输出为 0，而位线 1 和 3 输出为 1。4×4 位掩膜 ROM 的存储内容见表 6-3。

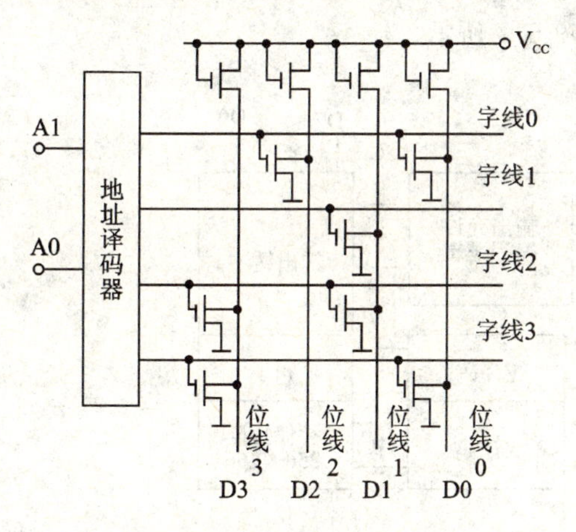

图 6.6　4×4 位掩膜 ROM

表 6-3　4×4 位掩膜 ROM 存储内容

单元 \ 位	D3	D2	D1	D0
0	1	0	1	0
1	1	1	0	1
2	0	1	0	1
3	0	1	1	0

6.2.2.2 可编程只读存储器 PROM

制造厂家生产的 PROM 在出厂时，各个单元都处于相同状态。用户根据自己的需要来写入存储信息，但只能写入一次，存储内容一旦写入就无法更改。

PROM 芯片一般采用双极型工艺技术。存储矩阵的所有行、列交叉处均连接有二极管或三极管。写入时,利用外部引脚输入地址。对存储矩阵中的二极管(或三极管)进行选择,使一些被烧断,其余的保持原状。被烧断的则相当于存入信息 0,未烧断的相当于存入信息 1。这样就进行了编程。

PROM 比掩膜 ROM 的集成度低,价格较贵,适合于小批量生产。

6.2.2.3　可擦写只读存储器 EPROM

在实际应用中,用户希望根据自己的需要写入信息,并可进行多次修改。EPROM 正适合了这种需要。EPROM 是一种可以多次擦除和重写的 ROM。

EPROM 中信息的存储是通过电荷分布来决定的。刚出厂的 EPROM 没有经过编程,其基本存储元件中无电荷。存储的信息为 1。编程时,通过加编程电压,将电荷注入要写 0 的相应基本存储电路,即编程过程就是一个电荷注入过程。编程结束后,撤除电源。由于绝缘层的包围,注入的电荷在室温、无光照的条件下,不会泄露,使电荷分布能维持不变,也就存储了信息。

EPROM 擦去信息时,则通过 EPROM 芯片上方的一个石英玻璃窗口,用紫外线透过窗口照射,则聚集在所有基本存储电路中的电荷会形成光电流泄露掉,即擦除写入的 0 信息,恢复为初态。一般照射 30 min,读出各单元的内容均为 ffh,说明 EPROM 中的内容已被擦除,于是,就可以重新对它编程。写入信息后,要将小窗口用黑纸贴上,以防日光中的紫外线破坏其中的内容。

EPROM 的特点是,即使要改变其中已写入的一位,也必须把整个内容全部擦去,然后重写。

EPROM 芯片的种类很多,我们以 Intel 2764A 为例来介绍 EPROM 的工作方式。

Intel 2764A 是 8 K×8 位的 EPROM。它有 13 条地址引脚 A12～A0,8 条数据引腿 D7～D0,2 个电压输入端 V_{PP} 和 V_{CC}、3 个控制信号端是 $\overline{CE}$(芯片允许端)、$\overline{OE}$(输出允许端)和PGM(编程控制端)。2764A 的引脚配置和功能框图如图 6.7 所示。

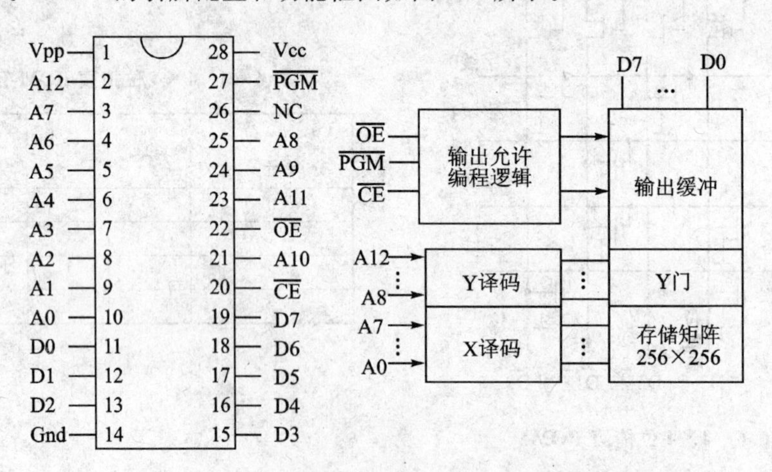

图 6.7　2764A 引脚配置和功能框图

Intel 2764A 的工作方式有 7 种，如表 6-4 所列。

表 6-4 2764A 的工作方式

工作方式 \ 引脚	$\overline{CE}$	$\overline{OE}$	$\overline{PGM}$	A9	A0	V_{PP}/V	V_{CC}/V	D7～D0
读方式	0	0	1	×	×	5	5	D_{OUT}
输出禁止	0	1	1	×	×	5	5	高阻
备 用	1	×	×	×	×	5	5	高阻
编程方式	0	1	0	×	×	12.5	5	D_{IN}
校验方式	0	0	1	×	×	12.5	5	D_{OUT}
编程禁止	1	×	×	×	×	12.5	5	高阻
标识符	0	0	1	1	0	5	5	制造商编码
					1	5	5	器件编码

在读方式下，V_{PP}和V_{CC}接 5 V 电压。地址输入端 A12～A0 用来接收来自 CPU 的地址信号。当编程缓冲控制端$\overline{PGM}$为高电平，$\overline{CE}$和$\overline{OE}$为低电平时，经过一个时间间隔，所寻址单元的数据就出现在数据线上。

在输出禁止方式下，V_{PP}和V_{CC}接 5 V 电压，$\overline{PGM}$和$\overline{OE}$接高电平，$\overline{CE}$接低电平。此时数据线呈高阻状态，输出被禁止。

在备用方式下，$\overline{CE}$接高电平，数据线呈高阻状态。此时工作电流由 100 mA 降为 40 mA。芯片功耗下降。

当V_{CC}接 5 V 电压，V_{PP}接 12.5 V 电压，$\overline{CE}$为低电压，$\overline{OE}$为高电平时，为编程方式。此时，从地址线 A12～A0 端输入要编程的单元地址，在数据线 D7～D0 端输入数据，同时在PGM端加上 5 V 编程脉冲，便可进行编程。

校验方式总是和编程方式配合使用的，以便在每次写入一个字节的数据后，紧接着将写入的数据读出，去检查写入的数据是否正确。在校验方式下，V_{CC}接 5 V 电压，V_{PP}接 12.5 V 电压，$\overline{CE}$和$\overline{OE}$为低电平，$\overline{PGM}$接高电平。

2764A 在编程过程中，一旦$\overline{CE}$为高电平，则编程被禁止。

当V_{CC}和V_{PP}都接 5 V 电压，$\overline{CE}$和$\overline{OE}$均为低电平，$\overline{PGM}$为高电平，地址线 A9 接11.5 V～12.5 V 高电平时，2764A 处于读 Intel 标识符方式。地址线 A8～A1 均为低电平，使 A0 由低电平转为高电平，分两次读出 2764A 标识内容。当 A0＝0 时，读出制造商编码；当A0＝1时，读出器件的编码。

6.2.2.4 电擦写 E^2PROM(Electrically Erasable PROM)

E^2PROM 是用电来擦洗，可以改变其中个别单元的内容。

E^2PROM 通常有 4 种工作方式，即读、写、字节擦除、整体擦除。Intel 2815 在不同工作方式下的信号电平如表 6-5 所示。

表 6-5 2815 的工作方式

工作方式＼引脚	V_{PP}/V	$\overline{CE}$	$\overline{OE}$	D7～D0
读方式	4～6	0	0	D_{OUT}
写方式	21	1	1	D_{IN}
字节擦除	21	0	1	TTL 电平 1
整体擦除	21	0	9～15	TTL 电平 1

E^2PROM 最常用的是读方式。此时$\overline{CE}$和$\overline{OE}$均接低电平，V_{PP}接 4 V～6 V 电压，地址线输入所要读取的存储单元的地址；数据线 D7～D0 输出要读取的数据。

在写方式下，地址线上输入待写入数据的地址，将$\overline{CE}$和$\overline{OE}$接高电平，V_{PP}加 21 V 电压，则数据线上的数据便写入到相应的存储单元中。

在字节擦除方式下，可对指定字节进行擦除。此时，$\overline{CE}$接低电平，$\overline{OE}$接高电平，V_{PP}加 21 V 电压。

地址线上输入要擦除的字节的地址。数据线则要加上 TTL 高电平。

整体擦除方式可以使整个 E^2PROM 回到初始状态。在这种方式下，$\overline{CE}$为低电平，$\overline{OE}$加 9 V～15 V 电压，数据线加上 TTL 电平。

6.2.3 由 RAM 芯片组成微型机的读/写存储器

6.2.3.1 要考虑的问题

1. 选　片

1) 种类：动态 RAM 的单片容量大，价格低，但是位片式结构扩充不方便，而且要刷新。静态 RAM 的容量小，价格较高，但连接简单，扩充灵活，且不需刷新。所以在要求容量不大时，选用静态 RAM 即可。

2) 型号：存储器的读/写速度必须与 CPU 的读/写速度相匹配。从 CPU 的存储速度选择存储芯片。

2. 地址分配和片选

根据系统的总体要求，确定 RAM 区和 ROM 区的地址范围。另外，由于 RAM 单片存储容量有限，一般要进行扩充才能满足实际所需容量。所以需由多片存储器芯片来组成一个存储器系统时，必须考虑片选信号的产生。

3. CPU 总线的负载能力

通常 CPU 总线的负载能力是一个 TTL 器件或 20 个 MOS 器件。当超过其负载能力时，则应加缓冲器和驱动器，以增加 CPU 的负载能力。根据具体情况而定，一般小系统中 CPU 可以直接和存储器芯片相连，而在较大系统中则应考虑 CPU 驱动能力。

6.2.3.2 RAM 与 CPU 的连接

在 CPU 对存储器进行读写操作时，首先 CPU 在地址总线上给出地址信号，然后发出相应的读或写控制信号，则在数据总线上进行信息交换。所以 RAM 和 CPU 的连接主要就是地址线、数据线和控制线的连接，如图 6.8 所示。

● 地址线：微型机的地址总线是用来选择存储器内某一内存单元的。要完成这种功能必须进行两种选择：片选和字选。片选是要选中这一存储器芯片；字选则是选中该芯片中某一存储单元。该任务由地址译码电路来完成。

- 数据线：双向的。其任务是完成 CPU 与存储器之间的数据传送。
- 控制线：CPU 与存储器之间交换信息时，从 CPU 发出的信号有读、写等控制信号，还有片选等信号。应把这些信号与存储器要求的控制信号相连接，以实现所需的读写控制。

6.2.3.3 举例说明存储器芯片的连接

例 6.1 用 1024×1 位的存储芯片组成 1024×8 位的存储器。

例 6.1 中芯片容量和存储器容量都是 1 KB，只需加大字长，即需进行位扩充，则用 8 片 1024×1 位的芯片组成一个 1024×8 位的存储器，如图 6.9 所示。

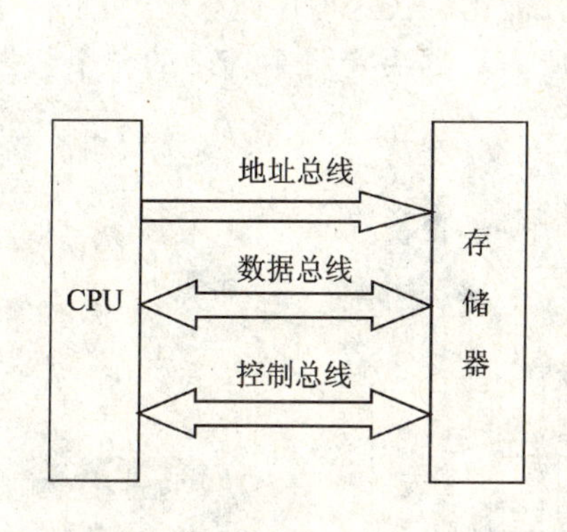

图 6.8 RAM 与 CPU 的连接

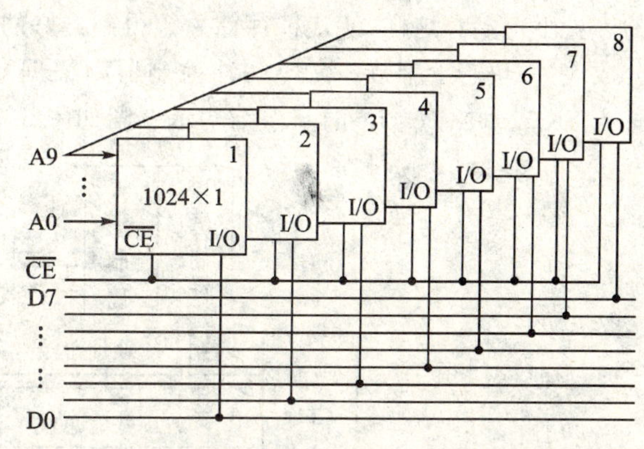

图 6.9 8 片 1024×1 位芯片组成 1024×8 位的存储器

例 6.2 用 2048×8 位的芯片组成 16K×8 位的存储器。

芯片和存储器的字长都是 8 位，容量不够，所以需进行字扩充。存储器容量要求 16 KB，而单片容量为 2 KB，所以需用 8 片 2048×8 位的芯片来组成 16 K×8 位的存储器，如图 6.10 所示。每片存储器是 2 KB，故用地址总线的 A10～A0 直接与各存储芯片的地址输入线相连，即可片内寻址 2 KB。地址总线的高位 A15～A11 作为 74LS138 译码器的输入，8 条译码输出线分别作为片 2048×8 位芯片的片选信号。

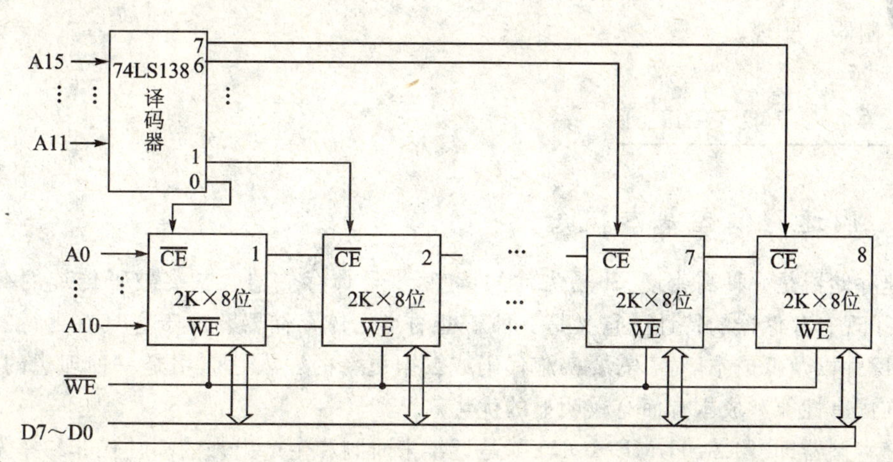

图 6.10 8 片 2048×8 位芯片组成 16 K×8 位的存储器

6.3 高速缓冲存储器(cache)

高性能微处理器有很高的工作频率和很强的处理能力,而微机系统中主存的存取速度就相对较慢了,使CPU的处理能力得不到充分的发挥,大大降低了整个微机系统的性能。为了缩小CPU和存储系统工作速度上的差距,在高档微机系统中常采用外部高速缓冲存储器。

高速缓冲存储器是由小容量的SRAM和高速缓存控制器组成。它的功能是把CPU要用到的数据由主存储器复制到SRAM中。这样CPU就可以直接访问高速缓存器,不必访问低速的主存储器,实现零等待状态。主存储器用DRAM芯片组成。它和高速缓存器一起构成动态存储器系统。由于DRAM价格低廉,用DRAM芯片组成大容量的主存储器,而高速缓存的容量小得多。这样,使这种存储系统得到良好的价格性能比。在这种存储系统中,主存储器分成块,一块若干字节。高速缓冲控制器则根据CPU所需数据决定将主存中的哪个数据块移入SRAM中。cache的基本结构示意图如图6.11所示。

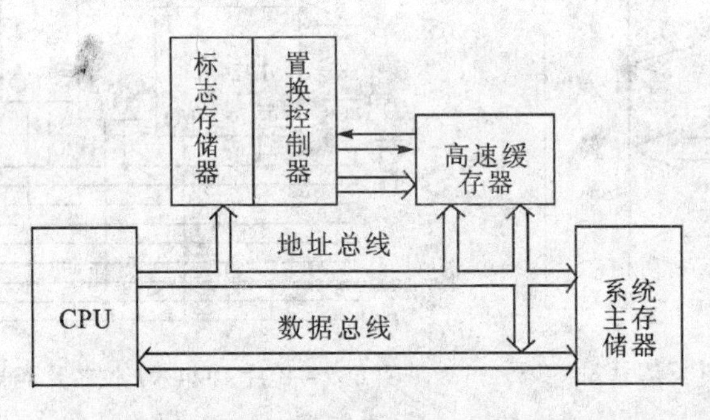

图6.11 cache的基本结构示意图

图6.11中标志存储器的作用是存放由内存复制到SRAM中的内容所在的内存地址标记,即将CPU送出的内存地址高位部分同存放在其内部的地址标记进行比较。若匹配,CPU将从SRAM中读出数据;若不匹配,则必须执行对DRAM的访问,使CPU获得所需的数据。同时将此内存单元内容及相邻近单元的内容存入SRAM中。若高速缓存器已满,便根据某种替代算法(如FIFO算法和最近最少使用算法),替换掉Cache中原来的某块信息。这个工作由置换控制器来实现。

6.4 闪速存储器

6.4.1 闪速存储器基本概念

闪速存储器是一种高密度、非易失性的读/写半导体存储器。它突破了传统的存储器体系,改善了现有存储器的特性。它又是一种新型的半导体存储器。由于它具有可行的非易失性、电擦除性以及低成本,对于需要实施代码或数据更新的嵌入性应用是一种理想的存储器,而且它在固有性能和成本方面有较明显的优势。

闪速存储器即“FLASH MEMORY”,是近年来研制和生产出来的新一代非易挥发性只读存储器。在各种微机控制系统中,需要各种半导体储存器,如用ROM存放程序,用RAM暂存中间数据等。然而,在现代工业设计中,又越来越多地会遇到下面的情况:一是要求系统的程序和常数能够随工作环境和系统特性的改变而随时修改,以实现产品的智能化;二是掉电后能够保护现场数据,希望有一种与普通 RAM 一样能快速读写,而掉电后又不挥发的存储器件。基于以上两种原因,现代微机系统中,大量需要一种能多次编程、擦写快捷简便、容量大、外围器件最少,同时又价格低廉的非易挥发存储器件。闪速存储器正是应这一需要发展起来的。因此,从功能上看,闪速存储器也即日常所说的"E^2PROM"。它可以说是最新一代的"E^2PROM",就其优越的性能来说,"FLASH"一词更能反映该种器件性能的特点。新一代闪速存储器具有以下功能。

6.4.1.1 低电压在线编程,使用方便,可多次擦写

现代的闪速存储器都只使用 5 V 或 3 V 单电源供电,而编程时所需的高压及时序均由片内的编程电路自动产生,外围电路少,编程就像装载普通 RAM 一样简单,而高压编程电流也只有几个 nA,因此非常适合于应用系统中进行在线编程和修改,在智能化的工业控制和家电产品等方面都得到了很广泛的应用。其可重复擦写寿命,也都在 1 000 次以上,能够满足许多场合的需要。

6.4.1.2 小扇区编程,灵活,速度快

大部分的闪速存储器产品,都以小扇区为单位进行编程(几十字节~几百字节为一个扇区),程序的修改可以逐扇区单独进行,而不需要进行整片的"预擦除",系统也无须开辟大容量的缓冲区以存放不修改的其他扇区的内容,使程序修改方便,灵活。每扇区的编程时间只有 10 ms 左右。所以,编程整块芯片,也可以在几秒钟内完成,编程速度快。如果仅是对部分扇区进行修改,那速度就更快,而不像过去的芯片那样,需用几分钟的时间进行整片的擦除和再编程。

6.4.1.3 编程算法简单、统一

采用同一算法编程,其中最简单的算法就是:首先查询器件标识,确定扇区容量,之后以最快的总线速度装载一个扇区数据并等待 10 ms。此时器件自动将一个扇区写入存储矩阵。这个时间称器件的"编程周期"循环,开始下一扇区的装载,直至编完所需扇区。当然还有另一种更快的算法,即查询式编程算法。它是在器件进入编程周期后不断查询写操作是否完成,一旦完成马上开始下一扇区的装载而不需每次都等待 10 ms,从而使编程时间缩短。

除了上述的数据保护功能外,在某些采用闪速存储器的单片机产品中还设有数据加密功能。加密位一旦被编程为有效,则无法从外部读出程序内容,除非将整片芯片擦除,这样,就起到了程序保密的作用。

6.4.2 闪速存储器的工作原理

6.4.2.1 单元的工作原理

主要有两种技术来改变存储在闪速存储器单元的数据:沟道热电子注入(CHE)和 Fowler—Nordheim 隧道效应(FN 隧道效应)。所有的闪速存储器都采用 FN 隧道效应来进行擦除。至于编程,有的采用 CHE 方法,有的采用 FN 隧道效应方法。

由于在 CHE 注入过程中,浮栅下面的氧化层面积较小,所以对浮栅下面的氧化层损害较小,因此其可靠性较高;但缺点是编程效率低。FN 法用低电流进行编程,因而能进行高效而低功耗的工作,所以在芯片上电荷泵的面积就可以做得很小。

为了减少闪速存储器的单元面积，可以采用负栅压偏置。由于在字线（接存储单元的栅）上接了负压，接到源上的电压就可以减小，从而减少了双重扩散的必要性。所以源结可以减小到 0.2 nm。负栅偏置的闪速存储器还有一个优点，就是通过字线施加负压可以实现字组擦除（通常一个字组为 2KB）。

6.4.2.2 电路工作原理

以一种 1 MB 闪速存储器为例，简单说明闪速存储器的擦除和编程的电路原理。当擦除时，阵列中所有单元的源结都接到 12 V 电压上，所有以字节为单位的都接地，内部擦除确认电路和适当的擦除算法相结合，使擦除阈值小于 V_{temax}。如果一些字节需要擦除多于 1 次才能达到希望的擦除阈值 V_{temax}，那么擦除和验证程序将进行迭代。当选择栅和漏结接高电位，而源端接地时，热电子由漏结注入到浮栅，内部编程确认电路保证单元的编程阈值大于或等于 V_{tpmin}。由于编程发生在漏结，而擦除发生在源结，所以应分别对它们进行优化。

6.4.3 闪速存储器的技术

6.4.3.1 闪速存储器的技术分类

全球闪速存储器的主要供应商有 AMD，ATMEL，Fujistu，Hitachi，Hyundai，Intel，Micron，Mitsubishi，Samsung，SST，SHARP，TOSHIBA，由于各自技术结构的不同，分为几大阵营。

1. NOR 技术

NOR 技术闪速存储器是最早出现的闪速存储器，目前仍是多数供应商支持的技术结构。它源于传统的 EPROM 器件，与其他闪速存储器技术相比，具有可靠性高、随机读取速度快的优势，在擦除和编程操作较少而直接执行代码的场合，尤其是纯代码存储的应用中广泛使用，如 PC 的 BIOS 固件、移动电话、硬盘驱动器的控制存储器等。

NOR 技术闪速存储器具有以下特点：1)程序和数据可存放在同一芯片上，拥有独立的数据总线和地址总线，能快速随机读取，允许系统直接从 Flash 中读取代码执行，而无须先将代码下载至 RAM 中再执行；2)可以单字节或单字编程，但不能单字节擦除，必须以块为单位或对整片执行擦除操作。在对存储器进行重新编程之前需要对块或整片进行预编程和擦除操作。由于 NOR 技术 Flash Memory 的擦除和编程速度较慢，而块尺寸又较大，因此擦除和编程操作所花费的时间很长。在纯数据存储和文件存储的应用中，NOR 技术显得力不从心。它主要用于以写入为主的应用，如 CompactFlash 卡中继续看好这种技术。

2. NAND 技术

NAND 这种结构的闪速存储器适合于纯数据存储和文件存储，主要作为 SmartMedia 卡、CompactFlash 卡、PCMCIA ATA 卡、固态盘的存储介质，并正成为闪速磁盘技术的核心。

NAND 技术闪速存储器具有以下特点：1)以页为单位进行读和编程操作，1 页为 256 B 或 512 B(字节)；以块为单位进行擦除操作，1 块为 4 KB、8 KB 或 16 KB。具有快速编程和快速擦除的功能。其块擦除时间是 2 ms；而 NOR 技术的块擦除时间达到几百 ms。2)数据、地址采用同一总线，实现串行读取。随机读取速度慢且不能按字节随机编程。3)芯片尺寸小，引脚少，是成本最低的固态存储器。4)芯片包含有失效块，其数目最大可达到 3～35 块(取决于存储器密度)。失效块不会影响有效块的性能，但设计者需要将失效块在地址映射表中屏蔽起来。

3. AND 技术

AND 技术与 NAND 一样采用“大多数完好的存储器”概念。目前，在数据和文档存储领域中是另一种占重要地位的闪速存储技术。

4. 由 E^2PROM 派生的闪速存储器

E^2PROM 具有很高的灵活性，可以单字节读写（不需要擦除，可直接改写数据），但存储密度小，单位成本高。这类器件具有 E^2PROM 与 NOR 技术闪速存储器二者折衷的性能特点：1）读写的灵活性逊于 E^2PROM，不能直接改写数据。在编程之前需要先进行页擦除，但与 NOR 技术闪速存储器的块结构相比其页尺寸小，具有快速随机读取和快速编程、快速擦除的特点。2）与 E^2PROM 比较，具有明显的成本优势。3）存储密度比 E^2PROM 大，但比 NOR 技术闪速存储器小。因其在性能上的灵活性和成本上的优势，使其在如今闪速存储器市场上仍占有一席之地。

6.4.3.2　闪速存储器中技术应用

1. 闪速存储器中的误差校正(ECC)技术

在闪速存储器中，用浮栅上电荷的多少来代表逻辑“0”和逻辑“1”。在擦除和编程过程中，由于隧道氧化层中存在高能电子的注入和发射，会带来缺陷和陷阱的产生。存储在浮栅上的电子会通过隧道氧化层的缺陷和陷阱泄漏。在读出时，由于 V_{CC} 加到控制栅，浮栅慢慢地收集电子。电子的泄漏和收集引起了存储晶体管阈值电压的减少或增大，并且可能引起随机位失效。

闪速存储器系统必须保证即使在经过 105～106 次擦写后存储的数据仍然能保持 10 年。通常用误差校正技术来提高闪速存储器的可靠性。

近年来，不带控制器的单闪速芯片的应用市场，如私人数字助理(PDAs)、IC 卡和数码摄像机等正在扩大，所以需要直接和 CPU 相连的闪速存储器。尽管带 ECC 的闪速存储器芯片与不带 ECC 的闪速存储器芯片相比，芯片面积增大 10%，但其价格却低。

在闪速存储器中，擦除操作以字组为单位进行，所以除了位出错率外（一般要求出错率低于 10^{-15}），还引入字组出错率，即在一个字组中出现错误的概率。对于 8 KB，字组出错率要求小于 10^{-10}。

2. 深亚微米闪速存储器技术

现在的闪速存储器已发展到 64 MB～128 MB。当工艺水平进一步发展时，商用闪速存储器将发展到(1/4)μm 时代，在这一时代，将面临 3 个主要问题：

一是存储单元的进一步缩小将导致周边电路设计规则出现严重问题。采用快速存取的方法，在不增加灵敏度放大器面积的前提下，保持了较高的单元密度，所以被认为是解决这一问题的较好方案。

二是在深亚微米闪速存储器中，电源电压已降到 2.5 V，器件的功耗进一步降低，其可靠性随之提高。所以需要有一个精确的电压发生器为存储单元提供所需要的阈值电压及较小的偏差。

三是由于容量将达到 256 MB，大容量存储单元将导致介质膜特性的偏移，所以必须采用高可靠性的电路设计技术。

6.4.4　闪速存储器的主要特点

闪速存储器展示出了一种全新的个人计算机存储器技术。作为一种高密度、非易失的读写半导体技术,它的特点适合作固态磁盘驱动器;或以低成本和高可靠性替代电池支持的静态 RAM。由于便携式系统既要求低功耗、小尺寸和耐久性,又要保持高性能和功能的完整,该技术的固有优势就十分明显。它突破了传统的存储器体系,改善了现有存储器的特性。其主要特点为:

6.4.4.1 固有的非易失性

它不同于静态 RAM,不需要备用电池来确保数据存留,也不需要磁盘作为动态 RAM 的后备存储器。

6.4.4.2 经济性好

Intel 的 1 MB 闪速存储器的成本按每位计,要比静态 RAM 低一半以上(不包括静态 RAM 电池的额外花费和占用空间)。闪速存储器的成本仅比容量相同的动态 RAM 稍高,但却节省了辅助(磁盘)存储器的额外费用和空间。

6.4.4.3 可直接执行

由于省去了磁盘到 RAM 的加载步骤,查询或等待时间仅决定于闪速存储器,用户可充分享受程序和文件的高速存取以及系统的迅速启动。

6.4.4.4 固态性能

闪速存储器用的是一种低功耗、高密度且没有移动部分的半导体技术。便携式计算机不再需要耗电以维持磁盘驱动器运行,或由于磁盘组件而额外增加体积和重量。用户不必再担心工作条件变坏时磁盘会发生故障。

6.4.4.5 优 势

综上所述,闪速存储器是以单晶体 EPROM 单元为基础的。因此,闪速存储器就具有非易失性,即使在供电电源关闭后仍能保持片内信息。这使它优于需要持续供电来存储信息的易失性存储器,如静态和动态 RAM。闪速存储器的单元结构和它具有的 EPROM 基本特性使它的制造特别经济,在密度增加时保持可测性,并具有可靠性。这几方面综合起来的优势是目前其他半导体存储器技术所无法比拟的。闪速存储器与 EPROM 相比较,系统可电擦除和可重复编程,而不需要特殊的高电压;与 E^2PROM 相比较,闪速存储器具有成本低、经济性好的特点。另外,与 EPROM 只能通过紫外线照射实施擦除的特点不同,闪速存储器可实现大规模电擦除。闪速存储器的擦除功能可迅速地清除整个器件中的所有内容,这一点优于传统的可修改字串的 E^2PROM。闪速存储器的工作原理是在 EPROM 功能基础上增加了电路的电擦除和重新编程能力。

总之,闪速存储器是一种低成本、高可靠性的读写非易失性存储器。从功能上讲,由于其随机存取的特点,闪速存储器也可看作是一种非易失的 ROM,因此,它成为能够用于程序代码和数据存储的理想器件。

6.4.5 发展趋势

存储器的发展都具有容量更大、体积更小、成本更低的趋势,这在闪速存储器行业表现得尤为淋漓尽致。随着半导体制造工艺的发展,主流闪速存储器采用 0.18 μm,甚至 0.15 μm 的制造工艺。借助于先进工艺的优势,闪速存储器的容量可以更大,外形变得更纤细小巧;先进的工艺技术也决定了存储器的低电压的特性,从最初 12 V 的编程电压,一步步下降到 5 V,3.3 V,2 V,1.8 V 单电压供电。这符合国际上低功耗的趋势,更促进了便携式产品的发展。

另一方面，新技术、新工艺也推动闪速存储器的位成本大幅度下降，使其具有了取代传统磁盘存储器的潜质。

世界闪速存储器市场发展十分迅速。其规模接近 DRAM 市场的 1/4，与 DRAM 和 SRAM 一起成为存储器市场的三大产品。闪速存储器的迅猛发展归因于资金和技术的投入。高性能、低成本的新产品不断涌现，刺激了闪速存储器更广泛的应用，推动了行业的向前发展。

存储器是计算机外围产品的重要组成部分。在经历了 ROM，PROM，EPROM 和 E^2PROM，如今已到了闪速存储器的时代。Flash 存储器以其低成本，高可靠性的读写、非易失性、可擦写性和操作简便而成为一系列程序代码和数据存储的理想器件，从而受到嵌入式系统开发者的欢迎。

闪速存储器以其集成度高、成本低、使用方便等许多优点和其独特的性能使其广泛地运用于各个领域，包括嵌入式系统，如 PC 及外设、电信交换机、蜂窝电话、网络互联设备、仪器仪表和汽车器件，同时还包括新兴的语音、图像、数据存储类产品，如数码相机、数字录音机和个人数字助理(PDA)，以及通信设备、办公设备、家用电器、医疗设备等领域。利用其保存信息的非易失性和在线更新数据参数的特性，可将其作为具有一定灵活性的只读存储器(ROM)使用。

习　题

1. 静态 RAM 和动态 RAM 各有什么特点？动态 RAM 一般用在什么场合？
2. ROM，PROM，EPROM 各有什么特点与用途？
3. 动态 RAM 为什么需要刷新？刷新操作和读操作有什么差别？
4. 写出下列两种 RAM 所需的地址线条数：

   64K×1 位　　　　512K×4 位
5. 若用 4K×1 位的 RAM 组成 16K×8 位存储器需要多少片芯片？
6. 用 1K×8 位的 RAM 芯片组成 8K×8 位的存储器，并画出电路连接示意图。
7. 闪速存储器的特点是什么？它与 E^2PROM 的区别和优势是什么？

第 7 章 中断系统

中断系统在微机系统中是一个重要的概念。本章将介绍中断系统的一些基本概念及 8086 的中断系统,之后将介绍一个可编程的中断控制器 8259A 的工作原理、工作方式及编程方法。

7.1 中断的基本概念

7.1.1 中 断

7.1.1.1 中断及中断源

所谓中断是指,在 CPU 正常运行程序时,由于内部事件或外部事件所引起的 CPU 暂时停止正在运行的程序,转而去执行请求 CPU 服务的内部事件或外部事件的服务子程序,待该服务子程序处理完毕后又返回到被中止的程序继续运行,这个过程叫中断。

引起中断的原因或来源叫中断源。

常见的中断源可有以下几种:

1) 故障中断,如电源掉电、内存奇偶错等;

2) 软件中断,如 CPU 执行某些指令或操作引起的中断等;

3) 输入输出设备中断,如打印机、CRT、磁盘等;

4) 实时时钟,如定时器提供的实时信号等。

7.1.1.2 中断系统的功能

为了满足中断的要求,一般中断系统应具有以下功能。

1) 能够正确识别中断请求,实现中断响应、中断处理及中断返回。

2) 能够实现中断优先级排队。首先赋予每个中断源的中断级别,当 CPU 响应中断时,应当首先响应级别最高的中断源的申请,体现了中断优先权排队。

3) 能够实现中断嵌套。当 CPU 在处理某一级中断时,若有高一级的中断请求,中断系统应能安排 CPU 暂时停止现行的中断处理,响应高一级的中断。

7.1.2 中断过程

7.1.2.1 可屏蔽中断与不可屏蔽中断

根据 CPU 处理中断请求的方法,可把中断分为可屏蔽中断和不可屏蔽中断两类。

可屏蔽中断是指能够被 CPU 禁止的中断,即 CPU 能够根据具体情况拒绝响应某些中断源的中断请求。一般它是由 CPU 内部中断允许触发器进行控制的。

不可屏蔽中断是指不能被CPU禁止的中断，即不受CPU内部中断允许触发器的控制，一旦中断源有中断请求，CPU将立即响应进行处理。

7.1.2.2 中断处理的全过程

CPU进行中断处理的过程可分为中断请求、中断排队、中断响应、中断处理及中断返回5个过程。

1. 中断请求

外设向CPU发中断申请，中断系统有权决定是否允许该申请被发向CPU。因此，外设发中断请求必须满足两个条件：一是外设要求CPU服务；二是该外设不被中断系统屏蔽。

2. 中断排队

发生在中断源之间，是中断系统根据中断源的工作性质，分轻重缓急安排优先顺序，使CPU首先响应高一级中断，称中断排队。中断排队的实现有两种方法：软件排队——程序+简单接口电路；硬件排队——包括优先权编码电路、优先权中断链排队、中断控制器。

(1) 软件排队

是用软件查询的方式，优先查询优先级较高的中断源请求，如图7.1所示。将外设的中断请求信号相"或"后，作为INT信号向CPU发中断请求，CPU可通过读取外设的状态端口来了解中断请求情况。CPU查询的顺序即为中断源的优先级顺序。

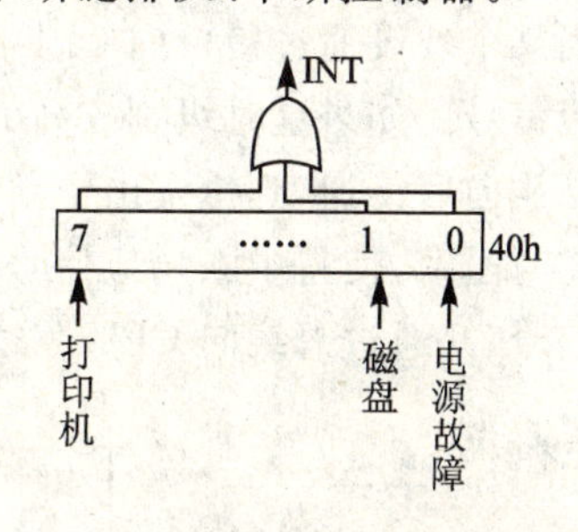

图7.1 用软件查询方式进行软件排队

关于查询程序如下。

CPU首先查询的是电源故障是否有中断请求：有，则转向电源故障的处理程序；没有，才依次继续查询磁盘的中断请求等。最后查询的是打印机的中断请求。因此在这段程序结构安排中，使得电源故障的优先级最高，其次是磁盘，打印机的优先级最低。

具体程序如下：

```
or   al,al
out  50h,al          ;送屏蔽位,开放所有中断
in   al,40h          ;读中断请求寄存器的内容
test al,01h          ;是否是电源故障请求
jnz  pnf             ;转电源故障处理程序
test al,02h          ;是否是磁盘请求
jnz  diss            ;转磁盘处理程序
test al,04h          ;是否是…
jnz  ll              ;转…
     ……
test al,80h          ;是否是打印机请求
jne  pp              ;转打印机处理程序
     ……
```

(2) 硬件排队

是通过硬件排队电路判断和确定中断源的优先级。简单的硬件排队电路可以用菊花链结

构来实现,如图 7.2 所示。

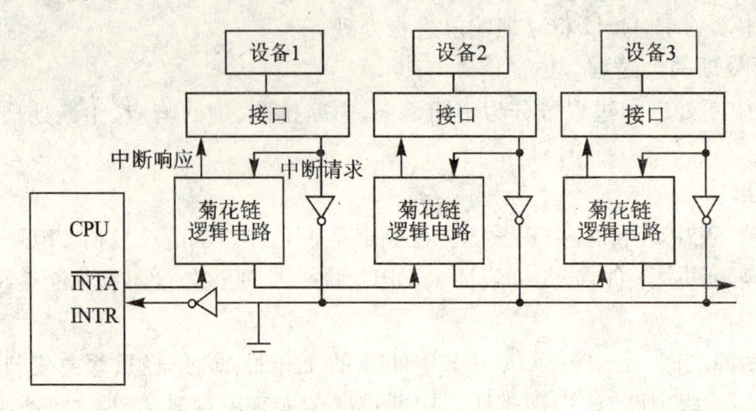

图 7.2 菊花链

当某个外设通过接口向 CPU 发出中断请求时,CPU 在允许的情况下,会发出低电平的中断响应信号。如果这时级别较高的设备没有发出中断请求信号,那么该响应信号可以通过菊花链结构向后传递,到达发出中断请求的设备接口,同时该级别的菊花链结构逻辑会对后面的电路实行阻塞,使得中断响应信号不再传往后面的接口;而收到中断响应的接口就会撤消中断请求信号,并通过总线向 CPU 发送中断类型码。CPU 由此找到中断处理子程序的入口地址,转向中断处理子程序的执行。图 7.3 是菊花链的内部电路逻辑图。从图 7.3 可以看到有了这种菊花链中断逻辑结构,使得各个外设接口在菊花链中由硬件安排了优先级的顺序,越靠近 CPU 的接口设备其优先级越高,而排在菊花链中较后的接口设备其优先级就较低。

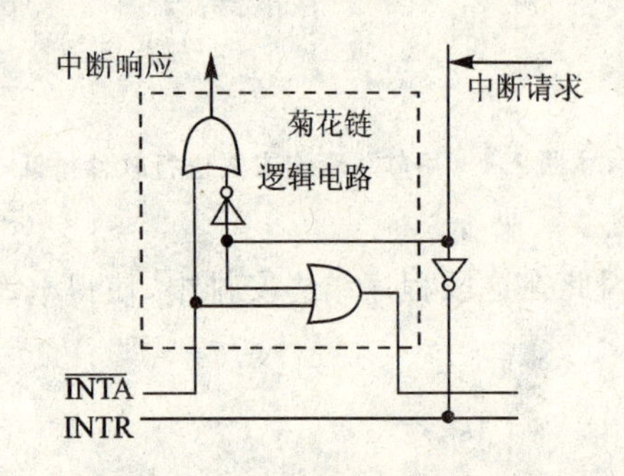

图 7.3 菊花链内部逻辑电路

当前在微机系统中,更为常用的方法是采用可编程的中断控制器,实现中断优先级的管理。下节将讨论可编程中断控制器 8259A 的工作原理和使用方法。

3. 中断响应

CPU 的中断系统决定为优先级别最高的中断请求服务时,查找相应的中断服务程序入口地址的过程,称为中断响应。

对于可屏蔽中断的响应,CPU 本身需要满足两个条件:一是 CPU 内部处于开中断状态;二是在 CPU 执行的现行指令结束后。对于非屏蔽中断的响应,CPU 只需满足后一个条件即可。

4. 中断处理

此时,进入到 CPU 的中断周期。CPU 要做以下几件事。

(1) 关中断(硬)

在 CPU 响应中断时,发出中断响应信号,同时内部自动关中断,以禁止接受其它的中断请求。

(2) 保留断点(硬)

将 CPU 下一条将要执行的指令地址进栈保存,以备中断处理结束后能够正确返回主程序断点处。

(3) 转向中断服务程序的入口地址(硬)

中断服务程序的入口地址送入指令指针寄存器中,使程序转向中断服务子程序执行。

(4) 执行中断服务程序(软)

即执行程序员编写的中断处理子程序。在编写中断处理程序时,应该注意以下几点。

1) 保护现场:为了使中断服务程序在返回主程序后不影响主程序的继续运行,在中断处理子程序的开始,要将有关的各个寄存器的内容和标志寄存器推入堆栈保护起来。

2) 开中断(用指令开中断):其目的是为了实现中断嵌套。因为在 CPU 响应中断后,CPU 内部自动关中断,禁止了所有可屏蔽中断的请求,开中断指令使得较高一级的中断请求可以得到响应,实现中断系统的基本功能,即屏蔽本级及低级中断,允许高一级中断请求。

3) 执行具体的中断处理子程序。

4) 关中断:为了保证正确恢复现场,在此期间禁止其它的中断请求。

5) 恢复现场:将程序开始保护的寄存器内容恢复,以便主程序的运行。

6) 开中断:返回主程序后能继续响应新的中断请求。

7) 返回:中断处理子程序的最后一条指令必须是中断返回指令。

5. 中断返回

从堆栈中弹出断点地址,返回被中断的程序。

7.2 8086 的中断结构

7.2.1 中断源类型

8086 有一个强有力的中断系统,可以处理 256 种不同的中断。每个中断对应一个类型码,所以 256 种中断对应 256 个中断类型码,编号为 0～255。

按中断产生的方法,这 256 种中断可以分为两大类:外部中断和内部中断,如图 7.4 所示。

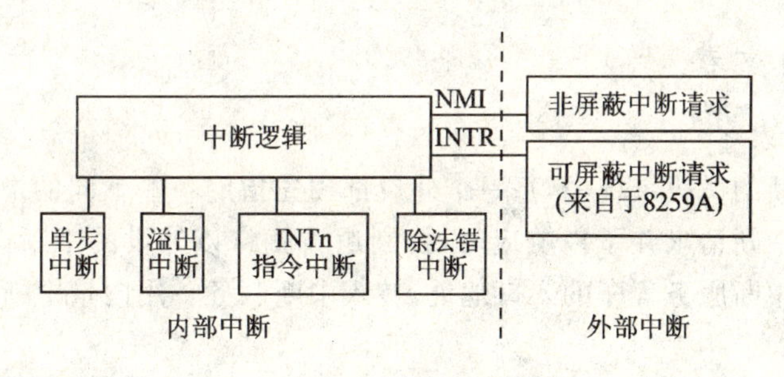

图 7.4　8086 的中断源

7.2.1.1 内部中断

内部中断,也称软件中断,是由 CPU 内部指令引起的中断。

1. 除法错中断

当 CPU 执行除法指令时发生,或除数为 0 或商超出了寄存器所能表示的范围时将引起除法错中断。此中断的中断类型码为 0。

2. 单步执行中断

CPU 内部设置陷阱,每一条指令执行后就产生中断,一般用于 DEBUG 调试,其中断类型码为 1。

3. 执行 INTO 指令产生中断

如果程序运行中,已使溢出标志置 1,那么 CPU 再执行 INTO 指令便可产生中断,否则该指令不起作用。该指令的中断类型码为 4。

4. INT n 指令中断

当 CPU 执行该指令时产生,中断类型码 n 告诉 CPU 调用哪个服务程序来处理此中断。n 的取值范围在 0～255 之间。

7.2.1.2 外部中断

外部中断,也称硬件中断,来自于 CPU 的中断引脚。其目的是处理随机发生的外部事件。中断当前正在占有 CPU 控制权的程序的执行,转去处理临时发生的外部事件。当外部事件处理完毕以后,再将 CPU 的控制权交还给被中断的程序。外部中断包括非屏蔽中断和可屏蔽中断。

非屏蔽中断通过 CPU 的 NMI 引脚引入,不受 CPU 内部中断允许标志 IF 的影响。非屏蔽中断的中断类型号为 2。

当 NMI 引脚上出现中断请求时,CPU 执行完当前指令,立即响应这个中断请求,并进行相应中断处理。因此非屏蔽中断的优先级是比较高的。在实际系统中,非屏蔽中断一般用来处理系统的重大故障,比如电源掉电、内存奇偶错等。

可屏蔽中断通过 CPU 的 INTR 引脚引入,它受 CPU 内部中断允许标志 IF 的影响。只有 IF 标志为 1 时,CPU 才能响应可屏蔽中断。如果 IF 标志为 0 时,则禁止可屏蔽中断。

在 8086 系统中,可屏蔽中断是通过可编程的中断控制器 8259A 进行管理的,可屏蔽中断首先向 8259A 发中断请求。8259A 在其内部控制逻辑的控制下,将满足要求的中断请求发向 CPU。8259A 可以管理多个可屏蔽中断。

7.2.2 中断向量表

7.2.2.1 中断向量表

在具有向量中断的微机系统中,每一个外设都预先指定一些不同的中断向量码。当 CPU 识别出某个外设的中断请求并予以响应时,控制逻辑就将该外设的中断向量码送入 CPU,以自动地提供相应的中断服务程序的入口地址,转入中断服务。用向量中断来确定中断源,主要是用硬件来实现的。

在 8086 系统中,采用的是向量中断。系统规定在内存的最低端 0 段的 0～03FFH 区域内的 1 KB 空间存放一张中断向量表,用于存放各个中断源的中断处理子程序的入口地址(称中断向量)。每个向量占 4 个字节,可存放 256 个中断向量。

图 7.5 显示了 256 个中断源所对应的中断类型码和中断向量在中断向量表中的对应排列规则。

从图 7.5 中可以看到,256 个中断源,每个中断源都有一个中断类型码,按其编号所对应的中断向量在内存的 0 段 0 单元起,有规则地顺序排列在中断向量表中。每个中断向量占 4 个字节,前两个字节存放中断处理子程序入口地址的偏移地址即 IP 指针的内容,低位字节放

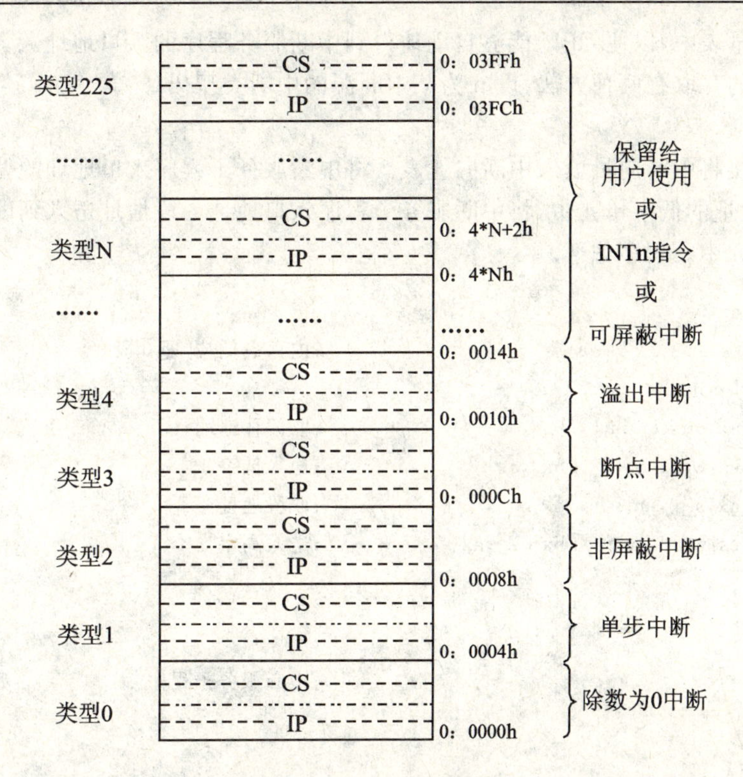

图7.5　8086中断向量表

在低地址单元，高位字节放在高地址单元；后两个字节存放中断处理子程序入口地址的段地址，即CS的内容。同样低位字节放在低地址单元；高位字节放在高地址单元。

中断类型码与中断向量所在位置的关系可用如下公式表示：

中断向量在中断向量表中的首地址＝中断类型号×4

比如，中断类型码为20h的中断所对应的中断向量存放在中断向量表0:0080h地址处开始连续的4个地址单元中，如果0080h，0081h，0082h，0083h这四个单元的内容分别为10h，20h，30h，40h，那么20h号中断所对应的中断向量即中断处理子程序的入口地址为4030:2010H。

又如，中断类型码为17h的中断处理子程序的入口地址为1234:5678H，那么该地址将被存放在中断向量表0:005Ch处开始的连续4个单元中，即在0段的005Ch，005Dh，005Eh，005Fh4个单元的内容分别为78h，56h，34h，12h。其存放规则为低位地址在低地址单元；高位地址在高地址单元。

图7.5中，256个中断源的前5个是专用中断。它们有着明确的定义。类型0的中断为除数为0的中断；类型1的中断为单步中断；类型2的中断是非屏蔽中断；类型3的中断是指令中断中的断点中断，即INT 3h；类型4中断为溢出中断INTO。在这5个专用中断中，除2号非屏蔽中断外，其余都属于内部中断。

其他的中断类型可供中断指令或外部中断使用。原则上这些中断可供用户使用，但实际上，有一些已被系统占用，如DOS系统功能调用中的INT 21h中断指令、BIOS功能调用中的INT 10H中断指令等。

用户在对中断系统进行设计时，首先要将外设的中断服务子程序的入口地址（中断向量）

填入到中断向量表中,以便CPU能够自动地得到中断服务程序的入口地址。

中断向量的存取有两种方法,设n为某中断源的中断类型码。

1. 直接存取

用指令直接将中断向量填入中断向量表。将中断服务子程序入口地址的偏移地址送入到以 $n\times4$ 为表地址的低字单元中,将中断服务子程序入口地址的段地址送入到以 $n\times4+2$ 为表地址的高字单元中。程序如下。

```
mov  ax,0
mov  es,ax                              ;内存最低端,即0段
mov  bx,n*2
mov  ax,offset  int1                    ;取偏移地址
mov  es:word  ptr  [bx],ax              ;送入低字
mov  ax,seg  int1                       ;取段地址
mov  es:word  prt  [bx+2],ax            ;送入高字
sti
⋮
int1  proc                              ;中断服务子程序
⋮
iret
int1  endp
```

如果要利用原有的中断类型码,一般要将原向量取出来保存后,再将新的的中断向量填入到中断向量表中,程序结束后,再将原向量恢复。直接从中断向量表中取出中断向量的程序如下。

```
push  ds
mov  ax,0
mov  ds,ax                              ;内存最低端
mov  dx,[n*4+2]
mov  es,dx                              ;高字即段地址送es
mov  dx,[n*4]                           ;低字即偏移地址送dx
pop  ds
```

2. 利用DOS系统功能调用进行中断向量的存取

利用DOS系统功能调用的25h号子功能可以把中断向量放入相应的中断向量表中。

```
mov  al,n                               ;中断类型码送al
mov  ah,25h                             ;DOS子功能号送ah
mov  dx,seg  int1
mov  ds,dx                              ;段地址送ds
mov  dx,offset  int1                    ;偏移地址送dx
int  21h
sti
```

```
⋮
int1    proc                                    ;中断服务子程序
⋮
iret
int1    endp
```

利用DOS系统功能调用的35h号子功能可以从中断向量表中取出中断向量。

```
mov   al,n
mov   ah,35h
int   21h
```

在es:bx中得到中断类型码为n的中断向量,段地址在es中,偏移地址在bx。

内部中断有如下几个特点。

1) 类型号已确定。所有内部中断的中断类型码要么系统已经预先规定好,如除法错中断的类型码系统规定为类型0;单步中断的类型码规定为类型1;溢出中断的类型码规定为类型4等。要么中断类型码包含在指令当中,如指令中断INT *n*,*n*即为中断类型码等。

2) 不执行中断响应总线周期。由于内部中断的中断类型码已确定,所以它不需要外设送上中断类型码,因此也就不需要输出两个$\overline{\text{INTA}}$负脉冲,即不需要执行中断响应周期来取得中断类型码。

3) 除单步中断外,都属于非屏蔽中断。所有的内部中断都不受内部中断允许标志IF的影响。只要有内部中断请求,CPU就一定会响应,即内部中断不可被禁止。

4) 除单步中断外,任何内部中断的优先级都比外部中断的高。

5) 无随机性。内部中断都是由程序员事先安排在程序段的某个地方,因此系统知道内部中断在什么时候发生。

外部中断是处理随机发生的外部事件,因此外部中断具有以下的特点。

1) 非屏蔽中断的类型号已确定,为2号中断,而且非屏蔽中断不能被禁止,也不需要执行两个中断响应周期。一旦有中断请求,CPU执行完当前指令立即响应进行处理。

2) 对于可屏蔽中断CPU在响应中断时,需要执行两个中断响应总线周期,发出两个$\overline{\text{INTA}}$负脉冲:

第一个$\overline{\text{INTA}}$负脉冲,通知中断控制器,中断已被响应;第二个$\overline{\text{INTA}}$负脉冲,要求中断控制器将中断源的中断类型码送上数据总线,供CPU读入,以取得中断服务程序的入口地址。

7.2.2.2 8086对中断的响应

1. 中断响应时序

以上讨论过,8086 CPU对可屏蔽中断的响应需要执行两个中断响应总线周期,输出两个$\overline{\text{INTA}}$负脉冲。如果CPU接收到一个送到它的INTR引脚上的中断请求信号,并处于允许中断的状态,就在处理完当前指令的下一个总线周期开始中断响应。

中断响应过程需要占用2个总线周期。如图7.6所示,在每个总线周期的T2～T4状态各输出一个$\overline{\text{INTA}}$负脉冲,在第二个总线周期的T2～T4状态内,CPU在低8位数据总线上得到接口送来的中断类型码。如果是8086系统,在两个总线周期之间还需要加2～3个空闲状态TI,以满足时序要求。

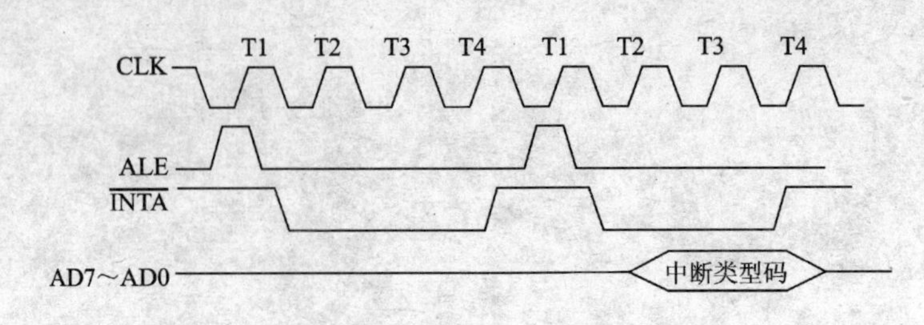

图 7.6　中断响应总线周期

2. 中断过程

在 8086 系统中 CPU 对于可屏蔽中断的响应需要执行以下 7 个总线周期及 7 个动作。

1) 执行两个中断响应总线周期，用于取得中断类型码。

2) 执行 1 个总线写周期，将程序状态字 PSW 内容入栈保护。

3) IF＝0，TF＝0，即内部关中断。

4) 执行 1 个总线写周期，将下一条指令的段基址 CS 寄存器的内容入栈保护。

5) 执行 1 个总线写周期，将下一条指令的段内偏移地址 IP 寄存器的内容入栈保护。

6) 执行 1 个总线读周期，将中断向量的前两个字节即偏移量送 IP 寄存器。

7) 执行 1 个总线读周期，将中断向量的后两的字节即段值送 CS 段寄存器。

对于非屏蔽中断和软件中断来说，它们不需要执行第一步，只需从第二步开始。

例 7.1　CPU 执行 INT n 指令的过程。

CPU 在执行 INT n 指令中断时，内部的变化过程可分为以下 4 个步骤。

1) $\begin{cases}(SP) \Leftarrow (SP-2) \\ ((SP)+1:(SP)) \Leftarrow PSW\end{cases}$　；程序状态字进栈保护

2) $\begin{cases}IF \Leftarrow 0 \\ TF \Leftarrow 0\end{cases}$　；清除 IF 和 TF 标志，即内部关中断

3) $\begin{cases}(SP) \Leftarrow (SP)-2 \\ ((SP)+1:(SP)) \Leftarrow CS \\ (SP) \Leftarrow (SP)-2 \\ ((SP+1:(SP)) \Leftarrow IP\end{cases}$　；断点地址进栈保护

4) $\begin{cases}(CS) \Leftarrow (n \times 4+2) \\ (IP) \Leftarrow (n \times 4)\end{cases}$　；实现向量 n 的中断转向

例 7.2　8086 的 CPU 处理可屏蔽中断的处理过程。如图 7.7 所示，它是用中断方式传送一个数据的过程。

1) 外设通过接口向 CPU 发中断请求。

2) CPU 在内部中断允许标志 IF＝1，并且当前指令执行完后，响应中断，并输出响应信号。

3) 接口在收到中断响应信号后，送上外设的中断类型码 n。

4) CPU 控制将当前的程序状态字，即 PSW 的内容、代码段 CS 的内容以及指令指针 IP 的内容依次进栈保护。

5) CPU 内部自动关中断，即将程序状态字中的 IF，TF 标志清 0。

6) CPU 根据中断类型码 n 找到中断服务程序的入口地址，即将($4 \times n$)地址中的内容送

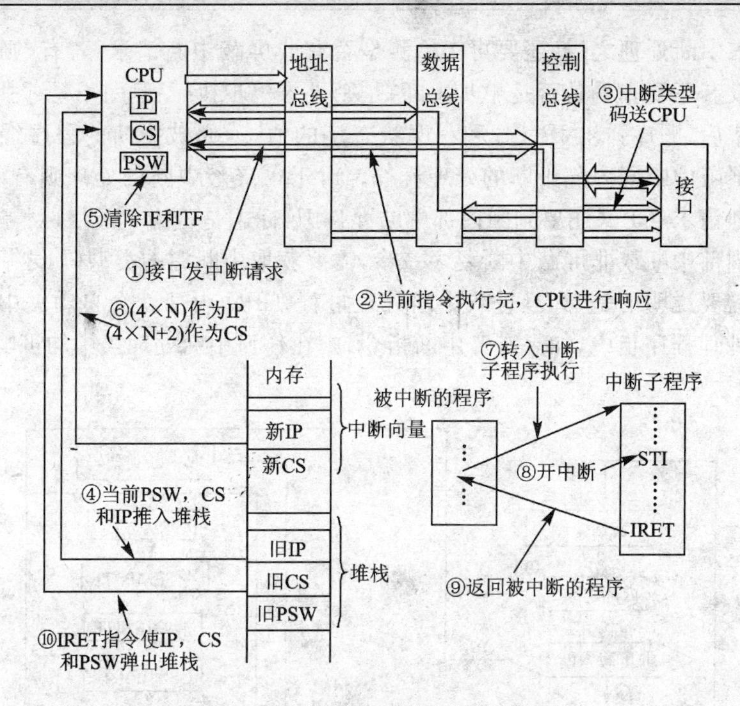

图 7.7　8086 对可屏蔽中断的响应过程

入 IP、$(4\times n+2)$地址中的内容送入 CS。

7）转入中断服务子程序

8）在中断服务子程序中，应安排一条开中断指令，以便能够实现中断嵌套。

9）在中断服务子程序的最后一条指令应该是中断返回指令，以便返回被中断的程序。

10）中断返回指令将使栈顶中的内容，即 IP，CS 及 PSW 依次出栈。

7.2.3　中断源优先级

8086 系统中断的优先级如下：

高
- 除法错中断
- 溢出中断
- INTn 指令中断
- 非屏蔽中断
- 可屏蔽中断
- 单步中断

低

除单步中断外所有内部中断的优先级最高，其次是非屏蔽中断，之后是可屏蔽中断，单步中断的优先级最低。

8086 系统在进行中断处理时，是按照图 7.8 的顺序对中断源进行中断处理的。CPU 在每条指令结束的最后一个时钟周期，将按照优先级的顺序查询中断源。首先查看是否有内部中断请求，没有查看是否有非屏蔽中断请求，是否有可屏蔽中断请求，最后才查询是否有单步中断，均没有 CPU 顺序执行下一条指令。如果内部中断源有中断请求，则进入相应的中断处理过程。在这个过程中，CPU 先将程序状态字推入堆栈，清除 IF 和 TF 标志，再将 CS 和 IP

推入堆栈。转入中断处理之后，还要再次检测是否有非屏蔽中断请求，若有，则首先处理非屏蔽中断请求。没有还要查看是否是单步中断，是则进入单步执行程序；不是才执行该中断处理程序。执行完毕后，顺序弹出 IP，CS 和程序状态字的值，返回被中断的程序继续执行下一条指令。对于非屏蔽中断同内部中断的处理流程。对于可屏蔽中断的处理则有些不同，一旦发现有可屏蔽中断请求，CPU 还要判断内部中断允许 IF 标志是否为 1。为 1 才响应可屏蔽中断的请求。它比内部中断或非屏蔽中断要多一步，需要获取中断源的类型码，之后同内部中断处理。还有一点需要说明的是，一旦进入中断处理过程，CPU 内部就会自动关中断。但是在用户编写的中断处理程序当中，如果有开中断指令，则在任何中断处理当中均可响应可屏蔽中断的请求。

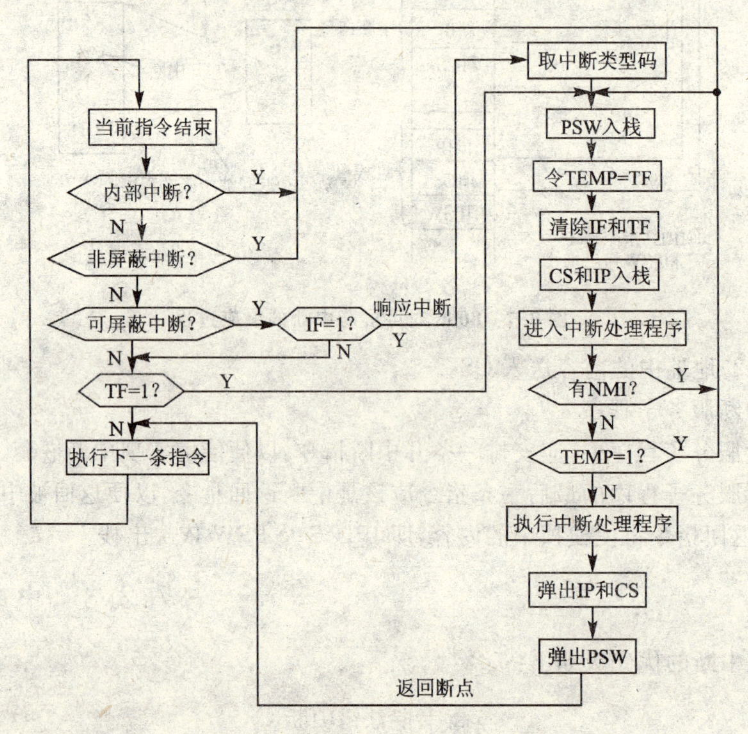

图 7.8 8086 系统对中断的处理顺序

7.2.4 BIOS 系统功能调用

驻留在 ROM 中的基本输入输出系统 BIOS 功能调用提供了主要 I/O 设备的中断处理程序以及 I/O 接口控制等功能模块。这些功能调用可以利用上述的 INT n 中断指令实现，只是需要对不同的功能模块设置一些入口参数即可。BIOS 功能调用更接近硬件，需要对硬件的了解更多一些。而 DOS 系统功能调用则对硬件的依赖更少。

常用的 BIOS 功能调用有：

```
int    16h                                  ;键盘
int    10h                                  ;显示器
int    17h                                  ;打印机
int    1ah                                  ;实时时钟
```

```
int    13h                        ;磁盘
```

如 16h 键盘调用，则有：

```
mov   ah,1
int   16h
```

7.3　可编程中断控制器

7.3.1　中断控制器的功能

中断控制器就是在有多个中断源的系统中，接收外部的中断请求，并进行判断，选出当前优先级最高的中断请求，并将此请求送到 CPU 的 INTR 引脚。CPU 响应后，仍负责外部中断源的请求管理。当发现优先级更高的中断请求，会把此请求再次送往 CPU，实现中断嵌套。

本节介绍 Intel 系列的可编程中断控制器 8259A 的工作原理、工作方式和编程方法。图 7.9是 8259A 的内部结构图。它包含以下几部分。

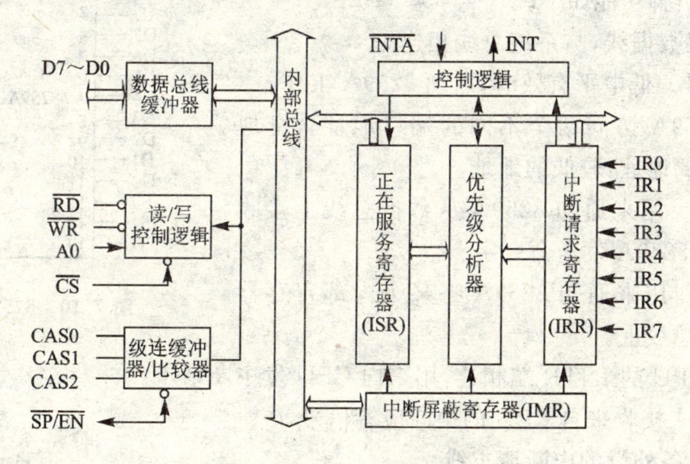

图 7.9　8259A 的内部结构

1) 中断请求寄存器(IRR)和正在服务寄存器(ISR)：IR 输入线上的中断请求信号由两个级联的寄存器进行处理，即 IRR 和 ISR。IRR 用于存放正在请求服务的所有中断级；ISR 用于存放正在被 CPU 服务的所有中断级。

2) 中断屏蔽寄存器(IMR)：该寄存器表示要屏蔽中断请求线上的哪些位。IMR 对 IRR 起屏蔽作用。屏蔽优先级较高的输入不影响优先级较低的中断请求线。

3) 优先级分析器：该逻辑部件确定 IRR 中置'1'的各位的优先级。优先级最高的被选出来，并用$\overline{\text{INTA}}$负脉冲选通送入 ISR 的对应位。

4) 数据总线缓冲器：三态双向的 8 位缓冲器用来把 8259A 接至系统数据总线上去。控制信息和状态信息，都是通过数据总线缓冲器传送的。

5) 读写控制逻辑：该部件用于配合数据总线缓冲器进行工作。其功能是接受 CPU 送来的输出命令，包括初始化命令字和操作命令字，用于存放操作时的各种控制格式；该部件还能将 8259A 的状态传送到数据总线上去。

6) 级联缓冲器/比较器：该部件存储并比较系统中所用的全部 8259A 的 ID 号。有关的三条引脚(CAS0～CAS2)，在 8259A 用作主片时是输出端；用作从片时是输入端。该 8259A 把提出中断请求的从片的 ID 号送入 CAS0～CAS2 线，在两个连续的$\overline{\text{INTA}}$脉冲期间，被选中的从片将把预先编定的中断向量码放入数据总线。

7) 控制逻辑：可将 IR7～IR0 上的中断请求信号发向 CPU 的中断请求引脚，并控制接收 CPU 发来的中断响应信号。

8259A 要求中断应答信号由两个负脉冲组成。在 8086 系统中，如果 CPU 在前一个总线周期收到中断请求信号，并且中断允许标志为 1，且一条指令执行完，那么，在当前总线周期和下一总线周期中，CPU 将在$\overline{\text{INTA}}$引脚上分别发一个负脉冲，作为中断响应信号。在第二个负脉冲结束时，CPU 读取 8259A 送上数据总线的中断类型码。

7.3.2　8259A 的引脚及其编程结构

7.3.2.1　8259A 的引脚信号

8259A 的引脚如图 7.10 所示。

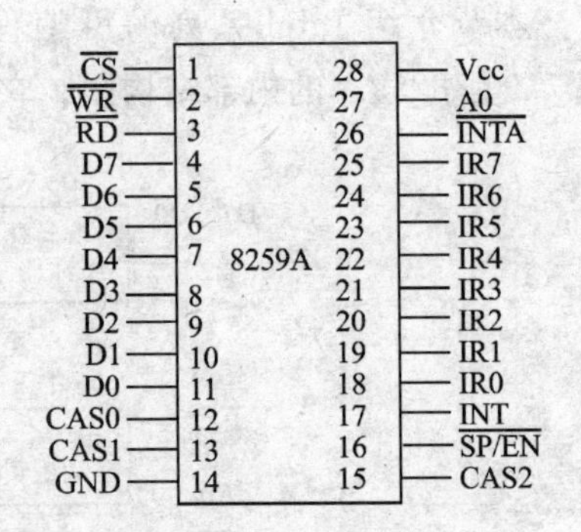

图 7.10　8259A 的引脚

8259A 的各引脚功能如下。

D7～D0：8 根数据线，与系统总线相连。

$\overline{\text{CS}}$：片选信号。低电平有效时，启动 8259A 工作。

A0：提供 8259A 访问两个不同的端口地址。奇地址：较高的地址；偶地址：较低的地址。

$\overline{\text{WR}}$：写信号。用来通知 8259A 从数据总线上接收数据，即 CPU 往 8259A 发送命令字。

$\overline{\text{RD}}$：读信号。用来通知 8259A 将某个内部寄存器的内容送到数据总线上。

INT：它和 CPU 的 INTR 端相连，用来向 CPU 发中断请求。

$\overline{\text{INTA}}$：它用来接收来自 CPU 的中断应答信号。

IR7～IR0：8 条外设的中断请求线。

CAS2～CAS0：8259A 级联时指出具体的从片。

$\overline{\text{SP}}/\overline{\text{EN}}$：双向。作为输入时，确定 8259A 是主控，还是从控。为 1 作为主控(+5 V)；为 0 作为从控(0 V)；作为输出时，当数据从 8259A 往 CPU 传输时，控制数据总线收发器。

7.3.2.2　8259A 的寻址

如上所述 8259A 有一个片内选择信号 A0，为 8259A 提供两个端口地址，访问 8259A 内部所有的寄存器。8259A 要求这两个地址为一奇一偶地址；较低的为偶地址，较高的为奇地址。在 8088 系统中，对外数据总线是 8 根，因此可将 8259A 的数据线直接和系统数据线相连，一般用 8088 的低位地址线 A0 与 8259A 的 A0 相接。寻址时，输出一奇一偶两个地址即可满足 8259A 的寻址要求。而在 8086 系统中，对外数据总线为 16 根。为方便起见，将 8259A 的 8 根数据线连接到 8086 数据总线的低 8 位上。由于 8086CPU 的低 8 位数据总线总是和偶地址单元对应，为此，一般可将 8086 系统的 A1 和 8259A 的 A0 相连，而 8086 的 A0 在寻址时保持为 0，即 A1 为 0。选中 8259A 的偶地址。A1 为 1，选中 8259A 的奇地址。这样即满足 8259A 一奇一偶的地址要求，又满足 8086 系统在访问偶地址端口时数据通过低 8 位数据总线进行交换信息的要求。

7.3.2.3 8259A的编程结构和工作原理

在8259A内部有7个命令寄存器,包括4个初始化命令字和3个操作命令字,分别用于编程设定8259A的各种工作方式。在其内部还包括中断请求寄存器、优先级分析器和当前正在服务的寄存器。8259A的工作原理如下。

1) 中断请求寄存器IRR接收外部中断源的中断请求,与IR7～IR0引脚相对应,当中断源有请求之后,将信号锁存在IRR中。

2) 中断请求寄存器IRR中的被置位与中断屏蔽寄存器IMR的相应位比较,如果没有被屏蔽,信号被送入优先级分析器。

3) 优先权分析器根据IRR送上来的信息,确定优先级最高者,并使INT=1送CPU。

4) 当CPU的内部中断允许标志IF=1,较高一级的ISR已被清除,CPU完成当前指令后进入中断过程,并发出两个$\overline{\text{INTA}}$负脉冲。8259A收到第一个$\overline{\text{INTA}}$负脉冲:

- 禁止IRR不再受IR7～IR0的进一步变化的影响(直到第二个$\overline{\text{INTA}}$结束);
- 使ISR的相应位置位;
- 清除相应的IRR位。

第二个$\overline{\text{INTA}}$负脉冲到来时,使8259A将内部寄存器ICW2的当前内容(中断类型号)放到数据总线D7～D0上,送往CPU。

5) 如果ICW4中AEOI位=1,在第二个$\overline{\text{INTA}}$负脉冲结束时,ISR中被第一个$\overline{\text{INTA}}$负脉冲置位的位被清除;若AEOI=0,则等到中断结束命令送到OCW2后,才清除ISR中相应的位。

7.3.3 8259A的编程控制

8259A接受CPU产生的两种类型的命令字。

1) 初始化命令字(ICW) 在正常操作开始之前,必须将系统中每个8259A预置成一个状态,且在整个工作过程中保持不变。

2) 操作命令字(OCW) 这是一些命令8259A以各种中断方式进行工作的命令字。它们用来对中断处理过程作动态控制。经过初始化后,任何时候都可以向8259A写入OCW。

7.3.3.1 初始化命令字

1. ICW1的格式

ICW1称芯片控制初始化命令字。它是8259A初始化的第一个命令字,必须写入偶地址端口,即8259A的A0=0。ICW1的格式及说明见图7.11所示。

D4位恒为1,是ICW1的标识位,用于区别另外两个偶地址的命令字OCW2,OCW3。

LTIM设定的是中断请求触发方式。LTIM=0为边沿触发方式;LTIM=1为电平触发方式。

SNGL指明系统中8259A是否处于级联状态。SNGL为1表明系统中只有一片8259A;SNGL为0表明系统中有多片8259A,处于级联方式。

IC4决定系统是否需要初始化ICW4。在8086系统中需要初始化ICW4,因此IC4位应设为1。

D7,D6,D5及D2位8086系统不用,可设为0。

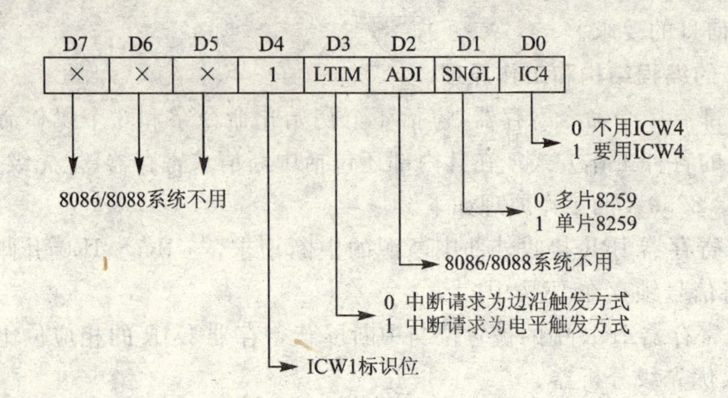

图 7.11 ICW1 格式及说明

2. ICW2 的格式

ICW2 是设置中断类型码的初始化命令字,紧随在 ICW1 之后 8259A 初始化的第二个命令字。它必须写在奇地址端口,即 8259A 的 A0=1。ICW2 的格式如图 7.12 所示。

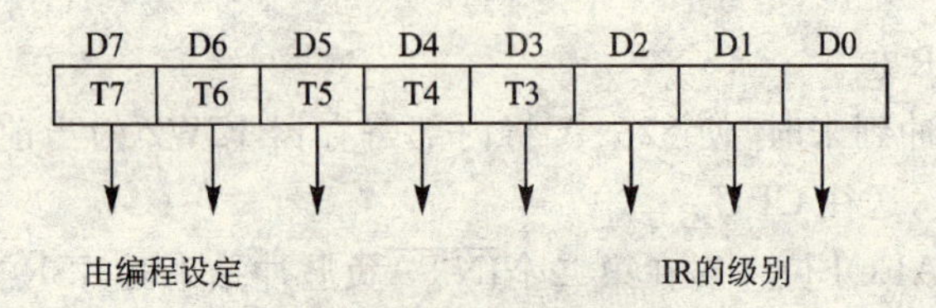

图 7.12 ICW2 的格式

高 5 位是中断类型码的高 5 位,由编程时设定;低 3 位指明引入中断的引脚(IR0~IR7)序号。ICW2 一旦设定,IR0~IR7 引脚引入的 8 个中断源的中断类型码就随之确定了。

3. ICW3 的格式

ICW3 是主从芯片初始化命令字,只有在 ICW1 中的 SNGL 位为 0 时,即 8259A 处于级联方式时才初始化 ICW3。ICW3 占据奇地址端口,即 8259A 的 A0=1。初始化时,主、从 8259A 均需要初始化,但其主、从初始化时的格式不一样。

此时,主 8259A 的格式见图 7.13 所示;从 8259A 的格式如图 7.14 所示。

D7	D6	D5	D4	D3	D2	D1	D0
IR7	IR6	IR5	IR4	IR3	IR2	IR1	IR0

图 7.13 主 8259AICW3 的格式

如果主 8259A 的某一 IR 引脚上连有从片,则对应位为 1;如果没有连接从片,则对应位为 0。

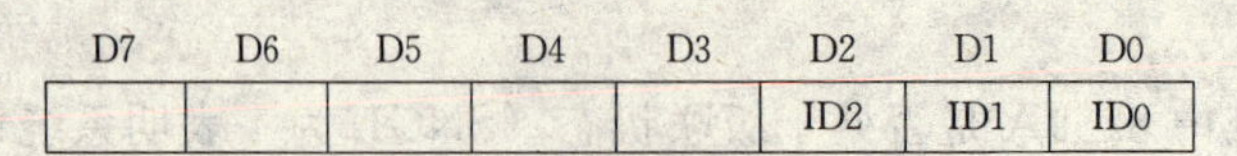

图 7.14 从 8259A 的 ICW3 格式

如果该从片连接到主 8259A 的某一 IR 引脚上,则低 3 位为该引脚的序号。

如果系统中只有单片 8259A,则不需要初始化 ICW3。

4. ICW4 的格式

ICW4 称方式控制初始化命令字。如果用在 8086 系统，即 ICW1 中的 IC4 位为 1，那么需要初始化该命令字。它占据奇地址端口，即 8259A 的 A0＝1。ICW4 的格式及说明如图 7.15 所示。

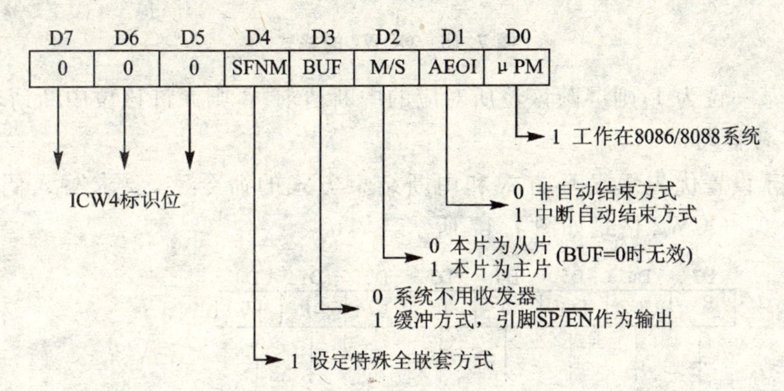

图 7.15　ICW4 的格式及说明

SFNM 位用于设定特殊全嵌套方式。这种方式一般用于多片 8259A 系统。

BUF 位为 1，则为缓冲方式。在缓冲方式下，8259A 是通过总线驱动器和数据总线相连的，此时用引脚 $\overline{SP}/\overline{EN}$ 作为输出信号，驱动数据总线收发器的开启门。在单片 8259A 的系统中，一般 8259A 直接与数据总线相连。此时 BUF 位为 0，引脚 $\overline{SP}/\overline{EN}$ 接高电平。

M/S 位在缓冲方式下用来表示本片 8259A 是主片，还是从片。M/S 为 1 表示本片为主片；M/S 为 0 表示本片为从片。注意，此位只有在 BUF 位为 1 的情况下才有效；BUF 位为 0，此位的设置无效。

AEOI 位用于设置中断结束的方式。AEOI 位为 1，系统采用自动结束中断方式；AEOI 位为 0，系统采用非自动结束中断方式。

μPM 位为 1 表示本系统工作在 8086 系统。因此在 8086 系统中必须初始化 ICW4，使该位设置为 1。

例 7.3　如下初始化程序：

```
mov   al,13h
out   80h,al      ;写入 ICW1
mov   al,18h
out   82h,al      ;写入 ICW2
mov   al,03h
out   82h,al      ;写入 ICW4
```

表明系统采用电平触发方式、单片 8259A、要初始化 ICW4、IR0 的中断类型码是 18h、全嵌套方式、非缓冲方式、自动结束中断方式，系统为 8086 系统。

7.3.3.2　操作命令字

1. OCW1 的格式

OCW1 称中断屏蔽控制字。要求写入 8259A 的奇地址端口即 8259A 的 A0＝1。OCW1 格式如图 7.16 所示。

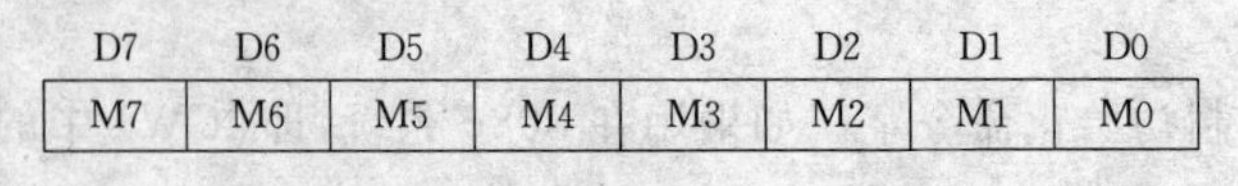

Mi= {0 允许该位中断请求; 1 屏蔽该位中断请求}

图 7.16 OCW1 的格式

OCW1 中某一位为 1,则屏蔽该位所对应的中断请求;否则允许该位中断请求。

2. OCW2 的格式

OCW2 用于设置优先级循环方式和中断结束方式的命令字,要求写入偶地址端口,即 8259A 的 A0=0。OCW2 格式如图 7.17 所示。

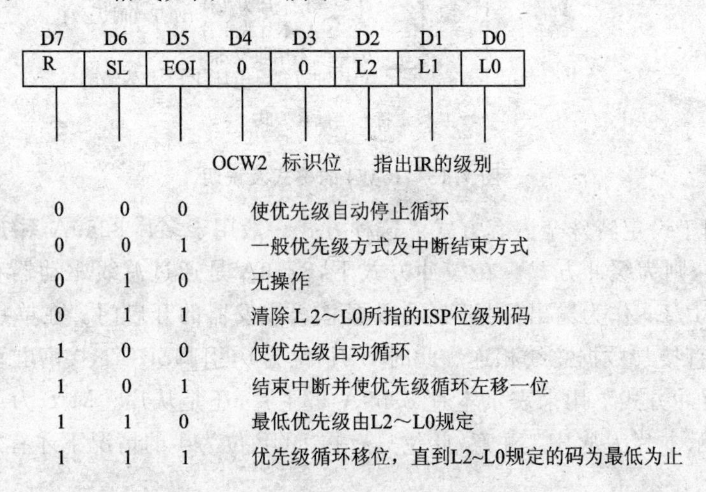

图 7.17 OCW2 格式

R 位决定系统中的中断优先级是否按循环方式设置。R 位为 1 表示采用优先级循环方式;R 位为 0 则为非循环方式。

SL 位决定 OCW2 中的低三位 L2,L1,L0 是否有效。为 1 有效;为 0 无效。

EOI 位是中断结束命令位。EOI 为 1 时,清除 ISR 中相应位。当 ICW4 中的 AEOI 位为 0 时,需要在中断服务程序结束时,向 OCW2 发 EOI 中断结束命令。

D4,D3 两位恒为 0 0,是 OCW2 的标识位。

L2,L1,L0 三位有两个用途:一是当 OCW2 给出特殊中断结束命令时,该三位指出应该清除正在服务寄存器 ISR 中的哪一位;二是当 OCW2 发出特殊优先级循环方式命令时,该三位指出循环开始时哪个中断的优先级最低。

3. OCW3 的格式

OCW3 用于设置三种工作方式:一是设置和撤消特殊屏蔽方式;二是设置中断查询方式;三是设置对 8259A 内部寄存器的读出命令。OCW3 必须写入偶地址端口。即 8259A 的 A0=0。OCW3 格式如图 7.18 所示。

ESMM 位为 1,允许系统进入特殊屏蔽方式。

SMM 位用于设置或撤消特殊屏蔽方式。只有当 ESMM 位为 1,该位的设置才有效。该位为 1 设置特殊屏蔽方式;该位为 0 撤消特殊屏蔽方式。

D4,D3 两位恒为 01,是 OCW3 的标识位。

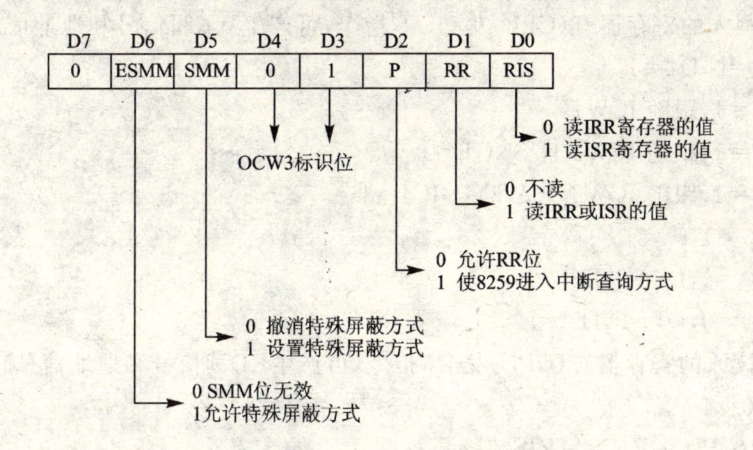

图 7.18　OCW3 格式

P 位为查询位。当 P 为 1 时，8259A 将工作在查询中断方式，即 8259A 不是通过硬件引脚向 CPU 发中断请求，而是 CPU 用程序查询的方式了解哪个中断源需要服务。当 P 为 0 时，8259A 可读取中断请求寄存器和正在服务寄存器的值。

RR 位为 1 允许 CPU 读取中断请求寄存器和正在服务寄存器的内容，RR 位为 0 禁止读取。该位只有在 P 为 0 时有效。

RIS 位为 0 可读取中断请求寄存器 IRR 的内容；RIS 位为 1 可读取正在服务寄存器 ISR 的内容，该位只有在 RR 位为 1 时有效。

7.3.3.3　初始化流程

8259A 在初始化时，是按照图 7.19 的顺序进行的。首先用偶地址写入 ICW1，紧接着用奇地址依次写入 ICW2，ICW3(如果 ICW1 的 D1 位为 1)，ICW4(如果 ICW1 的 D0 位为 1)；之后在任何时刻都可向 OCW 进行设置。

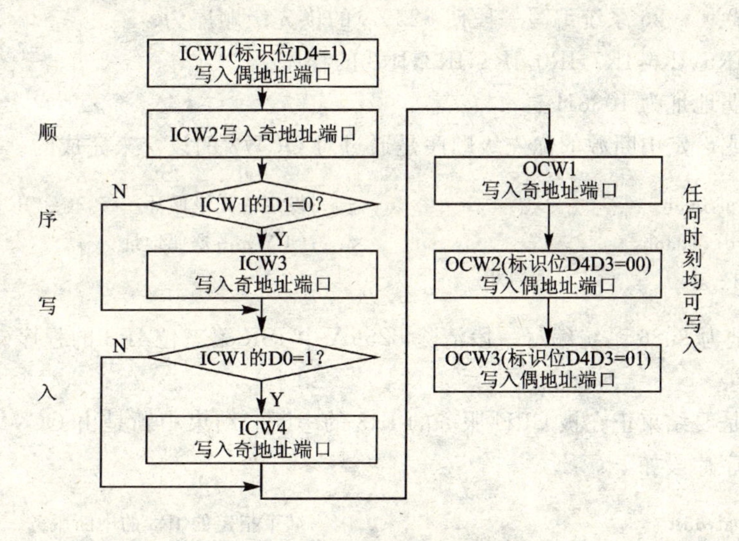

图 7.19　8259A 的初始化流程

CPU 对 8259A 的访问是通过片选逻辑 $\overline{CS}$ 和片内选择信号 A0 及其读写信号 $\overline{RD}$，$\overline{WR}$ 来实现的。

8259A 可写入的寄存器有(CPU 发 OUT 指令,可产生$\overline{WR}$写信号和地址信息):

ICW1:A0=0,D4=1

ICW2:A0=1,跟随 ICW1

ICW3:A0=1,跟随 ICW2 且 SNGL=0

ICW4:A0=1,跟随 ICW2(ICW3)且 IC4=1

OCW1:A0=1

OCW2:A0=0,D4=0,D3=0

OCW3:A0=0,D4=0,D3=1

8259A 可读入的寄存器有(CPU 发 IN 指令,可产生$\overline{RD}$读信号和地址信息):

OCW1:A0=1

ISR:A0=0,P=0,RR=1,RIS=1

IRR:A0=0,P=0,RR=1,RIS=0

IR 请求:

A0=0,P=1

7.3.3.4 编程举例

例 7.4 试为 8086 系统编写一段封锁 8259A 中的 IR3,IR4 和 IR6 中断请求的程序。8259A 的偶地址为 1208h。

解 此题的目的是要屏蔽接在 IR3,IR4 和 IR6 引脚上的中断源的中断请求,因此要对 8259A 内部的中断屏蔽寄存器,即 OCW1 的内容进行相应的设置。程序片段如下:

```
mov   al,58h                         ;送屏蔽位
mov   dx,120ah                       ;OCW1 占据奇地址
out   dx,al
```

例 7.5 试为 8086 系统编写一段使 8259A 的优先级顺序为:

IR4,IR5,IR6,IR7,IR0,IR1,IR2,IR3 的程序。

8259A 的偶地址为 1038H。

解 改变或设定中断源的优先级顺序是通过对 OCW2 的设定来完成的。程序片段如下:

```
mov   al,0c3h                        ;设定优先级循环左移,直到 IR3 为最低
mov   dx,1038h                       ;OCW2 占据偶地址
out   dx,al
```

例 7.6 试为 8086 系统编写一段清除 8259A 中 ISR 第三位 IR3 的程序。8259A 的偶地址为 1228H。

解 此题是要结束正在被 CPU 服务的 IR3 的中断。结束中断是由 OCW2 中 EOI=1 命令设定的。程序片段如下:

```
mov   al,63h                         ;结束指定的 IR3 的中断服务
mov   dx,1228h                       ;OCW2 占据偶地址
out   dx,al
```

例 7.7 试为 8086 系统编写一段程序,将 IRR,ISR 和 IMR 的内容传送到内存 0050H 开

始的单元中去。8259A的偶地址为0500H。

解　程序片段如下：

```
mov  dx,0500h          ;OCW3占据偶地址
mov  al,0ah            ;读IRR
out  dx,al
in   al,dx
mov  [0050h],al
mov  al,0bh            ;读ISR
out  dx,al
in   al,dx
mov  [0051h],al
mov  dx, 0502h
in   al,dx             ;读IMR
mov  [0052h],al
```

例7.8　假设8259A的IR4上有中断请求，但此时8086CPU内部的IF=0，试设法使8086CPU能知道8259A的IR4上有中断请求。8259A的偶地址为1208H。

解　程序片段如下：

```
mov  al,0ch            ;设查询字,令p=1
mov  dx,1208h          ;OCW3占据偶地址
out  dx,al
in   al,dx             ;读查询字
                       ;判断、处理
```

例7.9　假定8088CPU正在为IR3中断请求服务，现在要使8259A能开放IR4，IR5，IR6，IR7的中断请求，试编写能实现这一要求的程序段。8259A的偶地址为20H。

解　程序片段如下：

```
mov  al,68h            ;发特殊屏蔽命令
mov  dx,20h            ;OCW3占据偶地址
out  dx,al
in   al,21h            ;读原屏蔽字
or   al,08h            ;屏蔽本级
out  21h,al
```

7.3.4　8259A的工作方式

7.3.4.1　设置优先级的方式

1. 全嵌套工作方式

全嵌套方式是8259A常用的工作方式。如果初始化时没有设置其它的工作方式，那么8259A将自动工作在此方式。全嵌套工作方式的特点是：中断优先级的顺序是固定的，即IR0(最高)→IR7(最低)；中断结束方式，采用非自动结束方式，即正在服务寄存器ISR中得到响应的请求中断位置1，且保持到中断服务程序在返回前发中断结束命令为止；能够实现中断嵌

套,即在 ISR 位置位期间,禁止同级和低级中断请求,允许较高一级的中断请求。

全嵌套方式下的中断嵌套图如图 7.20 所示。在主程序执行当中,IR3,IR4 要求服务,CPU 当前指令执行完,且 IF=1,优先响应级别高的 IR3 的中断请求。在 IR3 的中断处理程序中,IR2 有中断请求,在 IR3 中执行完 STI 开中断指令后,CPU 立即响应 IR2 的请求,进入 IR2 的中断服务。在 IR2 的中断处理程序当中应有开中断指令 STI(为了实现中断嵌套),及中断结束命令 EOI,中断返回指令 IRET 使 CPU 返回到 IR3 的断点处继续进行处理。IR3 结束前,也需中断结束命令及中断返回指令,返回到主程序后,响应优先级较低的 IR4 的中断请求,进行 IR4 的处理。

2. 特殊全嵌套方式

与全嵌套方式基本相同,只是在特殊全嵌套方式下,当处理某一级中断时,如果有同级的中断请求,也会给予响应,从而实现一种对同级中断请求的特殊嵌套。特殊全嵌套方式一般用于 8259A 级连的系统中。在这种方式下,对主片 8259A 编程时,设置成特殊全嵌套方式,但从片可工作在其他优先级方式。当来自某一从片的中断请求正在处理时,一方面同全嵌套方式一样,对来自优先级较高的主片其他引脚上的中断请求开放,另一方面对来自同一从片的较高优先级请求也会开放。而在同一从片中这样的中断请求在主片引脚上反映出来,是与当前正在处理的中断请求处于同一级别的,因此特殊全嵌套方式是专门为多片 8259A 系统提供的用来确认从片内部优先级的工作方式。

如图 7.21 所示主 8259A 的 IR1 和 IR5 引脚各接有一从片 8259A,则在主片工作在特殊全嵌套方式,从片 8259A 工作在全嵌套方式时,其优先级的顺序为:

主 IR0

从 1(IR0,IR1,IR2,IR3,IR4,IR5,IR6,IR7)

主 IR2,IR3,IR4

从 2(IR0,IR1,IR2,IR3,IR4,IR5,IR6,IR7)

主 IR6,IR7

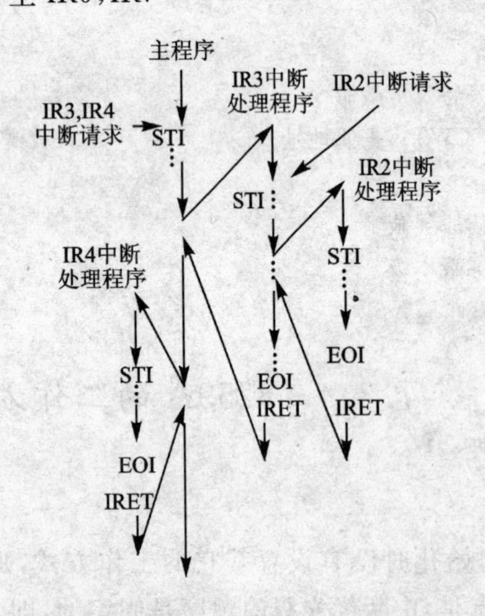

图 7.20 全嵌套方式下的中断嵌套图

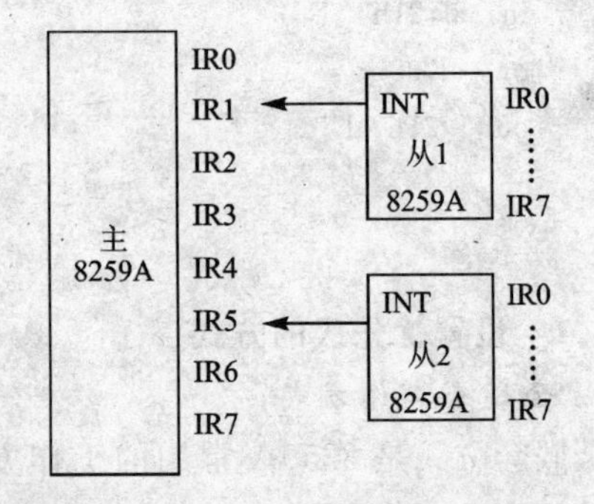

图 7.21 8259A 级联下的特殊全嵌套方式

3. 优先级循环方式

优先级循环方式一般用于多个中断源优先级相同的场合。在这种方式下，每个中断源的优先级是不断在变化的：一个设备中断服务完毕，其优先级会自动降到最低。优先级循环方式分为两种：自动循环方式和优先级特殊循环方式。

自动循环：一个设备服务完毕，其优先级自动排列到最后，由 OCW2 设定：R＝1，SL＝0。

特殊循环：程序设定某一中断源为最低的优先级，使得其后中断源的优先级最高，由 OCW2 设定 R＝1，SL＝1，L2～L0＝XXX 为最低。

```
mov   al,0c4h
out   80h,al            ;设定 IR4 为最低优先级
```

则此时优先级顺序为：

IR5，IR6，IR7，IR0，IR1，IR2，IR3，IR4

当发给 OCW2 新的命令：

```
mov   al,0a0h
out   80h,al
```

则新的优先级顺序为：

IR6，IR7，IR0，IR1，IR2，IR3，IR4，IR5

当发给 OCW2 的命令为：

```
mov   al,0e2h
out   80h,al
```

则新的优先级顺序为：

IR3，IR4，IR5，IR6，IR7，IR0，IR1，IR2

7.3.4.2 屏蔽中断源的方式

1. 特殊屏蔽方式

某些应用可能要求在中断服务程序执行期间，在软件的控制下，动态地改变系统的优先级结构，让级别低的中断源也能得到服务。例如，某程序在执行某些工作时可能希望禁止优先级较低的请求，而在执行另外一些工作时又允许其中的一些请求，CPU 响应了一个中断请求，且没有中断结束命令将其正在服务寄存器 ISR 中相应的 ISi 位复位，即 CPU 正在执行中断服务程序，则该 8259A 就禁止了所有优先级较低的请求。这时就要采用特殊屏蔽方式。在这种方式下，若将中断屏蔽寄存器 OCW1 中某一屏蔽位置 1，就禁止了这一级别上的进一步中断请求，但是开放了没有被屏蔽的所有其它级别的中断请求，因此可以通过向屏蔽寄存器送屏蔽位而有选择地开启任何中断。

特殊屏蔽方式由 OCW3 设定和复位：用 ESMM＝1，SMM＝1，设定特殊屏蔽方式；用 ESMM＝1，SMM＝0，撤消特殊屏蔽方式。

特殊屏蔽方式举例：

```
cli
mov   al,68h
out   80h,al                        ;用 OCW3 设置特殊屏蔽方式
```

```
in   al,81h                          ;读原来的屏蔽字
or   al,10h                          ;IR4对应的屏蔽位置1,禁止同级中断产生
out  81h,al
sti
```

IR4处理:

```
  ⋮
R7有请求,CPU响应,并移入IR7的处理
  ⋮
mov  al,20h
out  80h,al                          ;中断结束命令
iret                                 ;返回指令返回到IR4
```

继续IR4处理

```
cli
in   al,81h
and  al,0efh                         ;清除IR4对应的屏蔽位
out  81h,al
mov  al,48h
out  80h,al                          ;用OCW3撤消特殊屏蔽方式
sti
```

2. 普通屏蔽方式

8259A的每个中断请求都可通过对屏蔽位的设置而被屏蔽,从而使这个中断请求不能从8259A送到CPU。该方式可以向中断屏蔽寄存器OCW1设置相应的屏蔽位,如:

```
mov  al,58h                          ;屏蔽IR6,IR4,IR3的中断请求
out  21h,al                          ;送奇地址端口
```

7.3.4.3 结束中断方式

1. 自动结束中断方式

自动结束中断方式是指8259A在第二个$\overline{INTA}$负脉冲结束时,将被第一个$\overline{INTA}$负脉冲置1的ISR中相应位清0。自动结束中断方式由ICW4中设定AEOI=1,使8259A进入自动结束中断方式。

2. 非自动结束中断方式

非自动结束中断方式是指在中断服务程序当中应该向8259A发中断结束命令,使8259A中被第一个$\overline{INTA}$负脉冲置1的ISR的相应位清0,从而结束中断,即在中断服务程序结束之前,需要向8259A发中断结束(EOI)命令。它有两种情况:

(1) 一般结束中断命令

在全嵌套方式下EOI命令能自动地把当前ISR中最高优先级的置1位清0。该命令由OCW2中设定EOI=1,SL=0,R=0来实现,如:

```
mov  al,20h                          ;送EOI=1到OCW2
```

```
out   80h,al                             ;清除当前的 ISR 中置 1 位
```

(2) 特殊结束中断命令

在非全嵌套方式下或优先级不定的情况下,因无法确定响应的是哪一级中断,故需要向 8259A 发出特殊中断结束(EOI)命令,由指令指明结束哪一个中断。该方式由 OCW2 中设定 EOI=1,SL=1,R=0,L2~L0 指出对哪一个 ISR 位复位,如:

```
mov   al,65h                             ;特殊 EOI 命令送 OCW2
out   80h,al                             ;清除 ISR5 的置 1 位
```

采用哪种结束中断的方式同系统的结构有关。一般对单片 8259A 系统,采用全嵌套方式工作,并且中断处理程序很短,执行时间很快的情况下,可采用自动结束中断方式。而中断处理程序很长或 8259A 处于级联工作方式时,一般应该采用一般结束中断方式,即在中断服务程序当中向 OCW2 发 EOI 命令。在中断优先级循环方式下,因无法确定哪一级中断是最后响应的,故必须采用特殊中断结束命令,由程序指明结束哪一个中断。

在中断结束方式中,结束中断命令的发出位置对系统有很大的影响。如果提前发出 EOI 命令,很可能造成系统功能的混乱。

例如,图 7.22 是中断结束命令的使用情况:图 7.23 是中断过程中 IRR 和 ISR 寄存器的变化过程。在图 7.22 中,8259A 处于全嵌套工作方式,即优先级的顺序是固定的(IR0 的最高,IR7 的最低),采用一般结束中断方式,所有中断源均没有被中断系统所屏蔽。

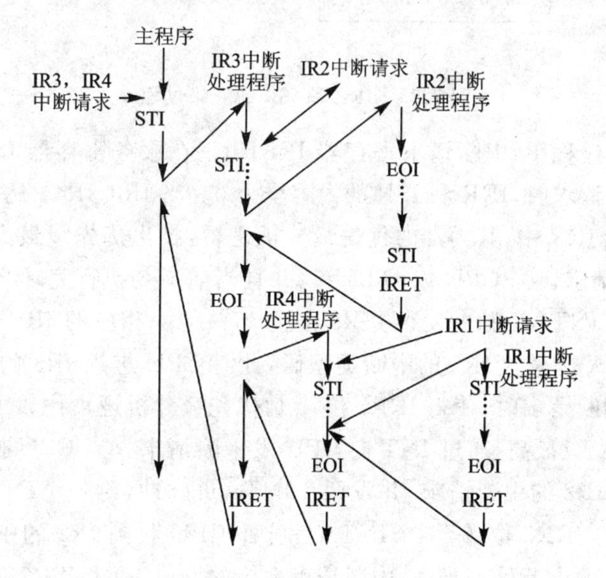

图 7.22 中断结束命令的使用

中断响应的嵌套过程如图 7.23 所示,在主程序执行当中 CPU 内部开中断。这时 IR3 和 IR4 同时发出中断请求,因为 IR3 的优先级高,所以 CPU 当前指令执行完,首先响应 IR3 的中断请求,转去执行 IR3 的中断处理子程序。这时 IR2 又有中断请求,由于 CPU 响应中断时,CPU 内部自动关中断,因此,尽管 IR2 的优先级高,但只有在 IR3 的中断处理子程序当中执行完开中断指令后,才能响应 IR2 的中断请求。在执行 IR2 的中断处理子程序当中,尽管提前发出了中断结束的 EOI 命令,但是却在中断程序返回之前才开中断,因此在 IR2 的程序执行

期间,任何中断源的中断请求均不能被响应,直到IR2的程序执行完,中断返回到IR3的断点处(中断返回指令含有开中断的动作),继续执行IR3的程序。由于在IR3当中,中断结束的EOI命令提前发出,因此从表面上看,CPU没有为任何中断源服务,此时IR4的中断请求就被CPU响应(尽管IR4的优先级低于IR3的,但EOI命令的提前使用,打破了中断嵌套的概念)。在执行IR4的中断处理子程序当中,STI开中断指令,使得优先级较高的IR1的中断请求优先被响应(中断嵌套),IR1的处理程序执行完,发中断结束EOI命令及中断返回到IR4的断点处,IR4程序结束前,执行中断结束命令和中断返回指令,返回到IR3的断点处继续执行IR3的程序,直到中断返回指令返回到主程序的断点。

ISR	IRR
0 0 0 0 0 0 0 0	0 0 0 0 0 0 0 0
0 0 0 0 1 0 0 0	0 0 0 1 1 0 0 0
	0 0 0 1 0 0 0 0
0 0 0 0 1 1 0 0	0 0 0 1 0 1 0 0
0 0 0 0 1 0 0 0	0 0 0 1 0 0 0 0
0 0 0 0 0 0 0 0	
0 0 0 1 0 0 0 0	
	0 0 0 0 0 0 0 0
0 0 0 1 0 0 1 0	0 0 0 0 0 0 1 0
0 0 0 1 0 0 0 0	0 0 0 0 0 0 0 0
0 0 0 0 0 0 0 0	

图7.23　IRR和ISR的变化过程

上述的中断嵌套过程中,中断请求寄存器IRR和正在服务寄存器ISR的变化如图7.23所示。没有任何中断请求时,IRR和ISR的内容全为0。当IR3,IR4的引脚出现中断请求时,8259A将它们锁存在IRR中,其内部的优先级分析逻辑,找出优先级最高者(IR3),通过INT引脚向CPU发中断请求。当CPU内部IF=1,并且当前指令执行完,CPU响应,并给出两个$\overline{\text{INTA}}$负脉冲:第一个$\overline{\text{INTA}}$负脉冲使得ISR3位置1,并清除相应的IRR3位;第二个$\overline{\text{INTA}}$负脉冲CPU收到8259A送来的IR3的中断类型码,此时CPU进入IR3的中断服务程序当中。当IR2的引脚出现中断请求时,使得IRR2位置1,优先级分析逻辑比较IRR和ISR中被置1的位,得知IR2的优先级最高,通过INT向CPU发中断请求。当CPU执行完IR3中的开中断指令STI后,响应IR2的中断请求,并发两个$\overline{\text{INTA}}$负脉冲:第一个$\overline{\text{INTA}}$负脉冲使得ISR2位置1,并清除相应的IRR2位;第二个$\overline{\text{INTA}}$负脉冲CPU收到IR2的中断类型码,进入IR2的中断处理。在IR2的中断处理当中,中断结束命令的发出,使得ISR2位清0,而中断返回指令使CPU返回到IR3的处理程序断点处,继续执行IR3的处理程序。由于IR3提前发出了中断结束的EOI命令,使得ISR3位清0,这时ISR寄存器全为0了。从表面上看CPU没有为任何中断源服务,而IRR4为1,那么8259A的控制逻辑将IR4的中断请求通过INT引脚向CPU发出中断请求。CPU响应后,将ISR4位置1;IRR4位清0,进入IR4的中断处理程序当中。当IR1的中断请求使IRR1位置1后,IR4中的STI指令使得CPU优先响应IR 1的中断,置1ISR1位。清除IRR1位,IR1处理完毕后,其EOI命令使得ISR1位清0;IRET指令使得CPU返回到IR4的断点处继续执行,IR4中的中断结束命令,又使ISR4位清0。中断返回指令使 CPU 又返回到 IR3 的断点处,继续 IR3 的处理,直到最后返回到主程序的断点处,IRR 和 ISR 的内容又均为全 0 了。

从上述的中断举例来看,应该注意几点。首先 STI 开中断指令的使用。中断系统的基本功能之一是能够实现中断嵌套,其特点是屏蔽本级及低级中断,允许高一级的中断。而在 CPU 响应中断后,CPU 内部是自动关中断的,需要程序开中断。因此在任何中断服务程序当中,应该尽早开中断,以便高一级的中断请求能够及时得到优先响应。其次是中断结束命令的使用。提前 EOI 命令的发出,就会使得从表面看中断已经结束。这时优先级低的中断请求就会得到响应,也不符合中断嵌套的原则。因此要正确的发 EOI 命令,一般是在中断返回指令之前发中断结束命令。

7.3.4.4　中断请求引入方式

1. 边沿触发方式

边沿触发方式是指中断请求以正跳变触发,即在 8259A 的某 IRi 引脚上出现由低到高的正跳变时,作为中断请求信号被锁存在中断请求寄存器(IRR)中。边沿触发方式由 ICW1 中设定 LTIM=0。

2. 电平触发方式

电平触发方式是指中断请求以高电平触发,即在 8259A 的某 IRi 引脚上出现持续两个脉冲的高电平时,作为中断请求信号被锁存在中断请求寄存器(IRR)中。电平触发方式由 ICW1 中设定 LTIM=1。

应该注意,在这种方式下,中断请求一旦被响应,中断源应该及时撤除高电平,以免引起二次中断。

3. 中断查询方式

中断控制器 8259A 还提供了一种不用硬件控制逻辑向 CPU 发中断请求,而是 CPU 用软件查询的方法得到中断源的中断请求。在这种方式下,不使用 INT 引脚信号向 CPU 发中断请求,并且 CPU 内部的中断允许触发器复位,禁止可屏蔽中断对 CPU 的中断请求,对设备的中断服务由软件通过查询命令实现。中断查询方式由 OCW3 中设定 P=1,就发出查询命令。这种方式一般用于系统中多于 64 个中断源或在 CPU 内部关中断的情况下。

当 CPU 往 8259A 的偶地址端口发出查询命令时,如果外设有中断请求,则在下一个读 $\overline{\text{RD}}$信号,使 ISR 适当位置位。就像收到$\overline{\text{INTA}}$信号一样,8259A 将图 7.24 所示字节送往 CPU 的 AL 寄存器中。

D7	D6	D5	D4	D3	D2	D1	D0
I	—	—	—	—	W2	W1	W0

图 7.24　AL 寄存器格式

在图 7.24 所示的格式查询字中,I 表示 8259A 的 IR7～IR0 端口上是否有中断请求。若 I 为 1 表示有中断请求;若 I 为 0 表示没有中断请求。W2、W1、W0 组成的代码表示当前中断请求的最高优先级,即 CPU 先用输出指令将 OCW3 的内容送 8259A 的偶地址端口,8259A 得到查询命令后,立即组成查询字,CPU 再执行一条输入指令,便可得到如上格式的查询字,例如:

```
mov   al,0ch                              ;p=1
out   80h,al                              ;送查询命令到 OCW3
```

```
    in   al,80h                ;读信号使查询字读入 al
    test  al,80h               ;判断是否有中断请求
    jz   lp                    ;没有,转
    and   al,07h               ;有,取低 3 位代码
    shl   al,1                 ;入口表中,每个中断源占 2 个字节
    add   bx,ax                ;bx 指向中断服务程序入口表的首地址
    jmp   [bx]                 ;转到该中断源的中断服务程序处
    ⋮
```

7.3.4.5　读 8259A 的状态

CPU 可以读取 8259A 内部指令寄存器(IRR)、正在服务寄存器(ISR)和中断屏蔽寄存器(IMR)的内容。IRR 和 ISR 的读取是通过对 OCW3 发出读命令而间接读取。IMR 的读取是直接对奇地址(OCW1)发出读信号而得到。

当 OCW3 收到 P＝0,RR＝1,RIS＝0 的命令后,再发读信号(执行 IN 输入指令),使$\overline{RD}$＝L,即可读取 IRR 的内容。如以下程序片段:

```
    mov   al,0ah
    out   80h,al               ;向 OCW3 发命令
    in   al,80h                ;al 中为 IRR 的内容
```

当 OCW3 收到 P＝0,RR＝1,RIS＝1 的命令后,再执行 IN 指令,使读信号有效($\overline{RD}$＝L),即可读取 ISR 的内容。如以下程序片段:

```
    mov   al,0bh
    out   80h,al               ;向 OCW3 发命令
    in   al,80h                ;al 中为 ISR 的内容
```

直接对奇地址端口发读信号(执行 IN 输入指令),使$\overline{RD}$＝L,A0＝1,即可读取 IMR 的内容。如下述指令:

```
    in   al,81h                ;al 中为 IMR 的内容
```

7.3.4.6　与总线的连接方式

1. 缓冲方式

在多片 8259A 级联的系统中,8259A 一般是通过总线驱动器与总线相连。这就是缓冲方式。将 8259A 的$\overline{SP}/\overline{EN}$端与总线驱动器的允许端相连,当传送数据时,从$\overline{SP}/\overline{EN}$端输出一个低电平作为总线驱动的启动信号。缓冲方式由 ICW4 中设定 BUF＝1 实现,并且主 8259A 的 ICW4 中 M/S＝1,从 8259A 的 ICW4 中 M/S＝0。

2. 非缓冲方式

当系统中只有一片 8259A 或少量几片 8259A 时,一般可将它们直接与总线相连。在非缓冲方式下,主 8259A 的$\overline{SP}/\overline{EN}$端作为输入端,$\overline{SP}/\overline{EN}$必须接高电平;而从 8259A 的$\overline{SP}/\overline{EN}$端作为输入端,$\overline{SP}/\overline{EN}$必须接低电平。非缓冲方式由 ICW4 中设定 BUF＝0 实现。

7.3.4.7　级联方式

当系统中有两片以上 8259A 时,将构成 8259A 级联工作方式。在级联工作方式下,一片

8259A 作为主片，其余的 8259A 均作为从片。作为从片的 8259A 接至主 8259A 的某个 IRi 引脚上。在一个系统中，8259A 可以构成两级级联系统，最多有 9 片 8259A，8 个从片可以连接 64 个中断源。

8259A 级联方式的连线图如图 7.25 所示。主 8259A 的 CAS2～CAS0 分别连到各个从 8259A 的 CAS2～CAS0 上；各个从片 8259A 的 IR 端子及主片没有接从片的 IR 端子均可接中断源；从片 8259A 的 INT 引脚接至主片 8259A 的 IRi 引脚；主片 8259A 的 INT 引脚接至 CPU 的 INTR 引脚；CPU 发出的中断响应信号 $\overline{\text{INTA}}$，主片 8259A 和从片 8259A 均可接收；主 8259A 的 $\overline{\text{SP}}/\overline{\text{EN}}$ 引脚接 +5 V 电平；从 8259A 的 $\overline{\text{SP}}/\overline{\text{EN}}$ 引脚接地，0 V。CPU 的地址译码逻辑分别对所有 8259A 进行地址译码（$\overline{\text{CS}}$、A0）。

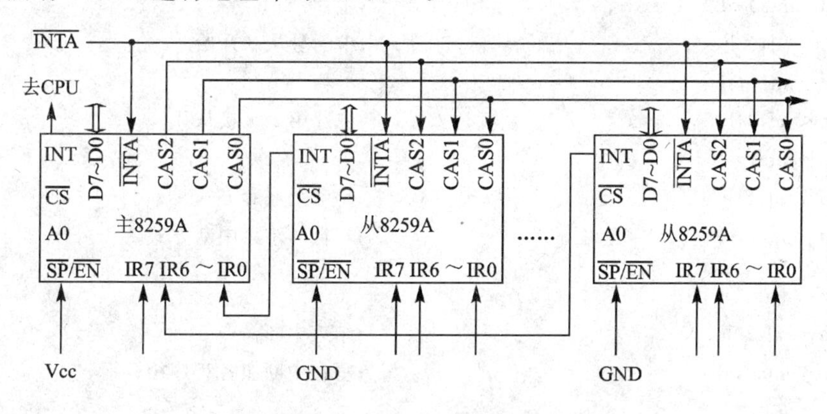

图 7.25　8259A 级联方式连接图

8259A 级联工作方式的工作过程是，某一从 8259A 的 IRi 引脚收到一个或多个中断请求，经优先级分析器确定出优先级最高的中断请求。该请求通过从片 8259A 的 INT 引脚向主 8259A 发中断请求。主 8259A 对其 IRi 上的各中断请求进行优先级裁决，找出最高者向 CPU 发中断请求。当 CPU 响应，并送第一个 $\overline{\text{INTA}}$ 负脉冲时，主 8259A 把相应的 ISRi 位置 1，清除相应的 IRR 位；同时检查 ICW3 中相应位，以确定中断是否来自一块从 8259A。若来自一块从 8259A，主片 8259A 根据 ISRi 位确定从 8259A 的标号，并把此标号值送到 CAS2～CAS0 线上，作为主片 8259A 对从片 8259A 的片选信号。被 CAS2～CAS0 选中的从片 8259A 也可收到 $\overline{\text{INTA}}$ 负脉冲，将本片的 ISR 中相应位置 1，并清除相应的 IRR 位。第二个 $\overline{\text{INTA}}$ 负脉冲到来后，主片没有动作，被选中的从片 8259A 将本片的 ICW2 内容送上数据总线。若中断来自主片，则 CAS2～CAS0 线上没有信号。第二个 $\overline{\text{INTA}}$ 负脉冲到来时，主片 8259A 将 ICW2 的内容送上数据总线。当从 8259A 的中断结束时，CPU 应送出二个中断结束命令。

8259A 工作在级联方式时，对主、从 8259A 均需要初始化。在初始化时，应该注意以下几点：

1）主、从 8259A 的 ICW1 中 SNGL 位均设定为 0，表示系统中有多片 8259A。

2）主、从 8259A 的中断号不能重复。

3）主、从 8259A 均须对 ICW3 进行初始化。主 8259A 的 ICW3 中哪一位为 1，表示相应的哪一个 IRi 引脚上接有从片；从 8259A 的 ICW3 中的低三位的值，同该从片接至主 8259A 的哪一个 IRi 引脚的引脚号相同。

4）主片 8259A 需要将 ICW4 设成特殊全嵌套方式，而从 8259A 只须将 ICW4 设成全嵌套方式即可。

5) 如果采用非自动结束中断方式,那么在中断服务子程序的最后需要向主、从片 8259A 的 OCW2 各发出一个中断结束命令,清除主、从 8259A 中相应的 ISRi 位。

对主、从 8259A 的初始化程序片段如下。

初始化主片 8259A:

```
inta0   equ   20h                  ;8259A 主片端口 0
inta1   equ   21h                  ;8259A 主片端口 1
mov  al,11h                        ;ICW1 设为:边沿触发
out  inta0,al                      ;多片,要 ICW4
mov  al,08h                        ;中断号从 8 开始
out  inta1,al
mov  al,04h                        ;主片第二级接从片
out  inta1,al
mov  al,11h                        ;特殊全嵌套方式
out  inta1,al                      ;非自动结束中断方式
⋮
mov  al,20h                        ;结束中断命令
out  inta0,al                      ;写在中断服务程序中
```

初始化从片 8259A:

```
intb0   equ   0a0h                 ;8259A 从片端口 0
intb1   equ   0a1h                 ;8259A 从片端口 1
mov  al,11h                        ;ICW1 设为:边沿触发
out  intb0,al                      ;多片,要 ICW4
mov  al,70h                        ;中断号从 70h 开始
out  intb1,al
mov  al,02h                        ;从片接主片第二级
out  intb1,al
mov  al,01h                        ;全嵌套方式
out  intb1,al                      ;非自动结束中断方式
⋮
mov  al,20h                        ;结束中断
out  intb0,al                      ;写在中断服务程序当中
```

7.4 PC 机的中断处理

现代 PC 机系统可工作在实模式和保护模式下。在实模式下的中断及其响应过程同 8086 的 CPU 一样,而在保护模式下差别很大。下面以 80286 为例简单介绍在保护模式下的中断和中断响应过程。

7.4.1　中断或异常

通常在保护模式下将中断分为两种：异常和中断。8086的CPU把中断分为内部中断和外部中断两大类。为了支持多任务和虚拟存储等功能，80286把外部中断称为中断，而把内部中断称为异常。80286可以处理256种中断或异常。

7.4.1.1　中　断

中断是由异步的外部事件引起的。外部事件与正在执行的指令无关，如硬件故障、设备正常中断等。同8086一样，80286有两条外部中断引脚线INTR和NMI。INTR接受可屏蔽中断的中断请求；NMI接受非屏蔽中断的中断请求。

7.4.1.2　异　常

异常是由执行中断指令INT n或执行指令时产生错误或检测到不正常或非法条件所引起的，如溢出、越界等。80286可以识别多种不同类型的异常。每个异常都被赋予一个中断向量码。CPU在处理异常时和处理中断一样，根据中断向量码转移到异常处理程序当中。

异常根据其性质又可分为故障、陷阱和失效三种。

故障是指，在引起异常的指令之前被检测到并处理。故障是可排除的。产生故障的指令可以重新执行，如除法错、边界检查、非法操作码、段不存在、堆栈异常、页异常等。

陷阱是指，在引起异常的指令之后把异常的情况报告给系统，如软中断、溢出、调试异常等。

中止是指，产生异常的指令位置无法确定，出现系统严重错误。产生中止时正在执行的指令不能被恢复，如硬件故障、双重故障和系统表中出现非法值等。

7.4.1.3　优先级

80286在执行一条指令期间，如检测到不只一个中断或异常时，将会按表7-1的顺序进行中断处理。

表7-1　中断/异常类型

优先级顺序	中断/异常类型
1(最高)	内部异常
2	调试陷阱
3	NMI
4	溢出
5(最低)	INTR

7.4.2　中断或异常的响应过程

7.4.2.1　中断描述符表IDT

在保护模式下80286不再使用实模式下的中断向量表，而是使用中断描述符表IDT。IDT由门描述符组成，把中断向量码作为中断描述符表中的门描述符索引。门描述符由8个字节组成。

在系统中中断描述符表IDT只有一个，由中断描述符表寄存器IDTR指出IDT在内存中的开始地址和长度。

中断描述符表IDT中的门描述符只能是中断门、陷阱门和任务门。包含由选择子和偏移量构成的40位全指针。在保护模式下，80286只有通过中断门、陷阱门或任务门才能转移到对应的中断或异常处理程序当中。

7.4.2.2　中断和异常的响应及处理的过程

80286 在保护模式下也是通过中断向量码寻找中断或异常处理程序的,只是多了一个门的检查。其中断响应后现场的保护和恢复过程同 8086 系统类似。转移的过程有所不同,如下简述。

在响应中断时,首先将正在执行指令的环境保护起来,以便返回时能继续执行。其次由获取的中断向量码作为索引值到中断描述符表 IDT 中查找相应的门描述子。对取得的门描述子进行相关的检查,检查通过后,再取门描述子中的目选择子和目偏移地址。由此目选择子到全局描述符表 GDT 中找到相应中断或异常处理程序的代码段描述子,由此得到中断或异常处理程序的入口地址,转入中断或异常处理程序执行。执行完后由中断返回指令 IRET 到断点处。

7.4.3　I/O 控制中心的中断管理

现代微机系统经历了 20 多年的发展,技术日趋先进、成熟,原有的单功能芯片几乎不存在。随着芯片集成度的不断提高,大部分的接口芯片都被集成在几个系统芯片中,称为芯片组。如南桥、北桥组成的芯片组,采用一种南北桥结构。北桥芯片集成了主存控制器接口和图形控制器接口,被称为存储控制中心芯片,通过高速总线与 CPU 直接相连。南桥芯片则集成了 PCI 总线控制器、硬盘接口、两个 8259A 中断控制器、两个 DMA 控制器、定时器/计数器以及通用串行总线 USB 接口等,被称为 I/O 控制中心,负责建立 I/O 设备与系统的连接。而传统的较低速的接口则集成在称为 SuperI/O 芯片中,如串行接口、并行接口、键盘、鼠标等。在这两个中心结构中,建立起了存储器－高速外部设备－低速外部设备的分级总线结构。

在现代 PC 机系统的这两个中心结构中,中断管理功能是由 I/O 控制中心芯片完成的,不仅能够处理传统的中断,而且还采用了一种新的串行中断技术,以及高级可编程中断 APIC 技术。

在新一代的 PC 机中,采用一种新的中断请求形式——串行中断。它用一根信号线(SERIRQ)来传递中断请求信号。所有支持串行中断的设备都可以用一个三态门连接到这根线上发送中断请求信号,而它的的中断管理功能是由 I/O 控制中心(ICH)芯片来完成的。

ICH 内部集成了相当于两片 8259A 可编程中断控制逻辑,但其中断请求信号不是通过 8259A 的引脚发出的,而是利用串行中断技术,将所有支持串行中断的外设(如传统的键盘、鼠标等)接口集成在 Supper I/O 的芯片中。它们的中断请求由该芯片转换成串行中断信号通过 SERIRQ 线送到 ICH 之中。ICH 内的控制信号逻辑在收到来自 SERIRQ 信号线上的串行中断信号后,将它们转换成独立的中断请求信号送往内部的 8259A 中断控制逻辑。

7.4.4　高级可编程中断控制子系统

现代微型计算机为了进一步提高性能,支持多处理器系统,解决多处理环境下处理器之间的联络、任务分配和中断处理,在新一代微型计算机中采用了高级可编程中断控制子系统——APIC。

APIC 对中断的处理与传统的 8259A 有很大区别。其主要特点是:

1) 中断信号在 APIC 上串行传送;

2) 无须中断响应周期;

3）多中断控制器通过仲裁允许连接多个中断控制器；

4）更多的中断，支持24个中断。

习　题

1. 什么是中断向量表？某外部可屏蔽中断的类型码为09h。它的中断服务程序的人口地址为0020h(段地址)和0040h(偏移量)，试用8086汇编语言程序将该中断服务程序的人口地址填入中断向量表中。

2. 在8086系统中，只有一块8259A，偶地址为2130h，试写出8259A的初始化程序。要求如下：

1）电平触发。

2）IR0上的中断请求的类型码为28h。

3）$\overline{SP}/\overline{EN}$为输出，送至数据总线收发器。

4）在第二个INTA负脉冲结束时，ISR的第0位被清0。

5）清除IMR。

3. 试为8086系统编写一段使8259A的优先级顺序如下的程序(8259A的偶地址为08A0H)

IR3，IR4，IR5，IR6，IR7，IR0，IR1，IR2

4. 试为8086系统编写一段程序。该程序的任务是将8259A中的IRR，ISR和IMR的内容传至存储器中从REG－ARR开始的数组中，8259A的偶地址为0800H。

5. 试为8086系统编写一段封锁8259A中的IR0，IR4，IR6及IR7中断请求的程序。8259A的偶地址为1208H。

6. 设IF＝0，试编写一段查询8259A的程序。设该系统为8086系统，8259A的偶地址为1000H。要求根据收到请求的最高优先级中断线的编号n转移到一个包含8个位移量的数组的第n个位移量去。如没有请求，则顺序执行。

7. 为什么可屏蔽中断需要执行两个中断响应周期？而非屏蔽中断和内部中却不需要执行中断响应周期？

8. 特殊屏蔽方式和普通屏蔽方式有什么不同？特殊屏蔽方式适用于什么场合？

9. 设一个最大方式8086系统中有一块主8259A，从8259A接至主8259A的IR1上。主和从8259A的偶地址分别是0550H和0584H；主8259A的IR0中断类型码是30H；从8259A的IR0中断类型码是38H；所有请求都是边沿触发。用EOI命令清ISR的相应位。从8259A和主8259A的IMR都要清除。$\overline{SP}/\overline{EN}$用作输入。试编写一个初始化该中断系统的程序。

10. 设8086的中断系统中有一块主8259A和3块从8259A，从8259A分别接在主8259A的IR2，IR3和IR6上。如主8259A的IMR置成01010000b，各从8259A的IMR被清除。除接在IR3上的那块8259A外，其他8259A都使用普通优先级顺序。而接在IR3上的那块8259A的最高优先级请求线是IR5。试按优先级的顺序列出未屏蔽的中断请求线，如果主8259A最高优先级线是IR3，试再按优先级的顺序列出未屏蔽的中断请求线。

第8章 输入输出系统

本章讨论 **CPU** 与外部设备之间进行信息交换的中间通路——输入输出接口电路以及其基本功能和控制方式。

8.1 概　述

8.1.1 I/O 接口

I/O 接口就是微型计算机与外部输入输出设备之间信息交换的桥梁。

I/O 接口的基本功能是在系统总线和 I/O 设备之间传输信号,提供缓冲作用,以满足接口两边的时序要求。

8.1.1.1 输入输出的基本问题

一般按照接口的工作性质可将 I/O 接口分为两类:

一类称为辅助接口电路。其作用是能够使微处理器进行正常的工作,并得到所需要的时钟信号或接收外部的多个中断请求等。

另一类为输入输出接口电路。其作用是可以使微处理器接收外部设备送来的信息或将信息发送给外部设备。

8.1.1.2 I/O 端口

含在接口中的寄存器被称为 I/O 端口。每个 I/O 端口都被赋予一个地址,称端口号或端口地址。这些 I/O 端口是用来暂时存放信息的,如数据信息、状态信息、控制信息等。

8.1.1.3 I/O 端口译码

CPU 对 I/O 接口的访问,实际上是对 I/O 接口中的 I/O 端口的访问。因此 CPU 对 I/O 接口和接口中的 I/O 端口的访问是要通过地址译码逻辑来实现的。

在微机系统中,常用 74LS138 等译码器和一些简单逻辑门电路来实现 I/O 译码。

图 8.1 是 3-8 译码器 74LS138 的引脚图。当 G1 为高电平,$\overline{G2A}$和$\overline{G2B}$为低电平时,74LS138 可以正常工作。此时由 C,B,A 的组合值(000~111)选择$\overline{Y0}$~$\overline{Y7}$输出有效。如果 C,B,A 为 001,则$\overline{Y1}$输出有效的低电平,可以作为 I/O 接口的片选信号。

例如,某 I/O 接口具有连续的 4 个端口地址,分别为 8020h,8022h,8024h 和 8026h,则译码电路的连接可如图 8.1 所示。A15 为 1,接 G1;A14~A6 为 0,或后接$\overline{G2A}$,M/$\overline{IO}$ 为低,接$\overline{G2B}$,A3,A4,A5 接 C,B,A,为 001,使$\overline{Y1}$有效,接 I/O 接口的$\overline{CS}$片选信号;而地址的低位地址线 A2,A1 接 I/O 接口的端口选择信号端 A1,A0;地址总线的最低位 A0 恒为 0。这样就可以

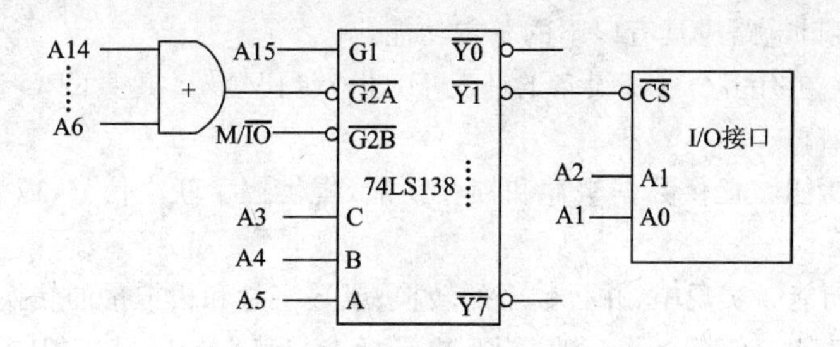

图 8.1 I/O 接口译码电路简图

得到上述的 4 个地址。但该逻辑电路的连接并不是唯一的。

8.1.2 CPU 与 I/O 设备之间的信号

I/O 设备与 CPU 是如何连接的,见图 8.2 所示。

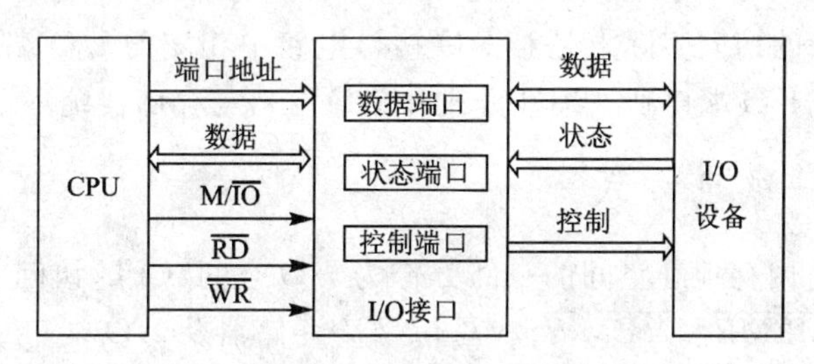

图 8.2 I/O 设备通过接口与系统相连

CPU 与 I/O 设备之间可以传送三种信息信号;数据信息、状态信息和控制信息。

数据信息是 CPU 与 I/O 设备之间需要交换的真正信息。它可包括数字量、模拟量及开关量。这些信息是要通过 I/O 接口电路的缓冲或转换才能交换的。

状态信息是 I/O 设备通过 I/O 接口送给 CPU 的表示 I/O 设备当前工作状态的一些信息,比如 I/O 设备是否忙?是否准备好等。

控制信息是 CPU 通过 I/O 接口向 I/O 设备发出的一些命令,如启动 I/O 设备工作和停止 I/O 设备的工作等。

与三种信息对应有三种端口:数据端口、状态端口和控制端口。

数据端口用于存放数据信息,可以有数据输入端口和数据输出端口。一般接口中只有一个数据端口,既作为输入端口,又作为输出端口,但用不同的控制线控制数据的输入或输出。

状态端口用于存放 I/O 设备的状态信息,一般将状态端口设置为只读端口,供 CPU 了解 I/O 设备的状态。

控制端口用于存放控制信息,一般将控制端口设置为只写端口。CPU 通过写控制端口向 I/O 设备发命令。

8.1.3 I/O 接口的基本功能

CPU 与 I/O 设备之间进行信息交换必须通过 I/O 接口电路。其原因是:外部设备的种类繁多,功能多样化,其数据的格式、类型不同,传送的速度快慢不一等。因此必须通过接口电路进行调整、转换。

一般的 I/O 接口电路应具有以下的基本功能。

1）寻址功能　在有多个外部设备的情况下，建立译码逻辑，提供 CPU 访问哪一个外部设备接口及其内部端口。

2）输入输出功能　提供数据缓冲和锁存功能，提供握手联络信号，以满足接口两边的时序要求。

3）数据转换功能　实现串、并行数据的转换、或数字量和模拟量的转换。

4）电平转换功能　使微机系统的 TTL 电平标准与其它 I/O 设备的电平标准相互转换。

5）可编程功能　用软件的方法提供 CPU 方便、灵活的控制 I/O 设备。

6）错误检测功能　能够对送出和读入的数据进行错误检测并尽可能排除错误。

8.2　I/O 端口的编址方式

CPU 对 I/O 设备的访问实际上是对 I/O 接口电路中相应的 I/O 端口进行访问。I/O 端口的编址方式有两种：I/O 端口独立编址方式和 I/O 端口与存储器统一编址方式。

8.2.1　端口统一编址方式

如图 8.3 所示，将内存地址空间的一部分作为 I/O 空间，CPU 访问 I/O 端口和访问存储器单元是一样的，用 $\overline{MEMR}$ 和 $\overline{MEMW}$ 读/写信号读存储器及 I/O 端口或写存储器和 I/O 端口，即把 I/O 端口和存储器一样对待，CPU 用共同的指令和控制线访问它们。所不同的是把它们分配在不同的内存地址区域中。

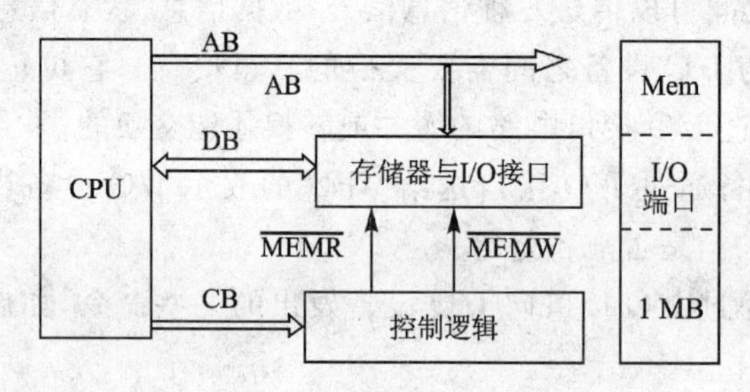

图 8.3　I/O 端口与存储器统一编址

I/O 端口与存储器统一编址的优点：

1）由于 I/O 空间是存储器空间的一部分，省去单独的 I/O 指令和控制线；

2）用于存储器的所有指令均可用于 I/O 接口操作，因此使 I/O 接口功能较强，编程使用灵活。

缺点：

1）I/O 端口占用了存储器的一部分地址空间，缩小了存储器的地址范围；

2）对 I/O 端口访问需要全字长地址译码，指令执行速度较慢。

8.2.2　端口独立编址方式

如图 8.4 所示，把所有 I/O 端口看作一个独立于存储器空间的 I/O 空间。在这个空间里，每个端口都被赋予唯一的地址与之对应。CPU 对 I/O 端口的寻址和对存储器单元的寻址是通过不同的读写控制信号$\overline{IOR}$,$\overline{IOW}$和$\overline{MEMR}$,$\overline{MEMW}$来实现的，即 CPU 设立单独的输入输出指令和控制线，从而与存储器指令区分开，将 I/O 端口地址区与存储器地址区分别各自单独编码。

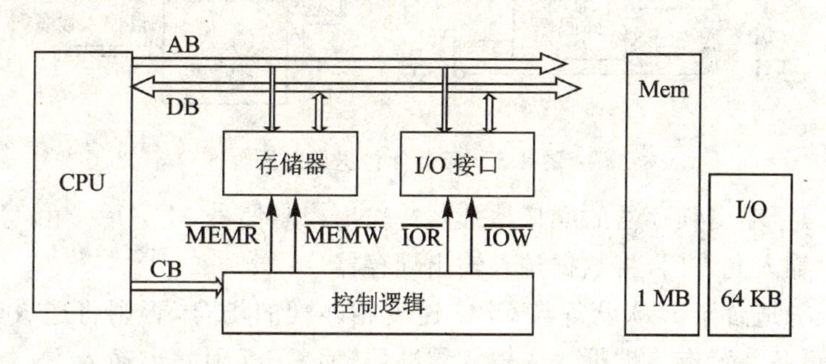

图 8.4　I/O 端口独立编址

I/O 端口独立编址方式的优点：

1) I/O 端口空间独立于存储器空间，因此不占用存储器的地址；

2) 地址线少，译码电路简单；

3) 执行时间快。

缺点：

1) 输入输出指令少，使得编程不灵活；

2) 要设置专门的控制线和操作码进行 I/O 访问；

3) I/O 端口的数量受到限制。

8086/8088 系统一般采用 I/O 端口独立编址方式。在 8086/8088 系统中，专门设立了一个独立于存储器空间的 I/O 空间，其 I/O 空间的大小为 64 KB。8086CPU 用 M/$\overline{IO}$控制线来区分地址总线上出现的地址信息是访问存储器单元的，还是访问 I/O 端口的。同时 8086 系统还设立了单独的输入输出指令用于访问 I/O 端口。关于输入输出指令将在 8.4 节介绍。

8.3　I/O 控制方式

CPU 与 I/O 设备之间的数据传送是通过 I/O 接口电路来实现的。一般 CPU 与 I/O 设备之间的信息传送方式有三种控制方式：程序控制方式、中断控制方式和 DMA 控制方式。

8.3.1　程序控制方式

程序控制方式是指 CPU 通过程序查询的方式控制输入输出的过程。一般可分为无条件传送和条件传送两种方式。

无条件传送是指，不论 I/O 设备是否准备就绪，只要 CPU 需要传送，CPU 就主动启动一次传送过程。其传送过程如图 8.5 所示。

当 CPU 要输入数据时，自认为外设的数据已准备好，只要执行输入指令即可实现数据输入。输入指令含有地址信息(输入缓冲器的端口地址)，并输出控制信号 M/$\overline{IO}$= 0 和读信号 $\overline{RD}$=0，打开输入缓冲器的输出允许门，数据将送上数据总线。

当 CPU 要输出数据时，自认为外设缓冲器已空，只要执行输出指令即可送出数据。输出

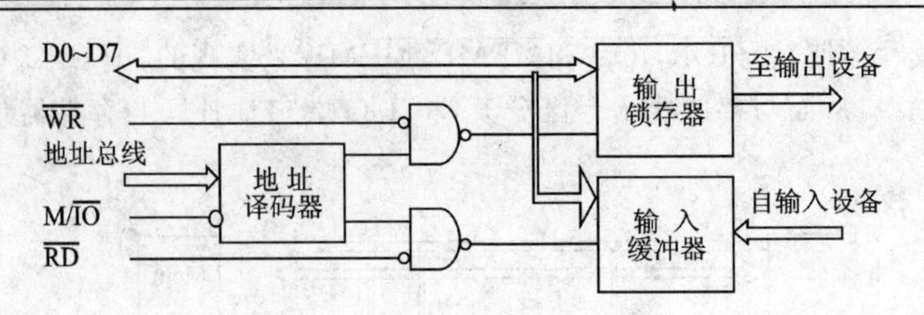

图 8.5 无条件传送原理图

指令含有地址信息(输出锁存器的端口地址),并输出控制信号 M/$\overline{IO}$=0 和写信号$\overline{WR}$=0,打开输出锁存器的输入允许门,将数据送入输出锁存器。

无条件传送只适合于 I/O 设备与 CPU 速度相匹配的场合,否则将造成数据的失真。如在输入时,输入设备并没有将数据送入输入缓冲器,而 CPU 因发出输入 IN 指令,将输入缓冲器的门打开,数据进入数据总线,而此数据是无效的数据。在输出时,CPU 通过输出 OUT 指令将数据送到输出锁存器,而此时输出设备还没有将上次 CPU 输出的数据从输出锁存器中取走,这时将造成覆盖错误,即数据丢失。

例 8.1 图 8.6 是一个数据采集系统,由 8 个绕组 P0~P7 控制开关 K1~K16。该系统有三个端口:控制端口 20h 和数据端口 10h,11h。CPU 每次依次通过控制端口发控制命令选通一个绕组 Pi,延时一段时间后,就从数据端口 10h,11h 读取 16 位的开关量。

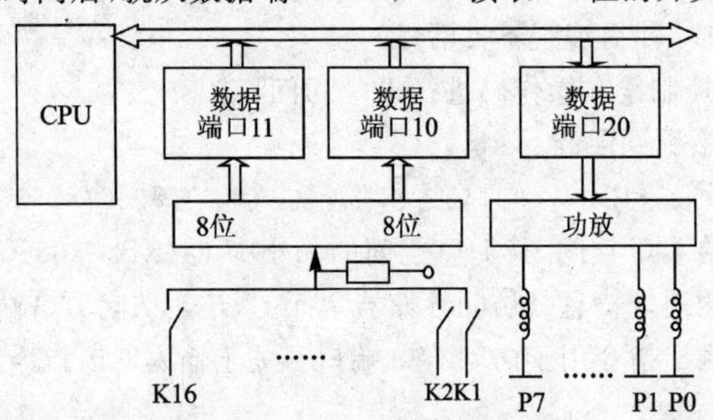

图 8.6 无条件传送图

其控制程序片段如下:

```
start:  mov  dx,0100h        ;设置控制信号
        lea  bx,dsiok        ;取内存单元首地址
        xor  al,al
again:  mov  al,dl
        out  20h,al          ;断开所有继电器线圈
        call delay1          ;调延时子程序
        mov  al,dh
        out  20h,al          ;使 P0 吸合
        call delay2          ;调延时子程序
        in   ax,10h          ;输入 16 位数据
        mov  [bx],ax
        inc  bx
        inc  bx
```

```
        rcl   dh,1                      ;左移,为下一触点闭合作准备
        jne   again                     ;未完,循环
              ⋮
```

无条件传送所需要的硬件电路和软件编程都是最简单的,但是系统很难保证时间的精确。因此通常情况下,使用条件传送,即 CPU 在传送数据之前,首先要查询一下外设的状态信息,只有在 I/O 设备准备就绪的情况下,CPU 才启动一次传送过程。其传送过程如图 8.7 所示。

输入过程如图 8.7 所示,CPU 在输入数据前首先查询输入设备的数据是否准备好,然后决定是否发输入指令。即输入设备用选通信号将数据送入锁存器的同时,也将准备好信号置成有效状态,供 CPU 查询。CPU 在输入数据前,首先用输入指令读取状态寄存器(三态缓冲器)的内容,查看准备好(READY)信号是否准备好? 准备好才用输入指令读取数据缓冲器的内容,并使准备好的信号变为无效。

输出过程如图 8.8 所示,CPU 在输出数据前先用指令查询输出设备的缓冲器是否为空? 然后决定输出与否。即 CPU 在输出数据前先用输出指令读取状态寄存器(三态缓冲器)的内容,查看忙信号(BUSY)是否忙? 不忙才用输出指令将数据送入输出锁存器中,并使忙信号变为忙。输出设备将数据取走的同时,又会将忙信号变为不忙。

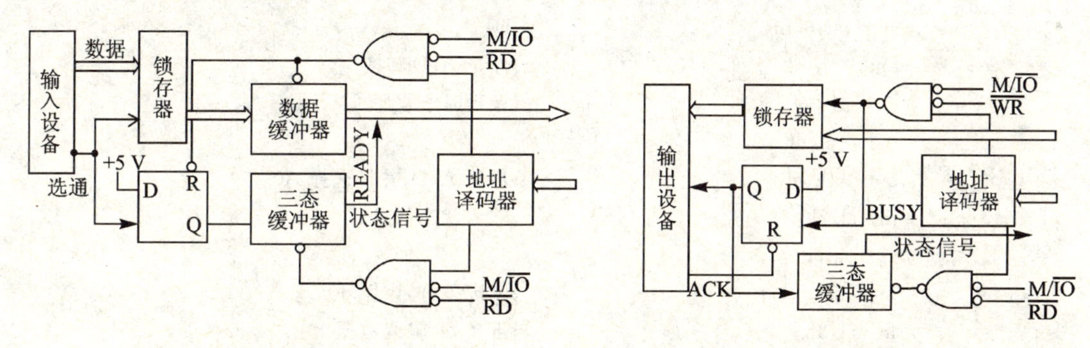

图 8.7　查询式输入传送原理图　　　　图 8.8　查询式输出传送原理图

如上所述,查询式输入输出的过程都包括三个步骤:首先读取状态寄存器的内容进行条件判断,不满足条件,循环读取判断;满足条件,进行传送。图 8.9 是查询式数据传送的流程图。

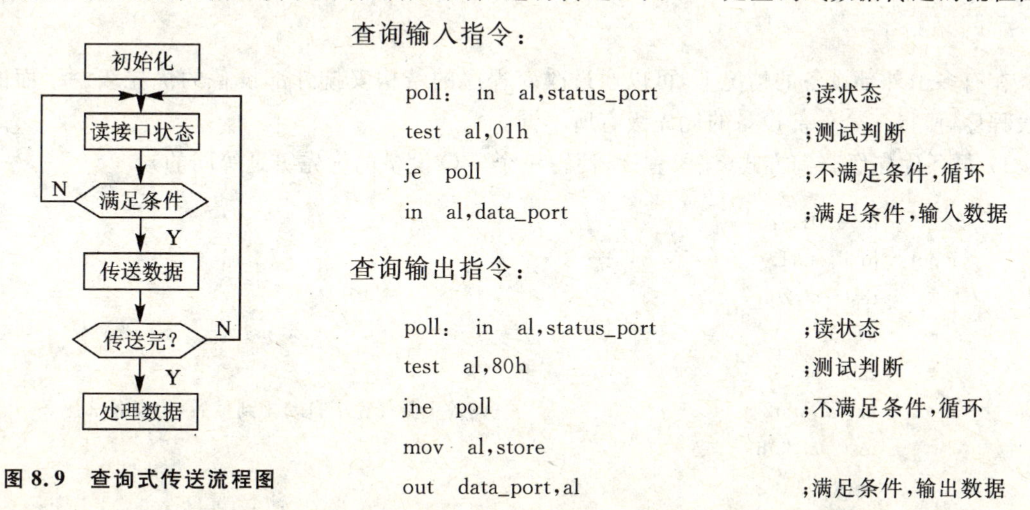

图 8.9　查询式传送流程图

查询输入指令:

```
poll:  in    al,status_port            ;读状态
test   al,01h                          ;测试判断
je     poll                            ;不满足条件,循环
in     al,data_port                    ;满足条件,输入数据
```

查询输出指令:

```
poll:  in    al,status_port            ;读状态
test   al,80h                          ;测试判断
jne    poll                            ;不满足条件,循环
mov    al,store
out    data_port,al                    ;满足条件,输出数据
```

例 8.2 图 8.10 为一个数据采集系统,依次采集 8 路模拟量的转换数据。系统设有三个端口:控制端口(4H)、状态端口(2H)和数据端口(3H)。CPU 首先向控制端口发控制命令,选通一路模拟量并启动 A/D 转换器进行转换,然后 CPU 读取状态端口的状态,判断 READY 信号是否准备好?准备好,CPU 才读取数据端口的内容。控制程序如下所示。

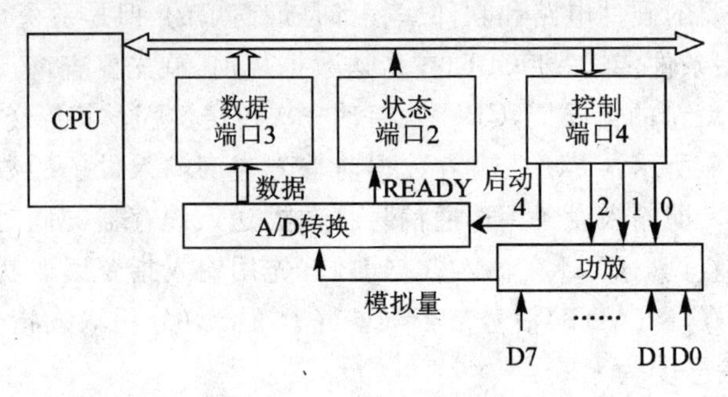

图 8.10 条件传送例图

```
start:  mov   dl,0f8h              ;设置启动 A/D 转换信号
        mov   di,offset dstor      ;取内存偏移地址
again:  mov   al,dl
        and   al,0efh              ;D4 = 0
        out   4h,al                ;停止 A/D 转换
        call  delay                ;调延时子程序
        mov   al,dl
        out   4h,al                ;启动 A/D,并且选择 A0
poll:   in    al,2h                ;输入状态信息
        shr   al,1
        jnc   poll                 ;未准备好,则循环
        in    al,3h                ;准备好,输入数据
        stosb
        inc   dl
        jne   again                ;未完,循环
        ⋮
```

在有多个外部设备的情况下,可以通过改变程序的结构安排外部设备的优先级。下面的两段程序,使得三个外部设备的优先级有所不同。

1) 循环优先级查询方式(该段程序,使得三个 I/O 设备的优先级是等同的)

```
        mov   flag,0
input:  in al,stat1
        test  al,20h
        jz    dev2
        call  proc1
dev2:   in    al,stat2             ;设备 1 服务完毕自动排到最后,为设备 2 服务
        test  al,20h
        jz    dev3
```

```
        call   proc2
dev3:   in   al,stat3                 ;设备 2 服务完毕自动排到最后,为设备 3 服务
        test   al,20h
        jz   no_in
        call   proc3
no_in:  cmp   flag,1
        jnz   input
          ⋮
```

2) 轮流查询方式(该程序段使得设备 1 的优先级最高,设备 3 的优先级最低)

```
        mov   flag,0
input:  in   al,stat1
        test   al,20h
        jz   dev2
        call   proc1
        cmp   flag,1
        jnz   input
dev2:   in   al,stat2                 ;设备 1 没有服务,才为设备 2 服务
        test   al,20h
        jz   dev3
        call   proc2
        cmp   flag,1
        jnz   input
dev3:   in   al,stat3                 ;设备 1,2 均没有服务,才为设备 3 服务
        test   al,20h
        jz   no_in
        call   proc3
no_in:  cmp   flag,1
        jnz   input
          ⋮
```

8.3.2 中断控制方式

在程序控制方式中,CPU 花了大量的时间用于查询外设的状态,降低了 CPU 的利用率。因此为了提高 CPU 的利用率,引进了一种"中断"的概念,即 CPU 在启动 I/O 设备工作之后,就继续执行主程序,当某个 I/O 设备准备就绪后,就向 CPU 发中断请求。CPU 在允许的情况下,暂时停止现行的程序,转去执行为这个 I/O 设备服务的中断处理子程序,服务完毕后,又返回到原来的断点处,继续执行主程序。

在中断控制方式中,每次数据传送的过程是由 I/O 设备启动的,即 I/O 设备需要传送数据时,I/O 设备通过 I/O 接口向 CPU 发中断请求,完成传送过程。图 8.11 是中断传送的原理图。当输入设备准备好,并用选通信号将数据送入锁存器的同时,如果该设备不被中断控制器

所屏蔽,则向 CPU 的 INTR 引脚发中断请求。CPU 在允许的情况下,会给出中断响应信号 $\overline{\text{INTA}}$进行回答,并读取外设的中断类型码,保留断点后,转到中断服务子程序去读取数据,处理完毕后,又回到主程序继续工作。具体的中断过程在第 7 章已经介绍过了,这里不在重复。

中断控制方式的原理图也如图 8.11 所示。

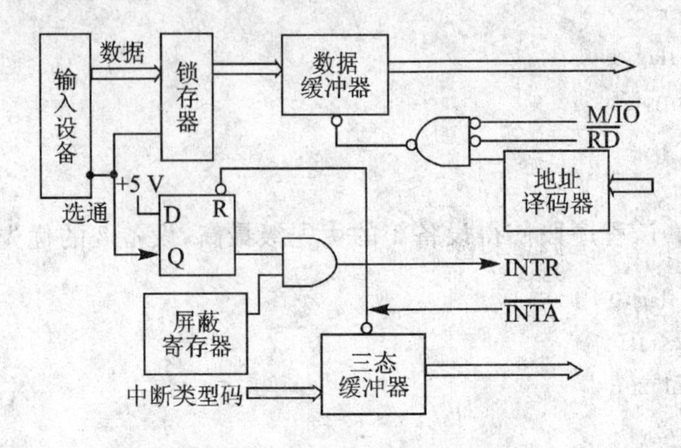

图 8.11　中断控制传送电路原理图

8.3.3　DMA 方式

中断方式提高了 CPU 的利用率,但是在大批量数据传送时,CPU 需要频繁地保留断点和程序转移,而在中断处理程序中,通常有一系列的寄存器保护和寄存器恢复的指令。这些指令显然和数据传送没有直接关系,却浪费了 CPU 的很多时间,因此引入了 DMA 方式传送。

DMA 传送的方式是:让数据不经过 CPU 控制传送,而由外部单独的专门控制器——DMA 控制器来控制,使数据直接在 I/O 接口和存储器之间传送。这就是对存储器的直接存取方式,简称 DMA 方式。DMA 方式是利用专门的硬件接口逻辑电路,完成外部设备与存储器之间的高速、大批量的数据传送。

下面以 DMA 控制器传送单个数据为例,介绍 DMA 控制器的工作过程,如图 8.12 所示。

1) I/O 设备准备进行 DMA 传送时,通过 I/O 接口向 DMA 控制器发 DMA 请求。

2) DMA 控制器收到 DMA 请求后,向 CPU 发总线请求(HLOD)。

3) CPU 在允许的情况下,向 DMA 控制器发总线响应信号(HLDA),同时让出 3 条总线的控制权,由 DMA 控制器接管。

4) DMA 控制器获得总线控制权后,将内存单元的地址送上地址总线。

5) DMA 控制器向 I/O 接口发 DMA 确认信号,通知 I/O 接口准备接收数据。

6) DMA 控制器发内存读信号将内存单元的内容送上数据总线。

7) DMA 控制器发 I/O 接口写信号将数据总线上的数据锁存在接口中。

8) DMA 控制器撤消总线请求。

9) CPU 收回总线的控制权。

从上述过程看 DMA 控制器应具备下列功能:

1) 外设准备就绪,通过接口能向 DMA 控制器发 DMA 请求信号,DMA 控制器转而向 CPU 发总线请求信号;

2) CPU 在允许状态下发 DMA 响应信号,同时让出总线控制权,DMA 控制器获得总线

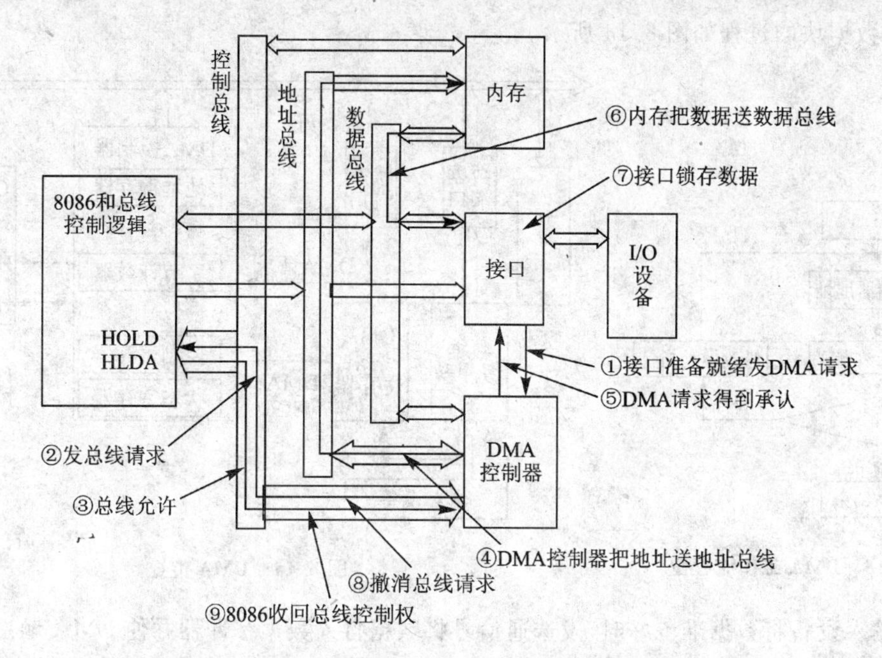

图 8.12　DMA 控制器传送单个数据(从内存到 I/O 接口)

控制权；

3) DMA 控制器向地址总线发地址信号，修改存储器或接口地址指针，每传送一字节，自动对地址寄存器的内容进行修改，指向下一个要传送的字节；

4) 在 DMA 期间，DMA 控制器能发读/写控制信号；

5) 内部计数器存放数据字节数，每传送一次自动减 1，减到 0，则 DMA 结束；

6) DMA 结束时，DMA 控制器向 CPU 发结束信号，将总线控制权交还给 CPU。

为此，在 DMA 控制器内部，有双向的数据总线，用于同 CPU 进行信息交换。CPU 向 DMA 控制器发控制命令或读 DMA 控制器的状态。有双向的地址总线，接收 CPU 的地址译码选通信息，同时也可向内存单元发地址信息。DMA 控制器既可接收 CPU 的控制信号，也可向接口或内存单元发控制信号，控制数据的传送过程。需要有一个地址寄存器，用于存放内存单元的起始传送地址，初值由 CPU 设定；需要有一个字节寄存器，用于存放数据块的长度，初值由 CPU 设定。

控制寄存器中，有 1 位作为 DMA 允许，用来控制接口的 DMA 请求。

控制寄存器中，有 1 位确定 DMA 方向，以便确定发送读或写信号。

控制寄存器中，有 1 位决定进行一次传输后，是否放弃总线控制权。

状态寄存器中，有 1 位表示数据块传输是否结束。

而对于接口的设计需要考虑以下几点：

控制寄存器中必须有 1 位指出数据传输的方向，以便 DMA 判断进行输入还是输出；

控制寄存器中必须有 1 位用来启动 I/O 操作，从而启动外设动作；

状态寄存器中必须有 1 位指出 I/O 设备当前是否忙。

DMA 控制器内部的工作过程如图 8.13 所示。

例 8.3　从接口往内存传输一数据块的过程。

传输数据块的过程如图 8.14 所示。

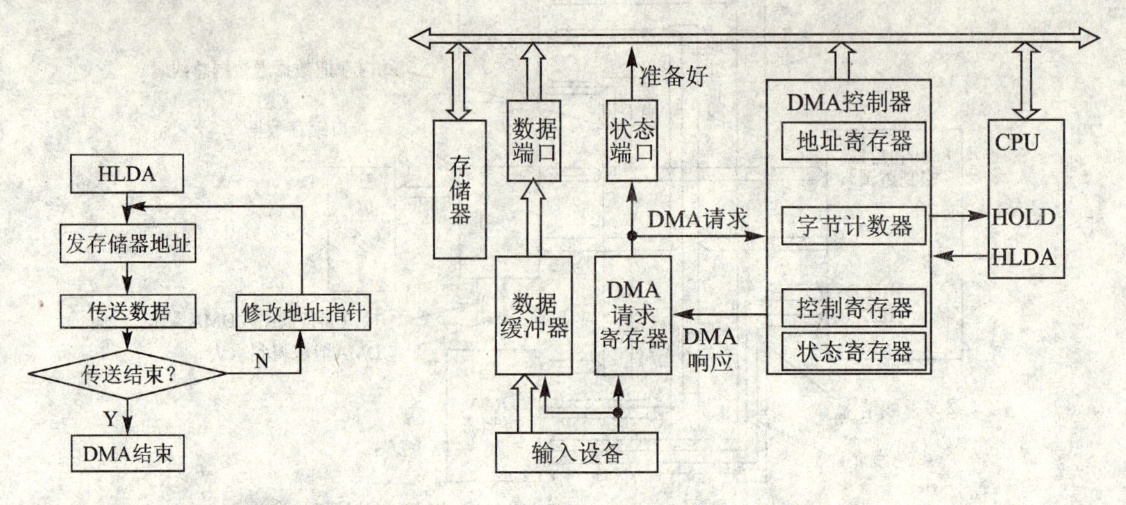

图 8.13 DMA 工作流程图

图 8.14 DMA 传送

1）输入设备将数据准备好时，发选通信号将数据打入数据缓冲器并使 DMA 触发器置 1，接口往 DMA 控制器发一个 DMA 请求。

2）DMA 控制器发总线请求，得到 CPU 送来的 DMA 允许信号后，便得到总线控制权。

3）DMA 控制器中地址寄存器的内容送到地址总线上。

4）DMA 控制器往接口发一个确认 DMA 传输信号，以便通知接口将数据送到数据总线。

5）数据送到地址总线所指出的内存单元。

6）DMA 控制器放弃对总线的控制权。

7）地址寄存器的值加 1。

8）字节计数器的值减 1。

9）如果字节计数器的值不为 0，则返回到 1)，否则 DMA 结束。

CPU 编程时，分别对 DMA 控制器和接口初始化以下信息：

- 对 DMA 控制器的字节计数器设置初值，以决定数据传输长度；
- 对 DMA 控制器的地址寄存器中设置初值，以确定数据传输所需的存储器首地址；
- 对 DMA 控制器设置控制字，指出数据传输的方向，是否块传输，并启动 DMA 操作；
- 对接口部件设置控制字，指出数据传输的方向，并启动 I/O 操作。

程序片段如下：

```
idle:  in   al,intstat          ;状态寄存器第 2 位为 I/O 设备忙位
       test al,04h
       jnz  idle
       mov  ax,count            ;数据块长度
       out  byte_reg,ax
       lea  ax,buffer           ;内存单元首地址
       out  add_reg,ax
       mov  al,dmac             ;DMA 控制 r 第 3 位为 1,接受 DAM 请求
       or   al,09h              ;DAM 控制 r 第 0 位为传输方向控制
```

```
out  dma_con,al          ;1:输入,0:输出
mov  al,intc             ;接口控制 r 第 2 位为 1,启动 I/O 操作
or   al,05h              ;接口控制 r 第 0 位为数据传输方向
out  int_con,al          ;1:输入,0:输出
```

DMA 控制器的工作特点有以下几个方面。

DMA 控制器既是一个接口,又不同于一般的接口。其一:它有 I/O 端口地址,可供 CPU 进行读写操作。其二:它能控制总线,提供一系列控制信号,像 CPU 一样操纵外设和存储器之间的数据传输。

DMA 控制器在传输数据时不用指令,而是通过硬件逻辑电路用固定的顺序发地址和用读写信号来实现高速数据传输。此过程 CPU 完全不参与,数据也不经过 CPU 而直接在外设和存储器之间进行传输。

8.4 I/O 指令

由于 8086/8088CPU 对 I/O 端口的编址方式属于 I/O 独立编址方式,所以要设置专门的输入输出指令来访问输入输出设备的接口。8086/8088 系统的输入输出指令有两类:输入指令和输出指令。

8.4.1 输入指令

输入指令的一般格式如下:

in　累加器,端口地址

输入指令从输入端口读取一个字节或一个字,放入 AL 或 AX 寄存器中。端口地址可以采用直接寻址方式或间接寻址方式表示。当采用直接寻址方式表示时,端口地址应为 8 位,即在 0～255 范围内。当采用间接寻址方式表示时,端口地址可为 16 位。16 位的端口地址必须存放在 DX 寄存器中,允许在 0～64 KB 的范围内对 I/O 端口进行访问。因此输入指令有如下四种形式(PORT 为 8 位端口地址)。

```
in  al,port     ;从 8 位端口地址输入一个字节
in  ax,port     ;从连续两个 8 位端口地址输入一个字
in  al,dx       ;从 16 位端口地址输入一个字节
in  ax,dx       ;从连续两个 16 位端口地址输入一个字
```

例 8.4

```
in  al,20h      ;从 20h 端口地址输入一个字节送 al
in  ax,20h      ;从 20h,21h 两个端口地址各输入一个字节送 ax
mov  dx,3fah    ;16 位的端口地址送 dx
in  al,dx       ;从 3fah 端口地址输入一个字节送 al
in  ax,dx       ;从 3fah,3fbh 两个端口地址各输入一个字节送 ax
```

8086CPU 在发出输入指令 IN 后,将产生有效的低电平 $M/\overline{IO}$信号和有效的低电平$\overline{RD}$信号,表示 CPU 将对选择的 I/O 端口进行读操作。

8.4.2　输出指令

输出指令的一般格式如下：

out　端口地址,累加器

输出指令把 AL 或 AX 寄存器中一个字节或一个字的内容输出到指定端口。端口地址可以采用直接寻址方式或间接寻址方式表示。当采用直接寻址方式表示时,端口地址应为 8 位,即在 0～255 范围内。当采用间接寻址方式表示时,端口地址可为 16 位。16 位的端口地址必须存放在 DX 寄存器中,允许在 0～64 KB 的范围内对 I/O 端口进行访问。因此输出指令有如下 4 种形式(PORT 为 8 位端口地址)。

```
out   port,al    ;将一个字节数据送入 8 位端口地址
out   port,ax    ;将一个字数据送入连续两个 8 位端口地址
out   dx,al      ;将一个字节数据送入 16 位端口地址
out   dx,ax      ;将一个字数据送入连续两个 16 位端口地址
```

例 8.5

```
out   60h,al     ;将 AL 中的内容送入 60h 端口地址
out   60h,ax     ;将 ax 中的内容送入 60h,61h 两个端口地址
mov   dx,03fch   ;16 位的端口地址送 dx
out   dx,al      ;将 al 中的内容送入 3fch 端口地址
out   dx,ax      ;将 ax 中的内容送入 3fch,3fdh 两个端口地址
```

8086CPU 在发出输出指令 out 后,将产生有效的低电平 $M/\overline{IO}$信号和有效的低电平$\overline{WR}$信号,表示 CPU 将对选择的 I/O 端口进行写操作。

习　题

1. I/O 接口的功能和作用是什么?

2. CPU 与外部设备进行信息交换,为什么必须通过输入输出接口?

3. 什么叫 I/O 端口? 一般的接口电路中有哪些端口?

4. CPU 对 I/O 端口的编址方式有几种? 8086/8088CPU 对 I/O 端口的编址方式属于哪种?

5. CPU 与 I/O 设备之间的数据传送有哪几种方式? 每种方式的工作特点是什么? 各适用于什么场合?

6. 简述查询式输入和查询式输出接口电路的工作原理。

7. 编写一个轮流测试两台设备的状态寄存器的程序。若发现状态寄存器的第 0 位是 1,则应从相应的设备输入一个数据字节。如果任何一个状态寄存器的第 3 位是 1,则停止输入过程。状态寄存器的端口地址为 24h 和 36h,对应数据输入缓冲寄存器的端口地址为 26h 和 38h,输入被送入从 BUFF1 和 BUFF2 开始的存储寄存器中。

8. 某一个微机系统中有 8 块 I/O 接口芯片,每个芯片占有 8 个端口地址,若起始地址为 9000h,8 块芯片的地址连续分布,用 74LS138 作译码器,试画出端口译码电路,并说明每块芯片的端口地址范围。

9. 什么是 DMA 传递方式? 说明 DMA 控制器应具有什么功能?

第 9 章 总线技术

在计算机系统中，用来连接计算机各部件的一束信号线称为总线，即总线是计算机中用来为各部件之间传输信息的公共通路。

计算机系统大多采用模块结构。一个微型机系统的硬件通常含有几块到十几块插件和外设。它们通过总线连起来即可构成系统。这种总线结构使系统灵活、简单，且便于开发。

微型计算机的总线按功能和应用场合，可分为三大类：

- 片总线：又称芯片内部总线或元件级总线。它是构成功能部件所用的信号线和连接线，如构成中央处理器所用的总线。
- 内部总线：又称板级总线或系统总线，用于微型计算机系统中各模块之间通信的总线。
- 外部总线：又称通信总线，用于微型机系统之间或微型机与设备之间的通信。

三类总线在微型计算机系统中的关系示意图如图 9.1 所示。下面分别介绍几种常用的总线标准。

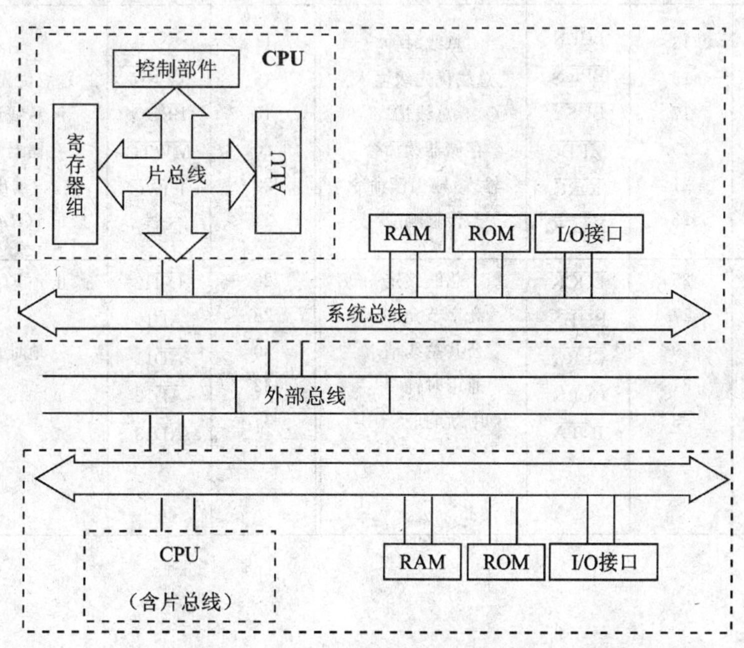

图 9.1　三类总线在微机系统中的关系示意图

9.1 MULTIBUS 的信号和总线操作

MULTIBUS(多总线)是 Intel 公司首先作为工业标准采用的。在 20 世纪 80 年代,多总线已被 IEEE 标准化,称为 IEEE-796 标准总线。

MULTIBUS 支持 8 位/16 位数据总线(若数据总线是 32 位的,则需用 MULTIBUS Ⅱ)。该总线的信号线全部用负逻辑定义,可有 8 级中断请求信号;允许同时有多个总线主模块。

9.1.1 MULTIBUS 总线的信号和定义

MULTIBUS 的信号线的定义如表 9-1 和表 9-2 所列。其中表 9-1 为其系统板插头 P 1 提供的总线信号;表 9-2 为插头 P2 的信号线,它提供的是用作掉电检测和掉电处理的信号。

表 9-1 MULTIBUS 的 P1 插头信号定义

信号类别	元件面			线路面		
	引脚号	符 号	功 能	引脚号	符 号	功 能
电源和地	1	GND	信号地	2	GND	信号地
	3	+5 V	+5 V 直流电源	4	+5 V	+5 V 直流电源
	5	+5 V	+5 V 直流电源	6	+5 V	+5 V 直流电源
	7	+12 V	+12 V 直流电源	8	+12 V	+12 V 直流电源
	9	-5 V	-5 V 直流电源	10	-5 V	-5 V 直流电源
	11	GND	信号地	12	GND	信号地
总线控制	13	$\overline{BCLK}$	总线时钟	14	$\overline{INIT}$	启动
	15	$\overline{BPRN}$	总线优先级输入	16	$\overline{BPRQ}$	总线优先级输出
	17	$\overline{BUSY}$	总线忙	18	$\overline{BREQ}$	总线请求
	19	$\overline{MRDC}$	存储器读命令	20	$\overline{MWTC}$	存储器写命令
	21	$\overline{IORC}$	输入/输出读命令	22	$\overline{IOWC}$	输入/输出写命令
	23	$\overline{XACK}$	传输响应	24	$\overline{INH}1$	禁止 1(RAM 禁止)
总线控制及地址	25	$\overline{LOCK}$	总线锁定	26	$\overline{INH}2$	禁止 2(ROM 禁止)
	27	$\overline{BHEN}$	高字节允许	28	$\overline{AD}10$	地址总线
	29	$\overline{CBRQ}$	公共总线请求	30	$\overline{AD}11$	
	31	$\overline{CCLK}$	通用时钟	32	$\overline{AD}12$	
	33	$\overline{INTA}$	中断响应	34	$\overline{AD}13$	

续表 9-1

信号类别	元件面			线路面		
	引脚号	符 号	功 能	引脚号	符 号	功 能
中断	35	$\overline{INT6}$	中断请求	36	$\overline{INT7}$	中断请求
	37	$\overline{INT4}$		38	$\overline{INT5}$	
	39	$\overline{INT2}$		40	$\overline{INT3}$	
	41	$\overline{INT0}$		42	$\overline{INT1}$	
地址	43	$\overline{ADRE}$	地址总线	44	$\overline{ADRF}$	地址总线
	45	$\overline{ADRC}$		46	$\overline{ADRD}$	
	47	$\overline{ADRA}$		48	$\overline{ADRB}$	
	49	$\overline{ADR8}$		50	$\overline{ADR9}$	
	51	$\overline{ADR6}$		52	$\overline{ADR7}$	
	53	$\overline{ADR4}$		54	$\overline{ADR5}$	
	55	$\overline{ADR2}$		56	$\overline{ADR3}$	
	57	$\overline{ADR0}$		58	$\overline{ADR1}$	
数据	59	$\overline{DATE}$	数据总线	60	$\overline{DATF}$	数据总线
	61	$\overline{DATC}$		62	$\overline{DATD}$	
	63	$\overline{DATA}$		64	$\overline{DATB}$	
	65	$\overline{DAT8}$		66	$\overline{DAT9}$	
	67	$\overline{DAT6}$		68	$\overline{DAT7}$	
	69	$\overline{DAT4}$		70	$\overline{DAT5}$	
	71	$\overline{DAT2}$		72	$\overline{DAT3}$	
	73	$\overline{DAT0}$		74	$\overline{DAT1}$	
电源和地	75	GND	信号地	76	GND	信号地
	77		保留	78		保留
	79	−12 V	−12 V 直流电源	80	−12 V	−12 V 直流电源
	81	+5 V	+5 V 直流电源	82	+5 V	+5 V 直流电源
	83	+5 V	+5 V 直流电源	84	+5 V	+5 V 直流电源
	85	GND	信号地	86	GND	信号地

表 9-2 MULTIBUS 的 P2 插头信号定义

元件面			线路面		
引脚号	符 号	功 能	引脚号	符 号	功 能
1	GND	信号地	2	GND	信号地
3	+5 VB	+5 V 电池	4	+5 VB	+5 V 电池
5		保留	6	VCCPP	+5 V 脉冲电源
7	−5 VB	−5 V 电池	8	−5 VB	−5 V 电池
9		保留	10		保留
11	+12 VB	+12 V 电池	12	+12 VB	+12 V 电池

续表 9-2

元件面			线路面		
引脚号	符　号	功　能	引脚号	符　号	功　能
13	$\overline{PFSR}$	电源掉电检测复位	14		保留
15	−12 VB	−12 V 电池	16	−12 VB	−12 V 电池
17	$\overline{PFSN}$	掉电检测	18	ACL0	AC 电源地
19	$\overline{PFIN}$	电源掉电中断	20	$\overline{MPR0}$	存储器保护
21	GND	信号地	22	GND	信号地
23	+15 V	+15 V 直流电源	24	+15 V	+15 V 直流电源
25	−15 V	−15 V 直流电源	26	−15 V	−15 V 直流电源
27	$\overline{PAR1}$	奇/偶检验中断 1	28	$\overline{HALT}$	总线主模块暂停
29	$\overline{PAR2}$	奇/偶检验中断 2	30	$\overline{WALT}$	总线主模块等待
31		保留	32	ALE	地址锁存
33			34		保　留
35			36	$\overline{BDRESET}$	模板复位开关
37			38	$\overline{AUXRESET}$	系统复位开关
39			40		保　留
41			42		
43			44		
45			46		
47			48		
49			50		
51			52		
53			54		
55	$\overline{ADR16}$	地址总线	56	$\overline{ADR17}$	地址总线
57	$\overline{ADR14}$		58	$\overline{ADR15}$	
59		保　留	60		保　留

9.1.2 MULTIBUS 的总线操作

9.1.2.1 MULTIBUS 的读/写操作

1. MULTIBUS 系统的读操作

总线主模块首先输出地址，然后发出读命令$\overline{MRDC}$或$\overline{IORC}$。从模块接到命令后，将数据置于数据总线，然后发出传输响应信号$\overline{XACK}$。当主模块收到$\overline{XACK}$信号后，便读取数据，并撤消读命令信号，随后$\overline{XACK}$也消失。

2. MULTIBUS 系统的写操作

总线主模块输出地址的同时，也送出数据，然后发出写命令$\overline{MWTC}$或$\overline{IOWC}$。随后，从模块接收数据，并发传输响应信号$\overline{XACK}$给主模块。当主模块收到$\overline{XACK}$信号后，便撤消写命令，并撤消地址和数据。

3. 在 MULTIBUS 系统中进行读/写操作时，对主模块发出信号的要求

● 地址信号必须在命令信号之前至少 50 ns 就已经稳定，并且在命令信号无效以后，至少还要稳定 50 ns。

- 读/写命令信号至少要保持 100 ns 的低电平。
- 写操作时，要求写入数据至少在写命令之前 50 ns 就已经有效。

9.1.2.2　总线仲裁

多总线为总线上各个主模块之间传递总线控制权提供了总线仲裁方式，来解决多个主模块对总线的竞争使用问题。多总线系统中实现总线仲裁一般有两种方式，即串行方式和并行方式。

在串行的总线仲裁方式中，各个主模块的总线请求的优先权取决于它在串行链中的位置，如图 9.2 所示。

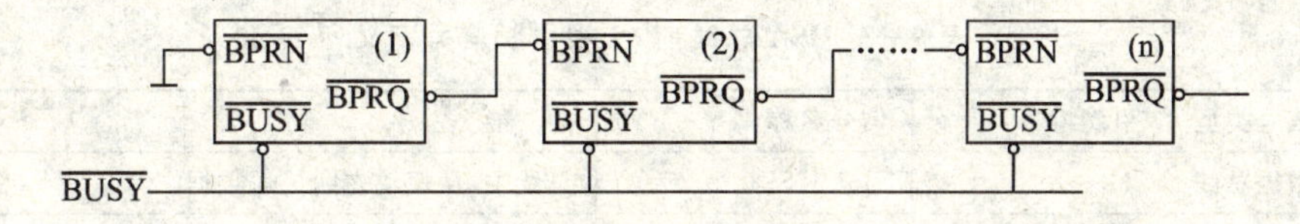

图 9.2　串行的总线仲裁方式

图 9.2 中主模块 1 的优先级最高，而主模块 N 的优先级最低，即最高优先权的主模块的 $\overline{\text{BPRN}}$接地。其后的主模块的优先级依次排定。对于一个主模块而言，只有其$\overline{\text{BPRN}}$端为低电平时，才可能获得总线控制权。所以主模块 1 很容易获得总线控制权。当它请求总线时，其$\overline{\text{BPRQ}}$变为高电平，即使下一级的$\overline{\text{BPRN}}$成为高电平，且逐级传递，使后面主模块的$\overline{\text{BPRN}}$均为高电平，从而封锁了后面各主模块对总线的请求。另外，当一个主模块需要使用总线时，先检查$\overline{\text{BUSY}}$信号的状态。若$\overline{\text{BUSY}}$有效时，表示当前正有其它模块在使用总线，此时该主模块必须等待，直到总线空闲。

在串行方式中，当串行链上的主模块数目多时，会有较大的信号传输延迟。所以它只适用于较小的系统中。

并行的总线仲裁方式，如图 9.3 所示。在并行方式中，总线仲裁是通过总线仲裁器中的优先权编码器和优先权译码器来完成的。总线"请求"信号经优先权编码器产生相应编码，并由优先权译码器向优先权最高的主模块发出总线"允许"信号，则该模块的"请求"信号$\overline{\text{BREQ}}$变为无效，并置$\overline{\text{BUSY}}$信号为有效状态。当一个主模块要使用总线时，必须先检测$\overline{\text{BUSY}}$信号。当$\overline{\text{BUSY}}$信号为无效状态时，所有需要使用总线的主模块都可以发出总线"请求"信号。

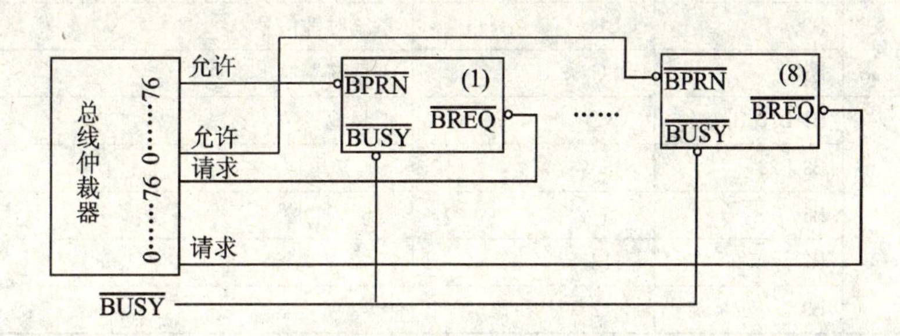

图 9.3　并行的总线仲裁方式

并行仲裁方式允许总线上连接较多的主模块，而且仲裁电路也不复杂，所以是一种较好的总线仲裁方式。

9.2 ISA 总线

在 20 世纪 80 年代初，IBM 公司为适应 8/16 位数据总线的要求推出了 ISA(Industrial Standard Architecture)总线。由于 ISA 总线是在 XT 总线 62 线的基础上扩充的，所以它有前 62 引脚插座和后 36 引脚插座。ISA 总线前 62 引脚的编号为 A1～A31 和 B1 ～B31，其信号定义同于 XT 总线，这是为了保持与 XT 的兼容性；后 36 引脚的编号为 C1～C18 和 D1～D18。ISA 总线 98 根信号线的定义如表 9-3 和表 9-4 所列。

表 9-3　ISA 总线前 62 根引脚信号定义

信号类型	引脚编号	信号名称	功　能
数据总线	A2～A9	SD7 ～SD0	总线主/从模块之间传送数据
地址总线	A12～A31	SA19～SA0	提供对存储器或 I/O 设备寻址
控制总线	A1	I/O CHK	向 CPU 提供扩充存储器或外设奇偶错
	A10	I/O CHRDY	I/O 通道就绪
	A11	AEN	地址允许信号，用于 DMA 操作
	B2	RESET DRV	系统复位信号
	B8	$\overline{OWS}$	零等待状态信号
	B11	$\overline{SMEMW}$	存储器写
	B12	$\overline{SMEMR}$	存储器读
	B13	$\overline{IOW}$	I/O 写
	B14	$\overline{IOR}$	I/O 读
	B15，B26，B17	$\overline{DACK3}$～$\overline{DACK1}$	DMA 响应信号
	B16，B6，B18	DRQ3～DRQ1	DMA 请求信号
	B19	$\overline{REF\ RESH}$	DRAM 刷新信号
	B21～B25 B4	IRQ7～IRQ2	中断请求信号
	B27	T/C	DMA 通道计数终止信号
	B28	BALE	地址锁存信号
定时信号	B20	CLK	系统时钟信号
	B30	OSC	主振荡器输出信号
电源与地线	B1 B10 B31	GND	信号地
	B3 B29	＋5 V	＋5 V 电源
	B5	－5 V	－5 V 电源
	B7	－12 V	－12 V 电源
	B9	＋12 V	＋12 V 电源

表 9 - 4　ISA 总线后 36 根引脚信号定义

信号类型	引脚编号	信号名称	功　能
数据总线	C11～C18	SD8～SD15	数据总线高 8 位
地址总线	C2～C8	LA23～LA17	存储器或 I/O 设备的最高 7 位地址
控制总线	C1	SBHE	数据高字节允许信号
	C9	$\overline{\text{MEMR}}$	所有存储器读
	C10	$\overline{\text{MEMW}}$	所有存储器写
	D1	$\overline{\text{MEMCS16}}$	存储器 16 位芯片选择信号
	D2	I/O CS16	I/O 设备 16 位芯片选择信号
	D3～D7	IRQ10～IRQ14	中断请求信号
	D8,D10,D12,D14	$\overline{\text{DACK0}}$,$\overline{\text{DACK5}}$～$\overline{\text{DACK7}}$	DMA 响应信号
	D9,D11,D13,D15	DRQ0,DRQ5～DRQ7	DMA 请求信号
	D17	$\overline{\text{MASTER}}$	主设备信号 指示 I/O 处理器将控制总线
电源与地线	D16	+5 V	+5 V 电源
	D18	GND	信号地

9.3　EISA 总线

EISA(Extended Industry Standard Architecture)总线是 ISA 总线的扩展,是一种高性能的 32 位标准总线。EISA 总线具有近 200 条信号线,凡是 ISA 总线上原有的信号线 EISA 均予以保留。主要增加的信号如表 9 - 5 所示。

表 9 - 5　EISA 主要增加的信号线

信号名称	功　能
D31～D10	数据总线高 16 位
LA31～LA24	地址总线高 8 位
LA16～LA2	新增的未锁存的 A16～A2 地址总线
DE3～DE0	对 32 位数据总线 4 字节中各字节的选通信号
$\overline{\text{LOCK}}$	总线锁定信号
$\overline{\text{EX}}$32	内存或 I/O 从设备用该信号表示其对 32 位传送的支持
$\overline{\text{EX}}$16	内存或 I/O 从设备用该信号表示其对 16 位数据传送的支持
$\overline{\text{STAR}}$	给出开始一个周期的时序控制
$\overline{\text{CMD}}$	给出在一个周期中的时序控制
M/$\overline{\text{IO}}$	指示当前周期类型是内存访问还是 I/O 访问
W/$\overline{\text{R}}$	指示当前周期类型是读还是写
EXRDY	指示是否需要加入等待周期
$\overline{\text{MREQ}_X}$	对应于每一插槽的 EISA 总线请求线
$\overline{\text{MAX}_X}$	对应每一插槽的 EISA 总线响应线
$\overline{\text{SLBURST}}$	从设备用该信号表示支持对突发方式传送
$\overline{\text{MSBVRST}}$	主设备用该信号向从设备表示其可产生突发式传送

EISA 总线的数据总线为 32 位，即支持 32 位数据传送；地址总线为 32 位，即可支持 4GB 的物理地址空间，并具有高速同步传送功能。EISA 总线提供循环的总线仲裁方式。

9.4　VESA 总线

VESA(Video Electronics Standard Association)总线是 VESA 协会与 60 余家公司联合推出的一种局部总线，也称为 VL 总线。它是对系统总线 ISA，EISA 等的补充，只能和系统总线一起而形成 ISA/VL 或 EISA/VL 等总线体系结构。

VL 总线主要特征如下：

- 具有 32 位数据宽度，还可扩展到 64 位；
- 支持多个总线主控器；
- 外设与 CPU 同步工作，其最高工作频率可达 40 MHz，最大数据传输速率为 160 MB/s。

由于 VL 总线是面向 i486 设计的，所以其与 486 机匹配最佳。

9.5　PCI 总线

Intel 公司在 1991 年首先推出了 PCI 总线(Peripheral Component Interconnect)。它也是一种局部总线。

实现 PCI 总线所需的全部控制由 PCI 桥来完成。在 PCI 桥与 CPU 总线的接口中具有数据缓冲器，使 CPU 与 PCI 总线上的设备可以并发工作。另外在 PCI 总线结构中还需由标准总线桥将 PCI 总线转换为 ISA，EISA 等标准系统总线。PCI 总线的系统结构如图 9.4 所示。

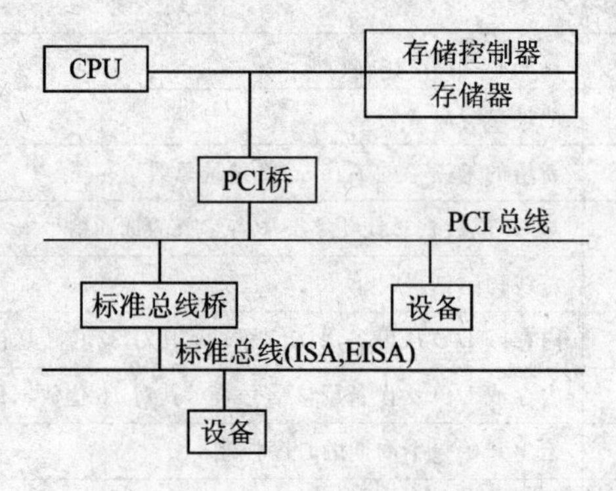

图 9.4　PCI 总线的系统结构

PCI 总线的数据宽度为 32 位，可扩充到 64 位。时钟频率为 33 MHz，与 CPU 时钟无关，所以其带宽为 132 MB/s～264 MB/s，甚至更高。由于 PCI 总线与 CPU 及时钟无关，因而 PCI 插卡对所有 x86 体系结构的微机都通用，且可即插即用(Plug and Play)，给用户使用带来极大方便。PCI 总线标准对协议、时序、负载、电气特性及机械特性等都有严格的规定，保证了它的可靠性和兼容性。

9.6 USB 总线

9.6.1 通用串行总线 USB

"USB"的英文全称为"Universal Serial Bus",中文名通常称之为"通用串行总线"接口。它是一种串行总线系统,带有5 V电压,支持即插即用功能,支持热拔插功能,最多能同时连入127个USB设备,由各个设备均分带宽。

随着计算机技术的广泛应用,连接的外部设备越来越多,如键盘、鼠标、显示器、打印机、扫描仪、数码相机、数码摄像机、音频系统、移动存储设备等。如果为每个设备配备一个接口,将使系统的连接变得十分繁复。

为此,Intel,Compaq,IBM,Microsoft,NEC,NorThern 和 Telecom 等7家公司共同推出了新一代接口标准USB (Universal Serial Bus)通用串行总线,是外围设备与计算机进行连接的新型接口。最早的版本于1994年推出,于1996年1月推出了1.0版本,1998年9月USB1.1版本发布,2000年4月又推出了2.0版本。

USB1.x版本只支持低速1.5 Mb/s和全速12 Mb/s两种传输波特率。

USB2.0版本支持低速1.5 Mb/s和全速12 Mb/s及高速480 Mb/s三种传输波特率。

总体来说,就目前的USB2.0而言,技术性能已经十分完善了,速度也上了一个新台阶。USB标准已经得到了普及,现在的普通PC都带有2～6个USB接口,已成了PC机及其他周边设备必备或者首选接口。

其基本设计思想是:采用通用的连接器和自动配置及热插拔技术和相应的软件,实现资源共享以及外设简单快速地与计算机连接。USB外设的安装十分简单,所有的USB外设利用ONE－SIZE－FITS－ALL(统一规格)连接器都可以简单方便地连接到计算机中,即支持即插即用功能。

一个USB总线的基本组成是:一个主机和若干台从设备。这些从设备都连接在USB总线上,它们可以是音箱、显示器,还可以是集线器、鼠标、扫描仪等。

9.6.2 USB 系统的拓扑结构

9.6.2.1 USB 系统的组成

1. 硬件部分

USB硬件部分包括USB主机、USB设备(Hub和功能设备)和连接电缆,如图9.5所示。

- USB主机:是一个带USB主控制器和根Hub的PC机。在USB系统中只有1个主机。
- USB主控制器/根Hub(USB Host Controller/Root Hub):USB主机控制器功能是构成USB的必需部件,分别完成对传输的初始化和设备的接入。主机控制器负责产生主机软件调度的传输,然后再传给根Hub。一般来说,每一次USB交换都是在根Hub中组织的。
- USB根集线器组:除了根集线器外,为了接入更多的外部设备,系统还需要其他USB集线器组。它可以串在一起并接到根集线器上。

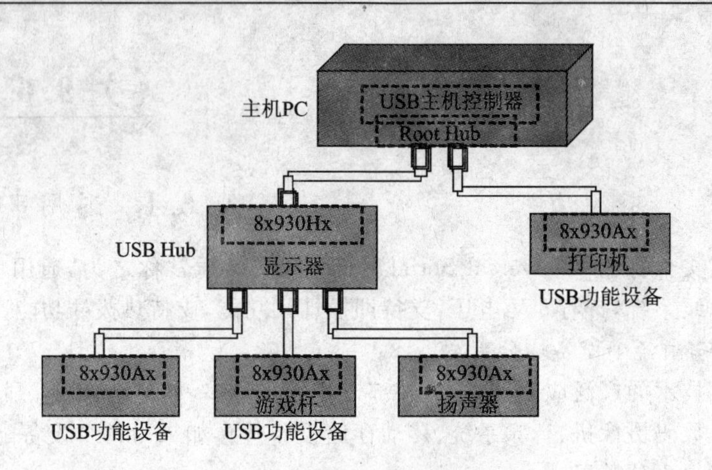

图 9.5 USB 硬件组成

- USB 功能设备:能在 USB 总线上发送和接收数据或主机的控制信息。它是完成某项具体功能的硬件设备,如鼠标、键盘、移动硬盘等。一种功能设备就是连接到 Hub 上的一种外部设备。
- USB 连接电缆:是四芯电缆,分上游插头和下游插头,分别与集线器 Hub 和外部设备进行相连或集线器 Hub 和集线器 Hub 进行相连。USB 系统使用两种电缆:用于全速通信的,由防护物的双绞线和用于低速通信的,不带防护物的非双绞线(同轴电缆)。
- 8x930Hx:是 USB 集线器芯片的一种。USB 集线器芯片负责将 USB 的一个上游端口转化为多个下游端口,实现功能设备与 USB 主机之间的物理数据的传输。USB 集线器芯片是构成集线器的必需部件。推出 USB 的几大公司开发了各种型号的 USB 集线器芯片供用户选用。

2. USB 软件组成。

USB 软件由三部分组成。

USB 设备驱动程序(USB Device Drivers)负责处理 USB 设备的 I/O 请求,并对目标设备进行数据传输。

USB 驱动程序(USB Driver)在设备设置时,读取描述寄存器以获取 USB 设备的特征,并根据这些特征组织数据传输。

主控制器驱动程序(Host Controlle Driver)完成对 USB 数据传输的调度,并通过根 Hub 及其他的 Hub 完成对数据传输的初始化。

9.6.2.2 USB 总线的拓扑结构

USB 总线用来实现主机与各 USB 设备的连接。USB 在物理上连接成一个层叠的星形拓扑结构。Hub 是每个星的中心,每根线段表示一个点到点的连接,可以是主机与一个 Hub 或功能设备之间的连接,也可以是一个 Hub 与另一个 Hub 或功能设备的连接。USB 的拓扑结构如图 9.6 所示。

- USB 的拓扑结构最多只能有 7 层。这是由于对 Hub 和电缆传输时间的限制。
- USB 系统的主机和任一功能设备之间的通信最多支持 5 层非根 Hub。
- 复合设备要占据两层,不能把它放到第 7 层。

对 PC 微机而言,USB 系统中的主机就是一台带 USB 主控制器的 PC 机。USB 主控制器

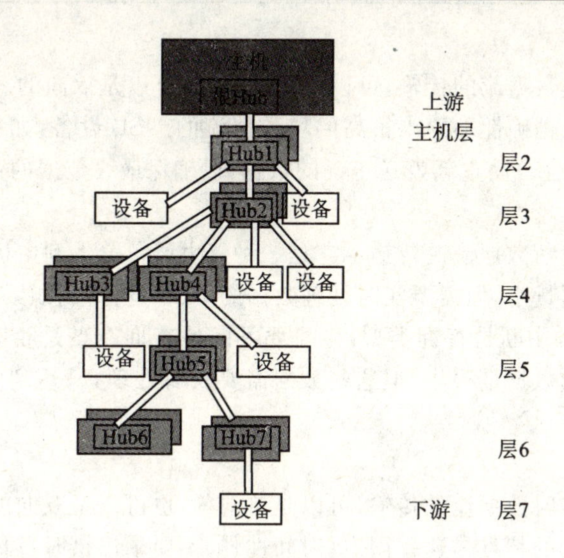

图 9.6 USB 的拓扑结构

由硬件、软件、微代码组成。

在 USB 系统中只有一台 USB 主机。主机是主设备，控制 USB 总线上所有的信息传送。根集线器与主机相连，下层就是 USB 集线器和功能设备。在 PC 机的 USB 拓扑结构中，USB 设备的具体连接方式如图 9.7 所示。

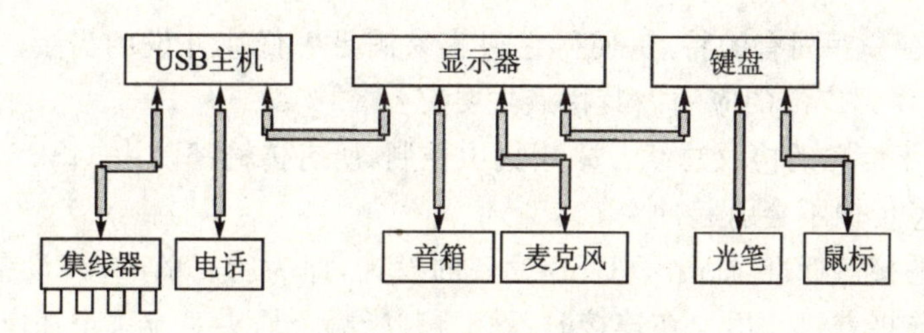

图 9.7 USB 设备的具体连接方式

PC 的硬件必须有 USB 主机控制器、一个根集线器(包含有一个或多个 USB 端口)。目前新式 PC 都有一个 USB 的主机控制器，至少有一个含两个 USB 端口的根集线器。

9.6.3 USB 的传输类型

USB 的传输类型实质上是指 USB 的数据流类型。针对设备对系统资源需求的不同，在 USB 规范中规定了 4 种不同的数据传输方式，即控制信号流、块数据流、中断数据流和实时数据流。

9.6.3.1 控制传输

控制传输是指控制信号流的传输，它是双向的。当 USB 设备加入系统时，USB 系统软件与设备之间将建立起控制信号流以发送控制信号。它的传输通常要经历 Setup，Data，Status 三个阶段。在 Setup 阶段，主机给设备发出命令。在 Data 阶段传输 Setup 所设定的数据；在 Status 阶段，设备将向主机发回联络(握手)信号。该方式用来处理主机到 USB 设备的数据传输，包括设备控制指令、设备状态查询及确认命令。当 USB 设备收到这些数据和命令后，将依据先进先出的原则处理到达的数据，如数码摄像机、数码相机等。

9.6.3.2 批量传输

批量传输是指对块数据流的传输,可以是单向的,也可以是双向的。该方式可以用于传送对时间性要求不强而对正确性却要求很高的块数据流的USB设备,如打印机、扫描仪等。当发生传输错误时,USB会自动重新发送正确的数据,以确保最终数据的正确性。

9.6.3.3 中断传输

中断传输是指对中断数据流的传输。它是一种仅由设备输入到主机的单向数据传送。该方式可以用于传送数据量小,但需要实时处理数据的USB设备,例如鼠标、键盘等输入设备即采用这种方式。USB的中断是查询类型,主机要不断地查询端点是否有中断请求输入,如有则处理。该方式传送的数据量很小,但这些数据需要及时处理,以达到实时效果,其查询速度可达1 kHz。

9.6.3.4 等时传输

等时传输是指对实时数据流的传输,可以是单向的,也可以是双向的,用于传输连续性、实时性的数据。这种传输的特点是速率固定、时间性强,不要求出错时重传。该方式用来连接需要连续传输的数据,且对数据的正确性要求不高而对时间极为敏感的外部设备,如麦克风、音箱、电话等。等时传输方式以固定的传输速率,连续不断地在主机与USB设备之间传输数据;在传送数据发生错误时,USB并不处理这些错误,而是继续传送新的数据。

9.6.4 USB的主要特点

USB总线具有一些固有的特点,使得它很容易满足中低速外设的需要。USB易于使用、管理和设计,因而得到广泛的应用。其特点主要有:

1) 是一种基于信息的协议总线。采用集中控制,所有传输都是由USB主控制器引发的,因此总线上的信息传输不会引起冲突。

2)采用统一的接口标准,简化了USB设备的设计,即为所有的USB设备提供了单一的、易于操作的标准连接方式。用户在连接时不必再判断哪个插头对应哪个插座。

3)速度快,提供全速12 Mb・s^{-1}、低速1.5 Mb・s^{-1}和高速480 Mb・s^{-1}(USB2.0)3种速率来适应不同类型的设备。速度快是USB最突出的特点之一。现在USB1.1接口最高的传输速率可以达到12 Mb・s^{-1},比起传统的串口、并口的传输速度要快许多。而且新的USB2.0标准最高传输速率会达到480 Mb・s^{-1},也就是60 Mb・s^{-1}。这也是USB在这么短时间内得以迅速普及的根本原因,如现在Modem、ADSL、Cable Modem、打印机、扫描仪、数码相机等无不纷纷提供对USB接口的支持,推出其USB接口产品。

4)方便使用,支持热插拔,最大支持127台物理设备的连接。USB的热拔插特性使得在使用USB接口时可以非常方便地带电插拔各种硬件,而不用担心硬件是否有损坏。它还支持多个不同设备串连。一个USB接口最多可以连接127个USB设备。USB设备也不会有IRQ冲突的问题,因为它会单独使用自己的保留中断,所以不会使用电脑有限的资源,实现真正的“即插即用”,大家不用再为IRQ冲突烦心了。这也是USB产品比起原来的串口、并口产品具有明显优越性的一面。

5)自供电,可为设备提供电源(最高可达200 mA)。USB设备不再需要单独的供电系统,而使用串口等其他设备都需要独立电源。USB接口内置了电源线路,可以向低压设备提供5V的电。这是相比原来的串口,并口设备优越的一面;但这仅适用于小功率的设备,如鼠标、键盘、Modem之类。

6)成本低,具有广泛的应用领域。这是USB标准最大的一个特点,也是目前它与IEEE 1394标准相比具有明显优势的一面。USB接口技术相比IEEE 1394技术来说比较简单,所以通常不需要单独芯片支持,而是可在主板芯片中附加,这样就节省了设备的固定成本,这也就具有了应用的先天基础。正因为这样的原因,再加上其高速特性,所以USB技术在短短几年时间内在各种设备中得到了迅速普及和应用。目前,USB除了可以应用于常见的PC机及外围设备中外,它还广泛地应用于多媒体设备,支持USB的声卡和音箱,可以更好地减少噪声。

7)可靠,占用主机资源少,对用户而言隐藏了技术细节,系统与设备相互独立。

8)带宽足以满足多媒体应用的需要。

习　题

1. 总线的定义与作用是什么?
2. 微型计算机的总线按功能和应用场合可分为哪几类?
3. 总线仲裁的方式有哪几种?分别简述它们的工作原理。
4. ISA总线与EISA总线有何区别?
5. 简述PCI总线的系统结构。
6. 简述USB总线的特点。

第10章 PC机通信接口和常用外设接口

计算机系统中各部件间的通信连接,尤其是主机与外设之间的通信连接,可以采用两种通信方式:一种是并行通信方式,另一种是串行通信方式。

并行传输方式的特点是,可以将8位、16位,甚至32位数据同时从一个设备传送到另一个设备。发送设备经过8条单独的数据线(数据总线)向接收设备传送8位数据。接收设备接收到数据以后,可以不加修改或翻译直接使用。很明显,利用这样的数据传输方式,电缆的开销很大,不适于远距离传输。

串行数据传输的特点是,在传输过程中,数据一位一位地沿着一条传送线从一个设备传至另一个设备。

很明显,这种通信方式在数据传输率相同的情况下,它的速度不及并行传送方式。那么,为什么有时还必须选用串行传送方式呢?原因是实现硬件的经济性和实用性的要求选用串行传送更合理。

并行数据传输要求在两台计算机之间装一根至少有8条数据线的电缆,如果距离不长时在经济上还是允许的;但对长途数据传输来说,利用已有的电话设备会比装设并行电缆和放大器更经济,由于已有的电话设备已经设计好了,为了利用这些设备,就必须研究串行数据传送。

10.1 并行通信与并行接口

10.1.1 简　述

并行通信就是把一个字符的各数位用几条线同时进行传输。并行通信一般用于数据传输率较高,而传输距离较短的场合。实现并行通信的接口就是并行接口。

对于一般的并行接口,在设计时可以简单地设计为输入接口、输出接口或输入/输出接口。后一种的设计也可有两种方案:一是利用同一接口的两个通路(输入通路和输出通路);二是用一双向通路进行分时动作。

图10.1为并行接口连接外设的示意图。

图10.1中并行接口包含:控制寄存器用来接收CPU对它的控制命令;状态寄存器用来提供各种状态供CPU查询;输入/输出缓冲器用来实现输入和输出。

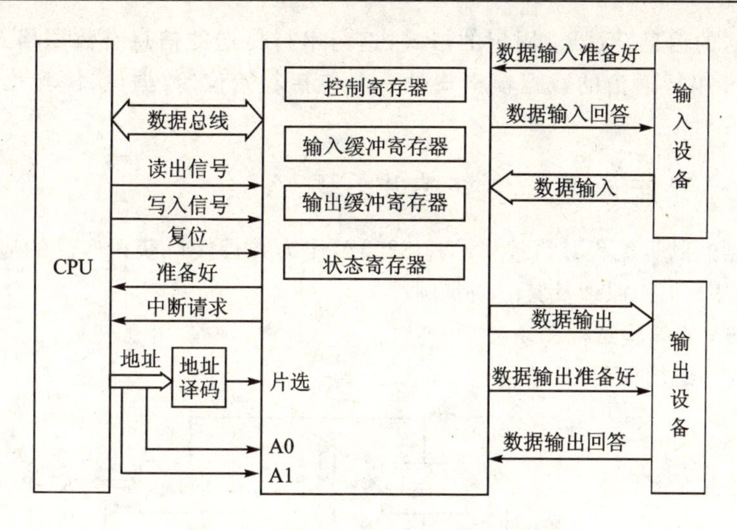

图 10.1　并行接口连接外设的示意图

其输入过程是：

1）外设将数据送给接口，并使状态线“数据输入准备好”有效。

2）接口把数据收到输入缓冲器中，同时使“数据输入回答”线有效，作为对外设的响应。

3）外设接收回答信号后，撤除“数据输入准备好”信号线。

4）数据到达接口后，接口在状态寄存器中设置“输入准备好”状态位，以便 CPU 查询，或向 CPU 发中断请求。

5）CPU 从接口中读取数据后，接口自动清除“输入准备好”状态位，并使数据线呈高阻态。

6）开始下一个输入过程。

其输出过程是：

1）外设从接口取走一个数据后，接口会将状态寄存器中“输出准备好”状态有效，供 CPU 查询，或向 CPU 发一中断请求。

2）CPU 当前可往接口中输出数据。

3）数据到达接口的输出缓冲器后，接口自动清除“输出准备好”状态，并将数据送到外设，同时接口往外设发一“驱动信号”，启动外设接收数据。

4）外设启动后，便收取数据，并往接口发一“数据输出回答”信号。

5）接口收到此信号，再次将状态寄存器置状态位。

6）开始下一个输出过程。

一般并行接口有以下几个特点：

1）并行接口最基本的特点是在多根数据线上以数据字节为单位与 I/O 设备或被控对象传送信息，如打印机接口，A/D、D/A 转移器接口，IEEE－488 接口，开关量接口，控制设备接口等。

2）在并行接口中，除了少数场合之外，一般要求在接口与外设之间设置并行数据线的同时，至少还要设置两根握手信号线，以便用互锁异步握手方式的通信。

3）在并行接口中，8 位或 16 位是一起行动的，因此，当采用并行接口与外设交换数据时，即使是只用到其中的一位，也是一次输入/输出 8 位或 16 位。

4) 并行传送的信息,不要求固定的格式,这与串行传送的信息有数据格式的要求不同。例如,起步式异步串行通信的数据帧格式是一个包括起始位、数据位、检验位和停止位等的数据。

10.1.2　可编程并行通信接口芯片 8255A

Intel 公司生产的可编程并行接口芯片 8255A 作为并行接口获得广泛的应用。本节介绍 8255A 芯片的结构、工作原理及其应用实例。

10.1.2.1　8255A 的编程结构和功能

8255A 的内部结构如图 10.2 所示。

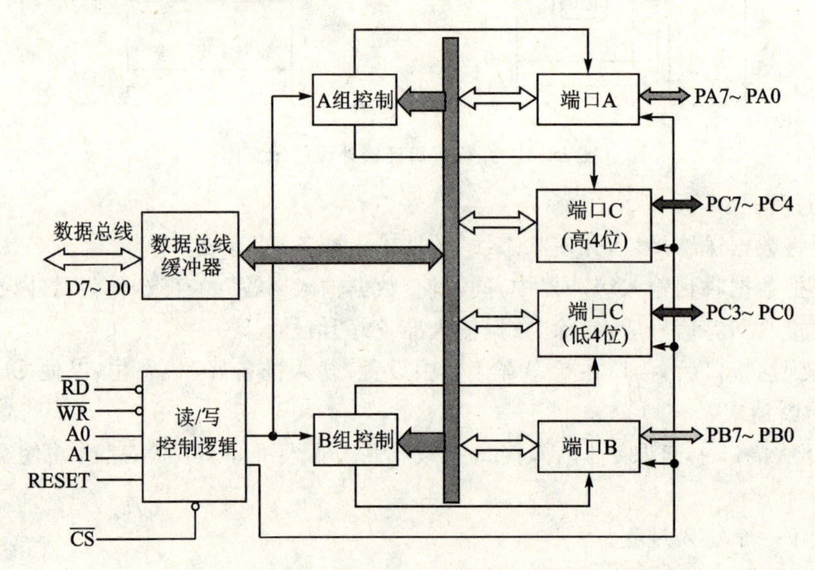

图 10.2　8255A 内部结构示意图

1. 并行输入/输出端口 A,B,C

8255A 芯片内部有三个 8 位端口,即端口 A、端口 B 和端口 C。这三个端口具有各自的功能,可以通过编程确定它们的功能。其中端口 A 包含一个 8 位的数据输出锁存器/缓冲器和一个 8 位的数据输入锁存器。所以,用端口 A 作为输入端口或输出端口时,数据均受到锁存。端口 B 包含一个 8 位的数据输入缓冲器和一个 8 位的数据输出锁存器/缓冲器。所以,端口 B 作为输入端口时不能对数据进行锁存;而端口 B 作为输出端口时,能对数据进行锁存。端口 C 包含了一个 8 位的数据输入缓冲器和一个 8 位的数据输出锁存器/缓冲器。所以,当端口 C 作为输入端口时,不能对数据进行锁存;而作为数据输出端口时,能对数据进行锁存。

端口 C 可以通过设定工作方式而分成两个 4 位的端口:一个 4 位输入缓冲器和一个 4 位输出锁存缓冲器。它们与端口 A 和端口 B 一起用于输出控制信号和输入状态信号。

端口 C 有两种写入方式:字节写入和位写入。

在使用中,端口 A,B,C 均可作为独立的输入或输出端口使用。其中端口 A 还可以作为分时双向端口使用。必要时,端口 C 可配合端口 A 和端口 B 工作。也就是说,端口 C 可以分成两个 4 位端口,分别配合端口 A 和端口 B 工作。端口 A 和端口 C 高 4 位构成 A 组;端口 B 和端口 C 低 4 位构成 B 组。通常用控制字把端口 A 和端口 B 定义为输入/输出数据端口,把端口C定义为控制端口，用来传送控制信息或状态信息。

2. A组和B组

端口A和端口C的高4位(PC7～PC4，见图10.2右)构成A组，由A组控制部件对它进行控制；端口B和端口C的低4位(PC3～PC0，见图10.2右)构成B组，由B组控制部件对它进行控制。这两个控制部件各有一个控制单元，接收来自读/写控制部件的命令信号和CPU通过数据总线送来的控制字，并根据控制字来定义各端口的工作方式。

3. 读/写控制逻辑

读/写控制逻辑电路接收CPU送来的控制信号，并根据它们向片内各功能部件发出操作命令来管理8255A的数据、状态和控制信息的传输过程。

读/写电路可接收的控制命令信号有：

$\overline{CS}$：片选信号，由CPU的地址总线的高位经译码器译码产生，$\overline{CS}$为低电平时，表示8255A被选中。

A1，A0：端口选择信号，指明哪一个端口被选中。

当A1，A0＝00，选中端口A；

当A1，A0＝01，选中端口B；

当A1，A0＝10，选中端口C；

当A1，A0＝11，选中控制端口。

8255A的几个控制信号和传输动作之间的关系如表10-1所列。

表10-1 8255A读/写控制逻辑

$\overline{CS}$	$\overline{RD}$	$\overline{WR}$	A1	A0	功能
0	1	0	0	0	数据从CPU→端口A
0	1	0	0	1	数据从CPU→端口B
0	1	0	1	0	数据从CPU→端口C
0	1	0	1	1	写入控制字
0	0	1	0	0	数据从端口A→CPU
0	0	1	0	1	数据从端口B→CPU
0	0	1	1	0	数据从端口C→CPU
0	0	1	1	1	无效
0	1	1	×	×	无操作
1	×	×	×	×	D7～D0呈高阻态

RESET：复位信号，当RESET有效时，内部所有的寄存器均被清零，同时三个数据端口被自动设置为输入端口。

4. 数据总线缓冲器

它是一个双向三态的8位数据缓冲器，8255A通过它与系统数据总线相连，是8255A与CPU之间传输数据的必由之路。输入数据、输出数据、CPU发给8255A的控制字都是通过数据总线缓冲器传送的。

10.1.2.2 8255A的控制字

8255A有三种基本工作方式。

方式0:基本输入输出方式;

方式1:选通的输入输出方式;

方式2:双向输入输出方式。

8255A的端口A可用上述三种工作方式中的任何一种方式工作,而端口B只能用方式0和方式1两种工作方式中的任何一种方式工作,而不能用方式2工作。端口C只有方式0一种工作方式,而大多数情况下,端口C被分成高4位和低4位两部分,用来传递控制或状态信息,配合端口A和端口B工作。

三个端口到底各用哪一种方式工作,则由PCU写入的方式选择字来确定。另外,端口C配合端口A或端口B工作时,可将它某一位置1或置0,这是由对C口置1/置0命令字来确定的。下面我们来介绍方式选择字和对端口C的置1/置0控制字的格式和含义。

1. 方式选择字

8255A的方式选择字的格式如图10.3所示。

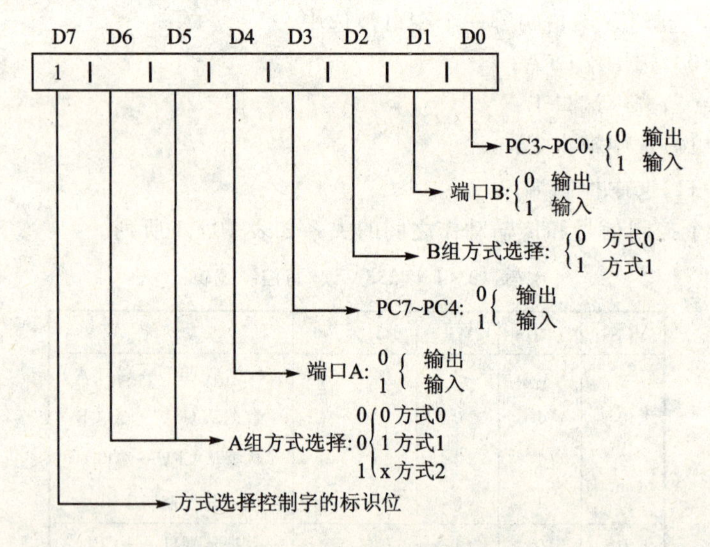

图10.3 8255A方式选择字格式

8255A的工作方式选择字用来设定端口的工作方式和数据的传输方向。它可以分别设定端口A和端口B的工作方式。A组包括端口A和端口C的高4位;B组包括端口B和端口C的低4位。A组可以选择方式0、方式1或方式2;而B组只能选择方式0或方式1。端口A的8位和端口B的8位必须作为一个整体来设定工作方式,而端口C的高4位和低4位可以选择不同的工作方式。端口A、端口B、端口C的高4位和低4位不仅可以选择不同的工作方式,而且还可以设定为输入端口或输出端口。8255A四个部分的工作方式及每一部分是输入还是输出,都可以按照规定相互组合起来,因此,8255A的输入/输出结构非常灵活,能够和多种输入/输出设备接口。例如,可以和8位、10位、12位、16位、20位、24位等设备接口。传输数据可以采用无条件传送、查询传送和中断传送等方式。

8255A的初始化程序非常简单,只要CPU执行一条输出指令将方式选择字写入控制寄存器就可以了。

例10.1 假设一块8255A的端口A的地址为0500h,试编写一个程序。它的作用是:

1) 将A组和B组置成方式0,端口A和端口C作为输入端口,端口B作为输出端口。

2）将 A 组置成方式 2，B 组置成方式 1，端口 B 作为一个输出端口。

3）将 A 组置成方式 1，且端口 A 作为输入端口，PC6 和 PC7 作为输出；B 组置成方式 1，且端口 B 作为输入端口。

首先确定每一种情况的方式选择字如下：

情况 1）的方式选择字为：10011001B；

情况 2）的方式选择字为：110XX10XB；

其中 X 是 0，1 中任意数。因为方式 2 和方式 1 将 PC7～PC0 自动确定为输入/输出，不受 D4，D3 和 D0 的影响。

情况 3)的方式选择字为：1011011XB；

其中 X 是 0，1 任意数。因为 B 口设定为方式 1 输入，所以 PC2～PC0 已自动确定了输入/输出；端口 A 被设定为方式 1 输入，所以 PC3 自动作为中断请求线了，因此 PC3～PC0 不受 D0 位的控制了。

方式选择字确定后，即可通过输出指令将它们写入 8255A 的控制端口。控制端口的地址应该是 0506h。所以，其程序如下：

情况 1）的程序为

```
mov   dx,0506h
mov   al,99h
out   dx,al
```

情况 2）的程序为

```
mov   dx,0506h
mov   al,0c4h
out   dx,al
```

情况 3）的程序为

```
mov   dx,0506h
mov   al,0b6h
out   dx,al
```

2. 对端口 C 置位/复位控制字

通过定义工作方式控制字可将三个端口分别定义为三种不同的工作方式的组合。当将端口 A 和 B 定义为某种工作方式时，通常要求使用端口 C 的某些位提供控制信号，这时需要使用专门的对 C 口的置位/复位控制字来对控制端口 C 各位分别进行置位/复位操作。

对端口 C 置位/复位控制字的格式如图 10.4 所示。

对端口 C 置位/复位控制字的 D0 位决定了是置位操作还是复位操作。如果该位为 1，则表示置位操作；如果该位为 0，则表示复位操作。

对端口 C 置位/复位控制字的 D3，D2，K1 位决定了对端口 C 中的哪一位进行操作。

对端口 C 置位/复位控制字的 D6，D5，D4 位不影响置位/复位操作，可为任意值。

D7 位必须为 0，它是对 C 端口置 1/置 0 控制字的标识位。

例 10.2　现要求在 8255A 的端口 C 的 PC7 上产生一个窄的正脉冲，8255A 的控制端口地址为 00eeh。这个问题很容易解决。只要用对端口 C 的置位复位命令先使 PC7 清零、置位，

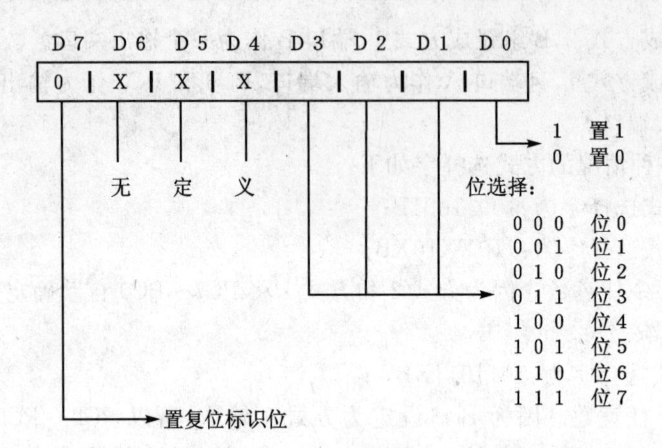

图 10.4 8255A 端口 C 的置/复位命令字格式

然后再使它复位即可。其程序如下:

```
mov   al,0eh          ;对 PC7 置 0 的控制字
out   0eeh,al         ;输出对 PC7 置 0 的控制字
mov   al,0fh          ;对 PC7 置 1 的控制字
out   0eeh,al         ;输出对 PC7 置 1 的控制字
mov   al,0eh          ;对 PC7 置 0 的控制字
out   0eeh,al         ;输出对 PC7 置 0 的控制字
```

例 10.3 现要求在 8255A 的端口 C 的 PC3 上产生一个正跳变,控制端口地址为 00e6h。

首先确定对 PC3 置 1 的控制字,然后用输出指令将该控制字写入 8255A 的控制端口,就可以实现上述要求。其程序如下:

```
mov   dx,0e6h         ;控制端口地址送 dx
mov   al,07h          ;对 PC3 置 1 的控制字
out   dx,al           ;对 PC3 置 1 操作
```

3. 8255A 的状态字

在 8255A 内部没有专用的寄存器作为状态寄存器,而是利用端口 C 作为它的状态寄存器。当对端口 C 发出一条读命令时,依照所设定的方式字的不同,读出端口 C 的内容各有的含义,如图 10.5 的几种情况。

1) 方式 1 输入状态字:当 A 组 B 组均设为方式 1 输入时,端口 C 读出的内容如图 10.5 所示。

其中:D7～D3 为 A 组状态字。D2～D0 为 B 组状态字。

2) 方式 1 输出状态字:当 A 组、B 组均设为方式 1 输出时,端口 C 读出的内容如图 10.5 所示。

其中:D7～D3 为 A 组状态字,D2～D0 为 B 组状态字。

3) 方式 2 状态字:当 A 组设为方式 2 时,端口 C 读出的内容如图 10.5 所示。

其中:D7～D3 为 A 组状态字。D2～D0 为 B 组所用,当 B 口工作于方式 1 时,这几位作 B 口状态字;B 口工作于方式 0 时,这几位作输入输出用。

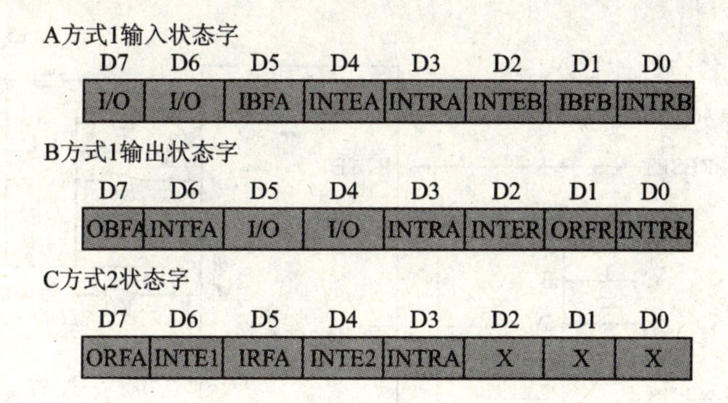

图 10.5 8255A 端口 C 的状态字

10.1.2.3 8255A 的工作方式

8255A 的工作方式由方式选择控制字决定。

1. 方式 0

方式 0 是一种基本的输入/输出方式。在这种工作方式下，三个端口中的任何一个端口都可以通过 CPU 向控制端口写入方式选择字来决定是输入还是输出。在这种方式下，一般采用无条件程序传送方式或程序查询传送方式传送数据。

8255A 工作在方式 0 时，它具有如下功能：

1) 具有端口 A、端口 B 两个 8 位端口和两个 4 位端口(端口 C 的高 4 位和低 4 位)。每一个端口都可以设定为输入端口或输出端口，各端口之间没有规定必然的关系。

2) 端口 A 作为输出和输入端口时，均有锁存能力。而端口 B 和端口 C 作为输出端口也有锁存能力，作为输入端口时，只起缓冲作用，没有锁存能力。

3) CPU 与外设之间采用无条件程序传输方式传送数据时，不需要联络信号，也不必查询状态端口，所以可以设定为方式 0。

4) CPU 与外设之间采用程序查询方式传输数据时，可以用 8255A 的端口 A 或端口 B 作为数据端口。其联络信号由端口 C 提供，但没有规定固定的联络信号。这时，通常把端口 C 的 4 个数据位(高 4 位或低 4 位均可)设定为输出端口，用来输出一些控制信号；而把端口 C 的另外 4 个数据位设定为输入端口，用来提供外设的状态。就是这样利用端口 C 来配合端口 A 或端口 B 的输入/输出操作。

5) 当 8255A 的端口 A 和端口 B 均设定为方式 0 时，CPU 可以用输入指令或输出指令对它进行读/写。因为端口 C 被分成高 4 位和低 4 位两个部分，这两个部分可以全是输入或全是输出；也可以一个是输入，另一个是输出。但在 CPU 对端口 C 进行访问时，两部分不能分开单独访问，而是把端口 C 作为一个整体来访问。若端口 C 的高 4 位和低 4 位同时是输入或输出，则对端口 C 的访问和对端口 A，B 的访问是相同的。若两部分一个为输入端口，一个为输出端口时，就要采用适当的屏蔽措施。

例 10.4 方式 0 的应用——读取开关状态，并在相应的发光二极管上显示：开关闭合，LED 点亮；开关打开，LED 熄灭，如图 10.6 所示。

从图 10.6 中可以计算出 8255A 的 4 个端口地址分别为：98h，9ah，9ch，9eh。A 口输入，B 口输出，均工作于方式 0，因其 C 口没有用，一般将其设为输入以便不影响其它设备。程序设计如下：

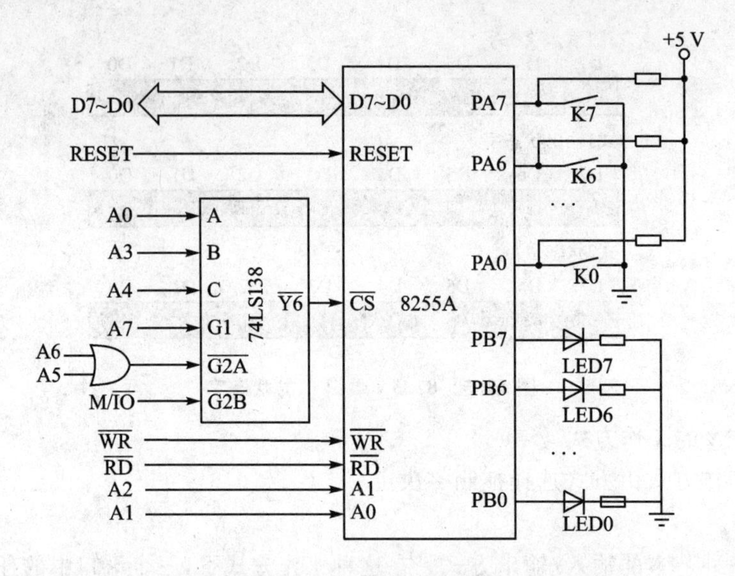

图 10.6 方式 0 应用例图

```
       mov   al,10011001b          ;方式字设置
       out   9eh,al                ;送方式寄存器
   l1: in    al,98h                ;读 a 口
       not   al                    ;变反
       out   9ah,al                ;写 b 口
```

2. 方式 1

A 组、B 组都能工作于方式 1。在此方式下,它们作为一个 8 位的单向 I/O 接口。

A 组工作在方式 1 时,A 口用于 8 位并行数据传送。传送方向由控制字中的 A 口 I/O 方向位确定;C 口的高 5 位用于 A 组的数据交换控制。其中每一位的用途随 A 组的数据传送方向而定。

B 组工作在方式 1 时,B 口用于 8 位并行数据传送。传送方向由控制字中的 B 口 I/O 方向位确定;C 口的低 3 位用于 B 组的数据交换控制。其中每一位的用途随 B 组的数据传送方向而定。

在方式 1 下,对外的数据交换由 8255A 自动完成。系统的数据传输方式采用中断方式。

特别说明:当端口 C 作为控制、状态和中断请求信号时,其各位的功能是固定的,不能用程序来改变。由于方式 1 输入和输出的控制信号和状态信号具有不同的意义,所以下面将方式 1 的输入和输出两种结构分开介绍。

(1) 方式 1 输入

端口 A,B 工作在方式 1 输入时,A 组和 B 组的方式选择字和控制信号、状态信号如图 10.7 所示。

当端口 A 工作在方式 1 且作为输入端口时,端口 C 的数位 PC4 作为选通信号输入端 $\overline{\text{STBA}}$,PC5 作为输入缓冲器满信号输出端 IBFA,PC3 作为中断请求信号输出端 INTRA。

当端口 B 工作在方式 1,且作为输入端口时,端口 C 的数位 PC2 作为选通信号输入端 $\overline{\text{STBB}}$,PC1 作为输入缓冲器满信号输出端 IBFB,PC0 作为中断请求信号输出端 INTRB。

这些数位和信号之间的对应关系是在对端口设定工作方式 1 时自动确定的,程序员不必干预。

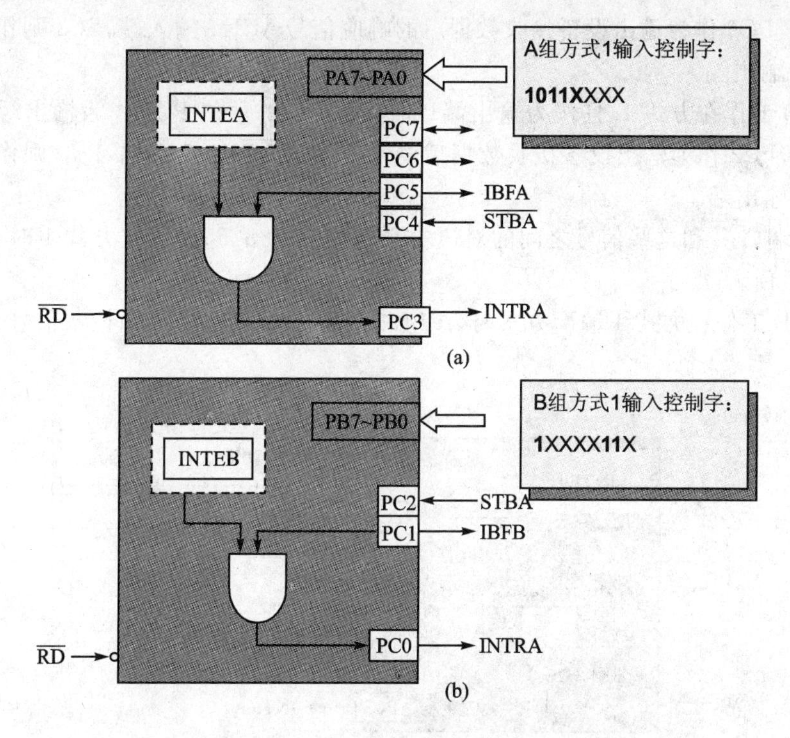

图 10.7　方式 1——选通单向输入方式

对于各控制信号说明如下：

$\overline{\text{STB}}$:选通输入信号,低电平有效。这是由输入设备提供给 8255A 的输入信号。当它有效时,就把从输入设备送来的数据从数据总线上输入到输入缓冲器。

IBF:输入缓冲器满信号,高电平有效。当由输入设备提供的输入数据被输入到输入缓冲器时,则 IBF 有效,表示输入缓冲器满。所以,该信号是由 8255A 输出的状态信号,通常供 CPU 查询使用。IBF 信号是由$\overline{\text{STB}}$将数据输入缓冲器使其置位的,而由 CPU 读取输入缓冲器中的数据,即$\overline{\text{RD}}$的后沿使其复位。

INTR:中断请求信号,高电平有效。当与 8255A 相连的输入设备将数据输入到 8255A 的输入缓冲器后,并且中断允许触发器 INTE 置 1 时,8255A 就用 INTR 信号向 CPU 发出中断请求,请求 CPU 将输入缓冲器中的数据取走。只有当$\overline{\text{STB}}$无效,IBF 有效,INTE 置 1 时,INTR 输出才为高电平。在 CPU 响应中断读取输入缓冲器中的数据时,由读信号$\overline{\text{RD}}$的下降沿将 INTR 降为低电平。

INTE:中断允许信号,是用来控制中断允许或中断禁止的信号。它是由程序通过对端口 C 的置位指令或复位指令来实现对中断控制的。具体讲,对 PC4 置 1,使端口 A 处于中断允许状态;对 PC4 置 0,则使端口 A 处于中断禁止状态。与此类似,对 PC2 置 1,使端口 B 处于中断允许状态;对 PC2 置 0,则使端口处于中断禁止状态。

在方式 1 输入时,端口 C 的 PC6 和 PC7 两位是空闲的。如果要利用这两个信号时,可用方式选择字的 D3 位来设定输入或输出。

(2) 方式 1 输出

当端口 A 工作在方式 1,且作为输出端口时,端口 C 的数位 PC7 作为输出缓冲器满信号

$\overline{\text{OBFA}}$输出端,PC6 作为输出设备接收数据后的响应信号$\overline{\text{ACKA}}$输入端,PC3 则作为中断请求信号 INTRA 输出端。

当端口 B 工作在方式 1,且作为输出端口时,端口 C 的数位 PC1 作为输出缓冲器满信号$\overline{\text{OBFB}}$输出端,PC2 作为输出设备接收数据后的响应信号$\overline{\text{ACKB}}$输入端,PC0 则作为中断请求信号 INTRB 输出端。

端口 A、端口 B 和这些信号之间的对应关系也是在对 8255A 设定方式 1 时自动确定的,程序员不必干预。

端口 A,B 工作在方式 1 输出方式时,A 组和 B 组的方式选择字和控制信号、状态信号如图 10.8 所示。

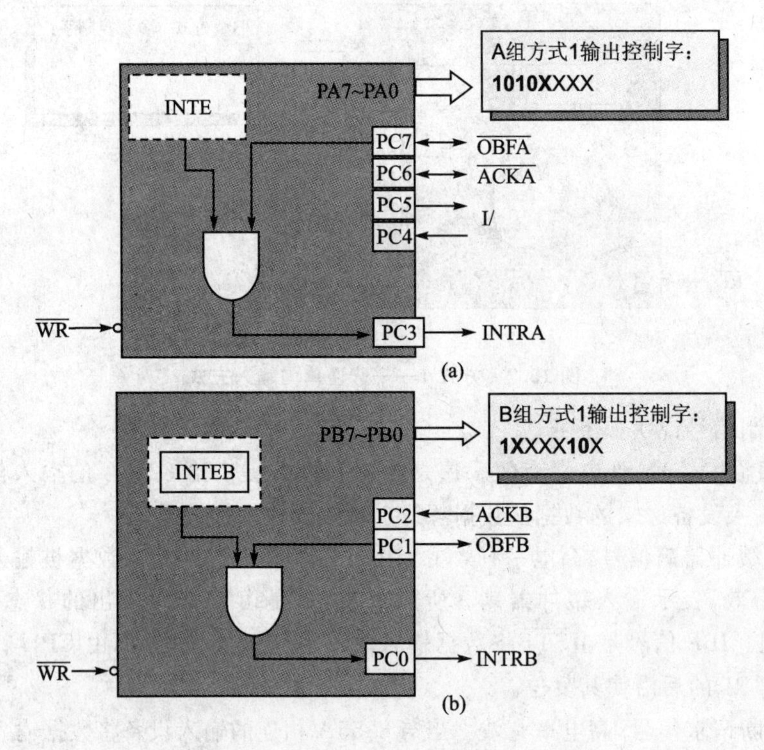

图 10.8 方式 1——选通单向输出方式

方式 1 输出时各控制信号的含义为:

$\overline{\text{OBF}}$:输出缓冲器满信号。低电平有效。它是 8255A 向输出设备输出的状态信号。当 CPU 把数据输入到 8255A 输出锁存器时,$\overline{\text{OBF}}$有效,表示 CPU 已经将数据输出到指定的端口,并通知输出设备把该数据取走,$\overline{\text{OBF}}$由写信号$\overline{\text{WR}}$的上升沿置成低电平;而当$\overline{\text{ACK}}$有效时,表明 CPU 通过 8255A 输出的数据已被外设取走,$\overline{\text{OBF}}$恢复为高电平。

$\overline{\text{ACK}}$:响应信号,低电平有效。这是来自输出设备的响应信号。它通知 CPU 输出给 8255A 的数据已被外设取收。

INTR:中断请求信号,高电平有效。当输出设备已经接收了 CPU 输出的数据,8255A 的输出锁存器空,而且 INTE 有效时,8255A 就从 INTR 输出端向 CPU 发出中断请求信号,请求 CPU 继续输出数据。也就是当$\overline{\text{ACK}}$为低电平,$\overline{\text{OBF}}$,INTE 为高电平时,INTR 才被置成高电平,从而发出中断请求。

INTE:中断允许信号。与端口 A、端口 B 工作在方式 1 输入情况时 INTE 的含义一样。当 INTE 为 1 时,使端口处于中断允许状态;而当 INTE 为 0 时,使端口处于中断禁止状态。它是由对 C 口置位/复位命令字设置的。具体说,INTEA 由对 PC6 的置位/复位控制字来控制,PC6 被置 1 时,允许端口 A 发出中断请求;PC6 被置 0 时,禁止端口 A 发出中断请求。而 INTEB 由对 PC2 置位/复位命令来控制,当 PC2 被置 1 时,允许端口 B 发出中断请求;当 PC2 被置 0 时,禁止端口 B 发出中断请求。

在方式 1 输出时,端口 C 的 PC4 和 PC5 未使用,如果要利用这两个信号,则可以利用方式选择字的 D3 位将它们设置为输入或输出。

(3) 方式 1 时序

8255A 工作在方式 1 输入或输出时各个信号之间有着严格的时序关系。下面以 A 组为例,简单介绍它们之间的时序。

8255A 工作在方式 1 输入时,与外部设备进行数据交换时的控制信号关系如图 10.9 所示。

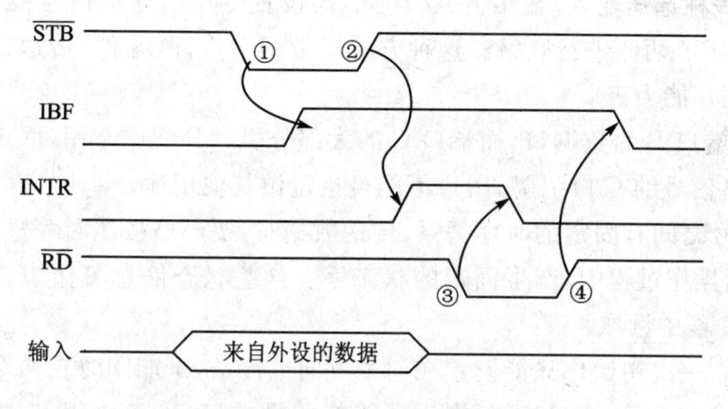

图 10.9 方式 1——选通单向输入时序

- 外部设备将数据送到 A 端口的同时向 8255A 发出$\overline{STB}$选通信号,通知 8255A 数据已经送到。
- 8255A 收到数据后将缓冲器满信号 IBF 置为有效高电平,然后发出中断请求 INTR 信号,通知 CPU 准备将数据取走。
- CPU 响应中断后,在中断服务程序中,发出 IN 输入指令从 8255 A 口读取数据到内存。
- 输入指令的$\overline{RD}$信号使 INTR 中断请求信号撤消,并使输入缓冲器满信号 IBF 恢复为低电平。
- 完成一个数据输入过程。

8255A 工作在方式 1 输出时,与外部设备进行数据交换时的控制信号关系如图 10.10 所示。

- 当 8255A 可以接收一个数据时就向 CPU 发中断请求 INTR 信号。
- 中断请求被 CPU 响应后,中断处理程序中用 OUT 输出指令向 A 端口写入数据。$\overline{WR}$写信号使中断请求 INTR 信号变低,并使输出缓冲器满信号$\overline{OBF}$变为有效低电平。
- 外设可以接收数据时用$\overline{ACK}$信号响应 8255A,8255A 升高输出缓冲器满$\overline{OBF}$信号,即输出缓冲器空。

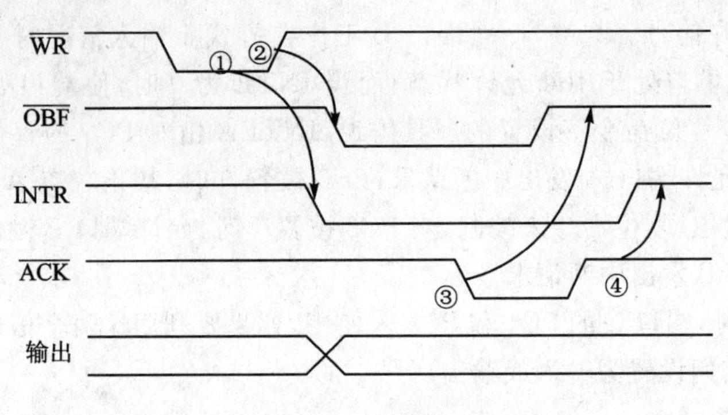

图 10.10 方式 1——选通单向输出时序

● 外设收到数据后,其外设应答信号$\overline{ACK}$的后沿使 8255A 的中断请求 INTR 请求信号再次有效。

综上介绍方式 1 有以下几点特点:

1) 方式 1 是一种选通输入/输出方式,因此,需设置专用的联络信号线或应答信号线,以便对 I/O 设备和 CPU 两侧进行联络。这种方式通常用于查询(条件)传送或中断传送。数据的输入输出都有锁存能力。

2) 端口 A 和端口 B 为数据口,而端口 C 的大部分引脚分配作专用(固定)的联络信号用,对已经分配做联络信号的 C 口引脚,用户不能再指定做其他用途。

3) 各联络信号之间有固定的时序关系,传送数据时,要严格按照时序进行。

4) 输入/输出操作过程中,产生固定的状态字。这些状态信息可作为查询或中断请求之用。状态字从端口 C 中读取。

5) 单向传送。一次初始化只能设置在一个方向上传送,不能同时在两个方向的传送。

例 10.5 方式 1 应用——8255A 作为字符打印机的接口,工作于方式 1,用中断方式工作,如图 10.11 所示。8255A 的端口 A 作为数据输出端口,工作在方式 1。PC6 自动作为$\overline{ACK}$信号输入端,它是由外设送给 8255A 的打印机的响应信号。当$\overline{ACK}$有效时,表明 CPU 通过 8255A 输出的数据已送至打印机。打印机还需要一个数据选通信号。这个选通信号由 PC0 来提供。它是通过向 8255A 的控制端口写入对端口 C 的 PC0 置位/复位控制字来产生的,与打印机$\overline{DATASTROBE}$端相连接。PC3 自动作为中断请求 INTR 信号输出端,与 8259A 的 IR3 相连接。对 8259A 的要求为:请求电平触发;IR3 对应的中断类型码为 0BH;$\overline{SP}/\overline{EN}$输出信号发给数据总线收发器;第二个$\overline{INTA}$脉冲结束时,自动清除 ISR 相应位;IMR 为 0。中断服务程序的入口地址为 12000h。

设 8255A 的端口地址为:A 口 0C0h、B 口 0C2h、C 口 0C4h、控制端口 0C6h,设 8259A 的偶地址为 0080h,奇地址为 0082h。

上述相应的中断类型码为 0bh,因为 0bh×4=2ch,所以,此中断类型码对应的中断向量被存放在中断向量表中 2ch,2dh,2eh 和 2fh4 个连续的单元内,那么在中断向量表中 2ch 单元中存放 00h,20h 单元中存放 20h,2eh 单元中存放 00h,2fh 单元中存放 10h。这是由程序写入的。

现在来确定 8255A 和 8259A 的有关控制字。8255A 的方式选择字为 A0h,其中 D3~D1 位为任选,现取为 0,其他各位的值使 A 组工作于方式 1,端口 A 为输出,PC0 为输出。8259A

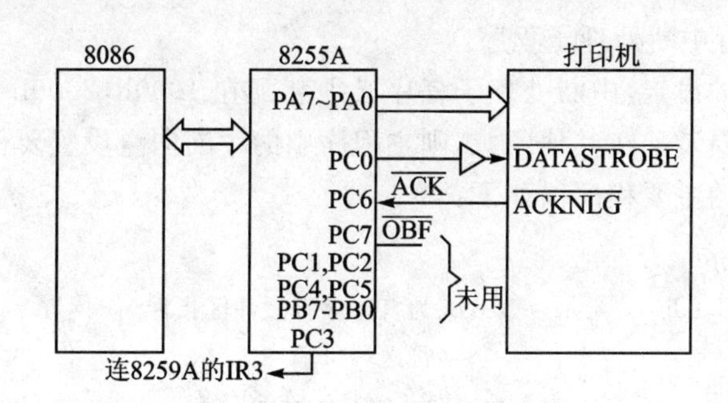

图 10.11　方式 1 应用例图

依次初始化 ICW1,ICW2 和 ICW4 命令字。为了使 IMR 为 0,则 OCW1＝00h。

主程序的任务是,设置 8259A 的初始化命令字、操作命令字、向中断向量表中设置中断向量、设置 8255A 的方式选择字及开放 8255A 的中断和 8086CPU 的中断。

主程序段如下:

```
    xor   ax,ax
mov   ds,ax                        ;中断向量表在 0 段中
mov   ax,2000h                     ;将中断服务程序入口地址的
mov   word ptr[002ch],ax           ;偏移量设在 002ch 和 002dh 单元中
mov   ax,1000h                     ;将中断服务程序入口地址的段地址设在 002eh 和 002fh 单元中
mov   word ptr[002eh],ax
mov   dx,80h                       ;8259A 的偶地址
mov   al,1bh
out   dx,alh                       ;输出 ICW←1
mov   dx,82h                       ;8259A 的奇地址
mov   al,0bh
out   dx,al                        ;输出 ICW←2
mov   al,0f
out   dx,al                        ;输出 ICW←4
mov   al,00h
out   dx,al                        ;输出 OCW←1,使 IMR＝00h
mov   al,0a0h
out   0c6h,al                      ;输出 8255A 的控制字
mov   al,01h
out   0c6h,al                      ;使 PC←0 为 1,让选通无效
mov   al,0dh                       ;使 PC6 置 1,开放 8255A 端口 A 的 INTE
out   0c6h,al
sti                                ;使 8086 的 CPU 中的 if＝1
hlt                                ;等待中断
```

中断处理子程序的主要任务是,从内存缓冲区取出一个要打印的字符送至 AL,然后再把它输出到 8255A 的端口 A 数据输出锁存器中,接着 CPU 用对 C 端口的置 1/置 0 命令使选通信号 PC0 为 0,从而将数据送到打印机。当打印机接收并打印字符后,发回回答信号 $\overline{ACK}$,由此清除了 8255A 的“缓冲器满”指示,并使 8255A 产生新的中断请求。如果中断是开放的,

CPU 便响应中断,进行中断处理子程序。

根据上面主程序的设定,中断处理子程序必须装配在 1000h,2000h 处,即从 12000h 地址开始的内存区。如果要装配在其他区域,则主程序中的中断向量设置要作相应变化。

中断处理子程序的主要程序段如下:

```
        org    12000h
routintr:mov   al,[di]                ;di 为打印字符缓冲区指针
out    0c0h,al                        ;字符送端口 A
mov    al,00                          ;使 PC0 为 0,选通有效
out    0c6h,al
inc    al
out    0c6h,al                        ;使 PC0 为 1,撤销选通信号
                                      ;后续处理
iret                                  ;中断返回
```

3. 方式 2

这种方式可以通过端口 A 的数据线与外部设备进行双向通信。也就是说,端口 A 的数据线 PA7~PA0,既能向外设发送数据,也能从外设接收数据。双向方式只限于 A 组使用,B 组不能使用双向方式。工作时,可以采用查询方式,也可以采用中断方式来传输数据。

8255A 通过端口 A 的双向数据线和端口 C 中的 5 根线作为控制线和状态线进行输入/输出操作。这种方式输入输出都具有锁存功能。

端口 A 使用了端口 C 中 PC3~PC7 作为控制和状态信息。这时端口 B 可工作在方式 0 或方式 1。如果工作在方式 1,则可利用 PC0~PC2 作为控制和状态信号。

8255A 方式 2 的方式选择字和控制信号、状态信号如图 10.12 所示。

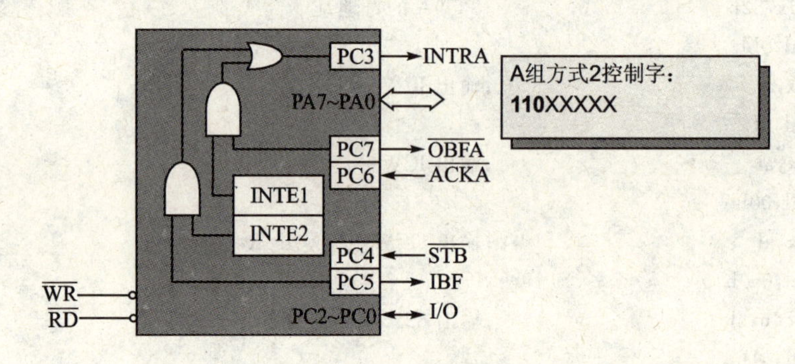

图 10.12 方式 2——选通双向输入/输出方式

按方式 2 操作时,各控制和状态信号的含义如下:

INTRA:中断请求信号,高电平有效,由 PC3 来担任。输入时,输入缓冲器满,则 INTRA 有效,8255A 向 CPU 发出中断请求;输出时,输出缓冲器空,INTRA 有效,8255A 向 CPU 发出中断请求。

$\overline{\text{OBFA}}$:输出缓冲器满信号,低电平有效,由 PC7 来担任。当 CPU 向 8255A 端口 A 输出缓冲器输出数据时,该信号有效,表示 CPU 已经把数据送入端口 A,通知外设将数据取走。

$\overline{\text{ACKA}}$:外设对$\overline{\text{OBFA}}$信号的响应信号,低电平有效,由 PC6 来担任。当它有效时,启动端口 A 的三态输出缓冲器送出数据;否则输出缓冲器处于高阻状态。

INTE1：中断允许信号。INTE1 为 1 时，允许 8255A 由 INTRA 往 CPU 发送中断请求信号，以通知 CPU 现在可以往 8255A 的端口 A 输出一个数据；INTE1 为 0 时，则屏蔽了中断请求，也就是说，这时即使 8255A 的数据输出缓冲器中没有数据了，也不能在 INTRA 端产生中断请求。INTE1 是通过对 C 端口的 PC6 的置位/复位控制字设置的。当 PC1 设置为 1，则 INTE1 为 1；当 PC6 设置为 0，则 INTE1 为 0。

$\overline{\text{STBA}}$：是外设送给 8255A 的选通信号，低电平有效，由 PC4 来担任。此信号有效时，将外设送给 8255A 的数据打入端口 A 的数据锁存器。

IBFA：是 8255A 送往 CPU 的状态信息，表示当前已有一个新数据送入 8255A 端口 A 的数据输入锁存器正等待 CPU 取走。该信号由 PC4 担任。IBFA 可以作为供 CPU 查询的信号。

INTE2：中断允许信号，由对端口 C 的 PC4 置位/复位控制字来设置。当 PC4 为 1 时，允许发送中断请求；当 PC4 为 0 时，禁止发送中断请求。

10.1.2.4　8255A 的应用举例

例 10.6　设 8086CPU 用查询方式通过 8255A 可编程并行接口控制一台控制台打印机。8255A 的端口 A 作为打印机接口，工作于方式 1，输出方式；端口 B 作为键盘输入端口，工作于方式 1，输出方式；端口 C 作为控制和状态端口，其控制信号和状态信号为：PC7 自动作为 $\overline{\text{OBFA}}$，PC6 自动作为 $\overline{\text{ACKA}}$，PC2 自动作为 $\overline{\text{STBB}}$，PC1 自动作为 IBFB，PC3 和 PC0 分别自动作为 INTRA 和 INTRB。设定 PC4 作为 8255A 送给控制打印机的输出选通信号，由对端口 C 的 PC4 置位/复位控制字来设定，如图 10.13 所示。

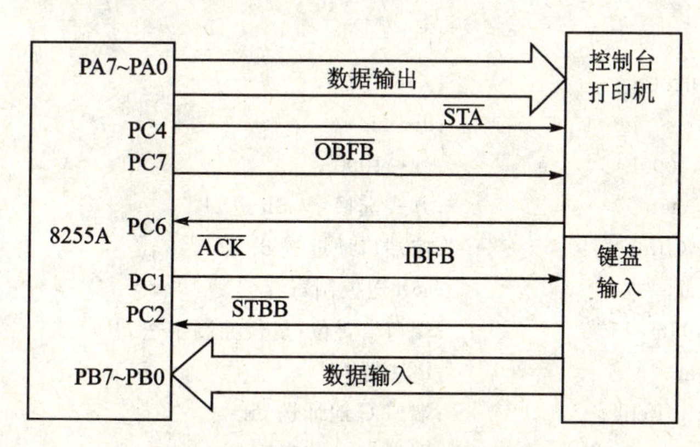

图 10.13　应用例图

现在要求从控制台打印机键盘键入 1000 个 ASCII 码通过 8255A 的端口 B 送入 CPU，并转入首址为 0200h 开始的存储区，接着再通过 8255A 的端口 A 将它们送至打印机打印输出。

8255A 工作之前，必须先用方式选择字确定它的工作方式和数据传输方向。按照控制台打印机的连接要求，8255A 的方式选择字为 0a6h。

8255A 工作在方式 1，端口 C 的低 4 位功能已经设定，D0 已不起作用，所以写成 0。设 8255A 各端口的地址如下：

端口	地址
a	0fff8h
b	0fffah

c　　　　　　0fffch

控制端口　　　0fffeh

图10.14是控制台打印机的程序流程图。

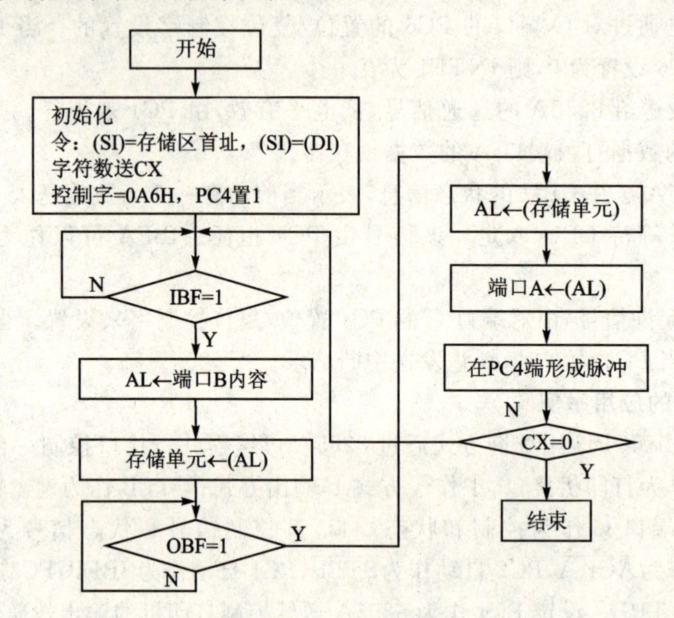

图10.14　程序流程图

其源程序如下：

```
        mov  si,0200h          ;si←0200h,
        mov  di,si             ;di←si
        mov  cx,1000h          ;cx←1000h
        mov  al,0a6h           ;方式选择字 a6h 送 al
        mov  dx,0fffeh         ;控端口地址送 dx
        out  dx,al             ;a6h 送控制寄存器
        mov  al,09h            ;端口 c 置位/复位控制字送 al
        out  dx,al             ;PC4 置“1”
        mov  dx,0fffch         ;端口 C 地址送 dx
    one:in   al,dx             ;读端口 C 状态字
        and  al,02h            ;测试 IBFB(pc1)=1 吗
        jz   one               ;若 IBFB=0,转移至 one
        mov  dx,0fffah         ;否则,端口 B 地址送 dx
        in   al,dx             ;读端口 B 的内容
        stosb                  ;〔di〕←al
    two:mov  dx,0fffch         ;端口 C 地址送 dx
        in   al,dx             ;读端口 C 状态
        and  al,80h            ;测试 OBFA(PC7)=1 否
        jz   two               ;若 OBFA=0 转至 TWO
        lodsb                  ;否则,al←〔si〕
        mov  dx,0fff8h         ;端口 A 地址送 dx
```

```
        out   dx,al              ;al 的内容到端口 A
        mov   dx,0fffeh          ;端口 C 地址送 dx
        mov   al,08h             ;对 PC4 置 0 的控制字送 al
        out   dx,al              ;PC4 置 0
        mov   al,09h             ;对 PC4 置 1 的控制字送 al
        out   dx,al              ;PC4 置 1
        loop  one                ;若 cx－1≠0 转至 one
        hlt                      ;否则,暂停
```

例 10.7　图 10.15 所示为一个简单的数据采集系统结构图。8086 的 CPU 通过 8255A 端口 A 与 A/D 转换器连接,采集数据,经过内部处理后再通过端口 B 送到 D/A 转换器。8088CPU 通过 8255A 的 PC7 发出的正脉冲启动 A/D 转换器进行 A/D 转换,转换成数字量的数据,通过转换结束信号经单稳延时 DW 产生的负脉冲,打入 8255A 的 A 口。8255A 用查询方式将数据读入 CPU,然后送到 B 口。试编写初始化程序。

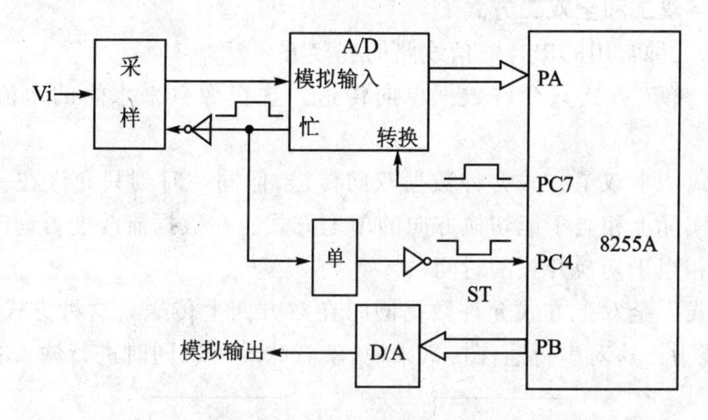

图 10.15　8255A 用作 A/D 和 D/A 子系统的接口

8255A 工作在模式 1,A 端口地址为 0fff8h,初始化程序如下:

```
        mov   dx,0fffbh
        mov   al,0b0h            ;A 口方式 1,B 口方式 0
        out   dx,al              ;PC7 为输出
        mov   al,0fh
        out   dx,al              ;置 PC7＝1
        mov   al,0eh
        out   dx,al              ;PC7＝0,PC7 发出启动 A/D 的正脉冲
        mov   dx,0fffah
  ain:  in    al,dx
        test  al,20h             ;测 PC5,是否有数据输入
        jz    ain
        mov   dx,0fff8h
        in    al,dx              ;读 A 口数据
        mov   dx,0fff9h
        out   dx,al              ;输出到 B 口
```

10.2 串行通信接口

10.2.1 简 述

串行通信是在一根传输线上一位一位地传送信息,所用的传输线少,并且可以借助现成的电话网进行信息传送,因此,特别适合于远距离传输。对于那些与计算机相距不远的人一机交换设备和串行存储的外部设备,如终端、打印机、逻辑分析仪、磁盘等,采用串行方式交换数据也很普遍。在实时控制和管理方面,采用多台微机组成分级分布控制系统,各CPU之间的通信一般都是串行方式。所以,串行接口是微机应用系统常用的接口。

其特点是,在一根(对)导线上,以数据位流方式传送信息,每一位占据一个规定的时间间隔(长度),称为串行通信。

10.2.1.1 单工、半双工和全双工方式

图10.16表示三种常用的串行通信线路的连接方式。

1) 单工方式 单工方式只允许数据单向传送。这很像自来水管的水流,只向一个方向流动。

2) 半双工方式 半双工方式允许数据双向传送,但同一时刻只允许在一个方向上传送。因此,半双工方式实际上相当于能切换方向的单工方式。在数据流改变方向时,反向切换动作要占用一定时间,相当于切换开关的时间。

3) 全双工方式 全双工方式允许数据同时在双方向上传送。这种方式要求通信设备有完全独立的收发能力。这对串行通信接口来说,就意味着可以同时进行输入和输出。

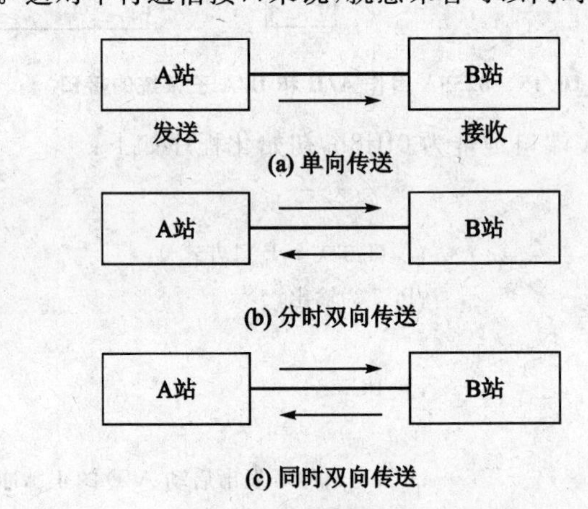

图10.16 数据的传送方向

10.2.1.2 调制与解调

计算机通信是一种数字信号的通信,而远距离通信通常是利用电话线传送,如果直接传送将会引起信号的失真。因此需要进行转换,在发送方增加调试器,把数字信号转换成模拟信号以适应远距离传送,而在接收方增加解调器把模拟信号转换成数字信号送到计算机。我们把调制解调器称为Modem。

在通信中,Modem起着传输信号的作用,是一种数据通信设备(Data Communication Equipment，DCE)；接收设备和发送设备称为数据终端设备(Data Terminal Equipment，DTE)。加入 Modem 后，通信系统的结构如图 10.17 所示。从计算机出来的数字信号经过调制解调器转换成模拟信号以适合远距离传送。例如把数字信号的 1 和 0 调制成不同的频率的模拟信号，在接收端经过调制解调器把模拟信号还原成数字信号送入计算机。

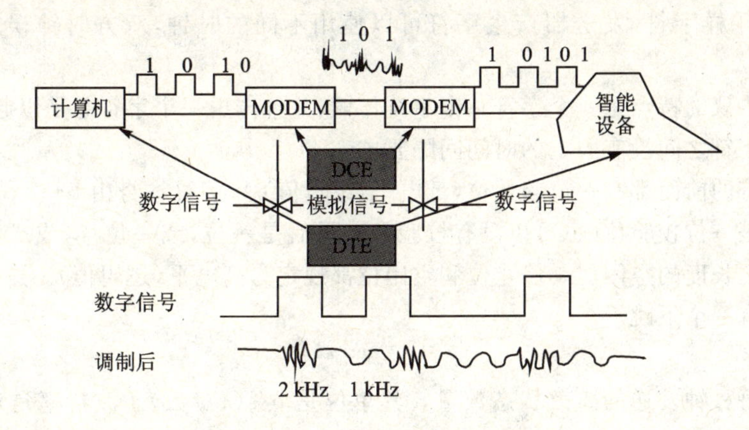

图 10.17　调制与解调的工作原理

10.2.1.3　通信协议

通信协议是通信双方控制数据传送的规则的集合，包括定时、控制、格式和数据表示法等。它有异步通信协议和同步通信协议两种。

异步协议把每个字符看作是一个独立的信息，且字符出现在数据位流中的相对时间是任意的，字符之间的定时是异步的，故称异步协议。

同步协议以固定时钟产生数据流。该时钟不仅对一个字符内的各个位进行管理，而且也管理字符之间的定时，称同步协议。

1. 异步通信协议

在异步通信中，CPU 与外设之间有两项约定：

(1) 字符格式

字符的编码形式及规定如图 10.18 所示。

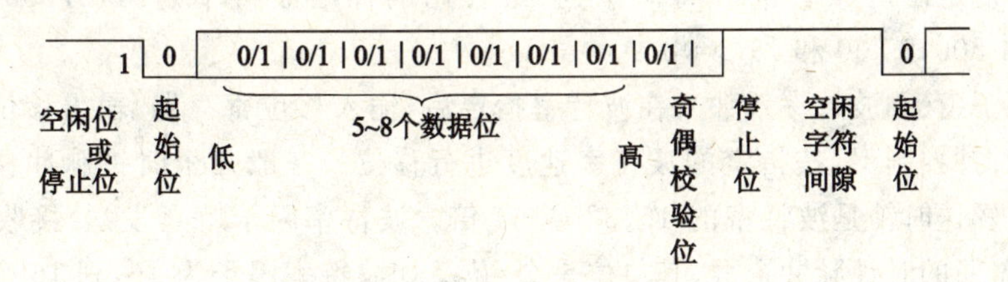

图 10.18　异步传输格式

- 空闲状态：无数据传输的状态。
- 起始位：数据传输起始标志，占一个数据位长、称逻辑 0。
- 数据位：通常为 7 位、8 位或是 5 位、6 位，每位占据一个标准时间单位。
- 校验位：数据的奇偶校验位。
- 停止位：数据传输结束标志，占一位、一位半或两位数据位长，称逻辑 1。
- 数据字符前插入起始位 0，在其后加上停止位 1，构成一帧信息。两者数据相反，称“起-

止协议”。

● 每位持续时间由固定的时钟控制。

● 字符间可出现空闲位,空闲位总为 1。

● 数据字节的最低位先发送。

● 接收器采样字符,发送器产生字符可以使用不同的时钟,双方时钟误差容限在 5% 以内。

起止异步协议的特点是一个字符一个字符传输,并且传送一个字符总是以起始位开始,以停止位结束。字符之间没有固定的时间间隔要求。

每一个字符的前面都有一位起始位(低电平,逻辑值 0),字符本身由 5～7 位数据位组成,接着字符后面是一位校验位(也可以没有校验位),最后是一位,或一位半,或二位停止位。停止位后面是不定长度的空闲位。停止位和空闲位都规定为高电平(逻辑值)。这样就保证起始位开始处一定有一个下跳沿。

(2) 波特率

波特率是每秒钟发送的离散状态数量。其单位是 b/s(位/数)。波特率是对串行数据位流速度的规定。

在串行通信中,用“波特率”来描述数据的传输速率,如图 10.19 所示。所谓波特率,即每秒钟传送的二进制位数。

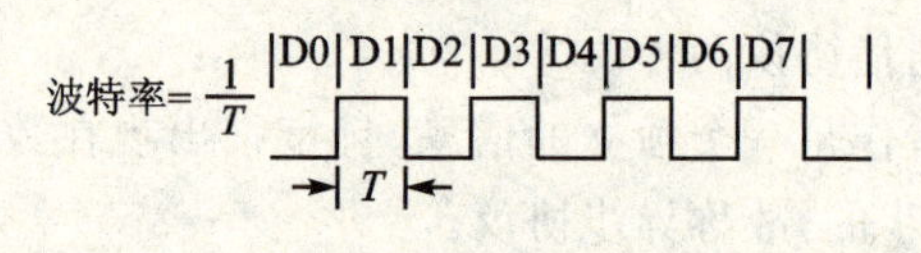

图 10.19 波特率

在串行通信中,所说的传输速率是指波特率,而不是指字符速率。它们两者的关系是:假如在异步串行通信中,传送一个字符,包括 12 位(其中有一个起始位,8 个数据位,1 个奇偶校验位 2 个停止位),其传输速率是 1 200 b/s,每秒所能传送的字符数是 1 200/(1+8+1+2)=100 个。

在应用时接收方的接收波特率必须与发送方的发送波特率相同。

国际上还规定了一个标准波特率系列,最常用的标准波特率是:110,300,600,1 200,1 800,2 400,4 800,9 600 和 19 200b/s。

波特率因子(又称波特率系数):在波特率指定后,输入移位寄存器/输出移位寄存器在接收时钟/发送时钟控制下,按指定的波特率速度进行移位。一般几个时钟脉冲移位一次。要求:接收时钟/发送时钟是波特率的 16、32 或 64 倍。波特率因子就是发送/接收 1 个数据(1 个数据位)所需要的时钟脉冲个数,其单位是个/位。如波特率因子为 16,则 16 个时钟脉冲移位 1 次。例:波特率=9 600 b/s,波特率因子=32,则接收时钟和发送时钟频率=9 600×32=297 200 Hz。

大多数接口的发送波特率和接收波特率可以分别进行设置,而且可以通过向接口写入控制字来设定。

2. 同步通信协议

同步协议把字符组织成字符块,只在字符块的开始和末尾放上控制信息(同步字符),以字符块作为传输单元。

在同步传输方式下，每次传输开始时必须由两个(或一个)同步字符指示传输开始。发送端在传输数据前发送两个同步字符，然后再开始传送数据；接收端在检测到两个连续的同步字符后，开始接收数据。当没有数据时，用同步字符作为填充字符发送，接收方将会收到并丢弃这些同步字符，但仍然保持同步。

特　点：

1) 在字符块开头(结尾)加上同步字符进行控制。

2) 同步通信的字符也由 5～8 位组成，后面还可加上奇偶校验位。

3) 字符传送低位在前，高位在后。字符每位由时钟严格定时；字符间无任何间隙，也由时钟严格定时。

4) 如数据尚未准备好，发送器就插入一个空转字符。

5) 接收端采用字符和发送端产生字符，要求使用同一时钟。

同步传输时，通信双方用同一时钟严格同步，数据是成块传输的。它可以分为面向字符型、面向比特型和面向字节计数型三种。比较典型的有以下两种：

1) 双同步通信规程　它是面向字符的规程，即数据的每一个字符都具有一个确定边界，传输过程中不破坏字符结构。

协议规定，将若干个字符组成一个信息组(帧)一起发送出去，并利用一些特殊定义的字符来界定一帧的开头与结束，分隔不同的段和控制整个信息交换过程。

2) 高级数据链路控制协议(HDLC 同步通信规程)　HDLC 是面向比特的同步通信规程。它所传送的数据部分以帧为单位。帧的大小可以是任意的。从 0 比特到所用规程决定的最大值，即数据流中没有字符边界。

特点是所传输的一帧数据可以是任意位，而且它是靠约定的位组合模式，而不是靠特定字符来标志帧的开始和结束，故称“面向比特”的协议。

面向字符的同步协议，不像异步起止协议那样，需要在每个字符前后附加起始和停止位，因此，传输效率提高了。

作为一个例子，比较数据传输率相同的情况下，异步传送和同步传送每秒钟传送的最大字符数。

先来考虑异步传输过程。假定每个字符含有 10 位：一位起始位、7 位信息位、1 位奇偶校验位和一位停止位。假如传输线的波特率为 1 200b/s，那么每秒所能发送的最大字数是 1 200/10＝120 个。但只有字符之间没有停滞制时间才能达到最大速率。实际上在异步传送过程中，字符之间是有停滞时间的。

与此比较，考虑同步传输过程。假定仍然用 1 200 波特率传送，用 4 个同步字符作为信息帧头部，字符中不设奇偶校验位，每个被传输的字符和每个同步字符均为 7 位，那么传输 100 个字符所用的时间为[7(4＋100)/1 200]s＝0. 6067s，即每秒钟能传输的字符数可达到 100/0. 0607 · 个＝165 个。

可见，在传输率相同的情况下，同步传输的实际字符传输率比异步传输率时高。通信时，是根据传输的波特率来确定发送时钟和接收时钟的频率的。它们和波特率之间有如下关系：

时钟频率＝波特率×波特率系数

上式中波特率系数或称为波特率因子，它的取值可以是 1,16,32，或 64。但对下面要介绍的 8251A 串行接口来说，波特率系数不能取 32，只能取 1,16 或 64。

10.2.2　EIA RS-232-C 标准

国际上,负责建立电气性能和接口标准的组织有两个,一个是美国电子工业协会(EIA)。该协会制定美国所用的大部分标准;另一个是国际电报电话咨询委员会(CCITT)。该协会是联合国的一个机构,主要考虑国际标准。

EIA RS-232-C 标准是1969年由美国电子工业协会从 CCITT 远程通信标准 CCITT, V24 中导出的一个标准。RS 是 Recommended Standard 的缩写,是推荐标准的意思,而 232 是实际标准的识别数字。C 代表 RS-232 标准的新版本。该标准是一个关于在串行通信接口或终端与通信设备之间发送串行数据的标准。

最初制定此标准的目的是使不同生产厂家生产的设备能实现接插的"兼容"。换句话说,就是不同厂家所生产的设备,只要它们都有 RS-232-C 标准接口,就可以相互插接起来,而不需要任何转换电路。

RS-232-C 标准对机械指标和电气指标作了规定。

10.2.2.1　机械指标

机械指标规定,串行通信接口通往机外的连接器是一种标准的 D 型 25 针插头,对插头的引脚编号、排列、连接器尺寸都有明确的规定。它是计算机等数据终端设备(DTE)与数据通信设备(DCE)进行串行数据通信的端口。其电特性和接口标准由 EIA 和 CCITT 制定。它的最大传输率为 115.2 Kb/s(低速标准)。它是 25 引脚连接器,21 个信号。图 10.20(a)为标准 25 针 D 型插头,图 10.20(b)为简化的 9 针插头。

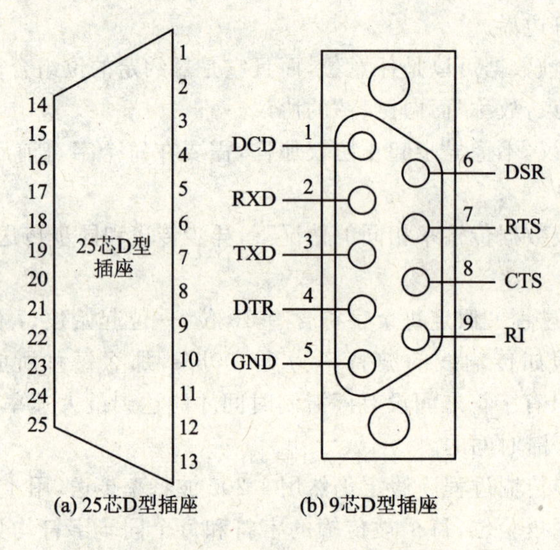

图 10.20　RS-232-C 标准插头

10.2.2.2　控制线的定义和符号表示法

对接插件引线上的控制信号的定义和符号表示法在 RS-232-C 标准中也做了规定。在 RS-232-C 标准中,25 个引脚定义了 22 个。11,18 和 25 引脚未定义。22 个已定义的信号分成两个信道组:一个为主信道组,另一个为辅助信道组。9,10,12,13,14,16,19 为辅助信道组,其余为主信道组。

在微机通信中,并非所有主信道组中的信号全要连接,最常用的只有 9 根,如表 10-2 所列。

表 10-2　常用 RS-232-C 接口信号

引脚号	符号	方向	功能
2	TXD	O	发送数据
3	RXD	I	接收数据
4	RTS	O	请求发送
5	CTS	I	允许发送
6	DSR	I	数据装置就绪
7	GND		信号地
8	DCD	I	数据载波检测
20	DTR	O	数据终端就绪
22	RI	I	响铃指示

这 9 个 RS-232-C 接口信号的功能如下：

- 发送数据(TXD,引脚 2)：引脚 2 上的数据是从计算机送到调制解调器或打印机。当不发送数据时，串行接口将该引脚维持在标识状态下。
- 接收数据(RXD,引脚 3)：引脚 3 上的数据从调制解调器送到计算机的串行接口。当对方不发送数据时，该引脚也被维持在标识状态。
- 请求发送(RTS,引脚 4)：引脚 4 用来将信号传送到调制解调器，以请求发送到引脚 2 上的数据。此信号与清除发送电路一起用来控制从计算机到调制解调器的数据流。
- 清除发送(CTS,引脚 5)：该引脚供调制调解器使用，以指示计算机已做好了接收数据的准备。当该电路断开时，接收设备通知计算机它还未准备好接收数据。
- 数据通信设备准备好(DSR,引脚 6)：当该电路接通时，它向计算机发出信号，表明调制解调器已正确地接到电话线上，而且处于数据传输方式。拨通主机后，自动拨号调制解调器将该信号送到计算机。
- 信号地(GND,引脚 7)：该电路对通信中用到的所有电路而言，作为参考点。它相对其他信号是处于零电位。
- 数据载体检测(DCD,引脚 8)：当远程调制解调器收到正确的载波信号时，调制解调器用该电路向计算机发送一个“接通”信号。该信号的作用是用来点亮位于调制解调器前面的载波检测发光二极管指示灯的。
- 数据终端准备好(DTR,引脚 20)：当计算机准备好与调制解调器通信时，它接通该电路。在该电路接通后，大多数调制解调器才可能向计算机发信号，通知它同主机系统之间的电话线已正确连接。如果计算机在与主机系统通信期间使这个信号断开，则这类调制解调器将切断电话线。
- 振铃指示(RI,引脚 22)：自动应答调制解调器用该电路来指示电话振铃信号。在每次振铃期间此电路保持接通状态，而在两次振铃之间保持断开状态。

这 9 根信号的连接都是通过电缆来实现的。至于连接哪些信号线，要根据通信手续的繁简程度而定。

当进行近距离通信时，一般不必通过调制解调器，两台计算机可以通过 RS-232-C 直接连接。最简单的连接方法就是只用三根信号线，即将双方的 2,3 号引脚交叉连接，7 号引脚对接，其他与调制解调器有关的信号线没有连接。

当远距离通信时，就必须通过调制解调器。这种情况，与调制解调器有关的空控制和状态信号就要与调制解调器相连接。

10.2.2.3 电气标准

RS－232－C 关于电气特性的要求，规定逻辑 1 的电平为－5V～－15V，逻辑“0”的电平为＋5V～＋15V。采用负逻辑电平标准表示，适合远距离传输，抗干扰能力强。这样，RS－232－C 标准中规定的电平和 TTL 逻辑电路产生的电平不兼容。但是，目前微机系统中使用的串行接口芯片，能收发的都是 TTL 电平表示的数字信号。因此，在串行通信中，应进行 TTL 电平与 RS－232－C 电平之间的电平转换。Motorola 公司生产的 MCI1488 芯片能将 TTL 电平转换成 RS－232－C 电平，而 MC1489 芯片能将 RS－232－C 电平转换成 TTL 电平。图 10.21 给出了 RS－232－C 标准与 TTL 标准之间的电平转换电路和转换波形。

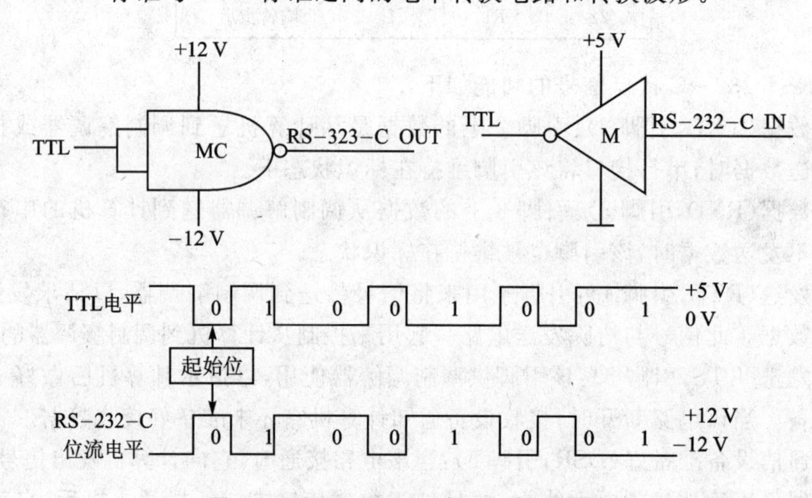

图 10.21 RS－232－C 与 TTL 电平转换

从图 10.21 可见，在传输线上传送的电平为 RS－232－C 电平，可高达±12 V，比 TTL 电平有更强的抗干扰能力。即使使用了这样高的电平，RS－232－C 所能直接连接的最大距离仅 30 m 左右，一般不超过 15 m。数据传输率低于 20 000b/s。

10.2.3 可编程串行通信接口 8251A

串行通信接口的基本任务与功能应包括：

1）实现数据格式化；

2）进行串－并转换；

3）控制数据传输速率；

4）进行错误检测；

5）进行 TTL 与 EIA 电平转换；

6）提供 EIA－RS－232C 接口标准所要求的信号线。

下面介绍能实现上述功能的串行通信接口 8251A。

Intel 公司生产的 8251A 为典型芯片来介绍可编程串行通信接口的基本工作原理、编程结构、编程方法及应用实例。

10.2.3.1　8251A的基本性能

8251A是通用的可编程同步/异步收发器。它的基本功能是，把由CPU送出的并行数据转换为串行数据发送给外部设备；或者把外部设备送来的串行数据转换为并行数据送给CPU。8251A的基本性能如下：

1）通过程序设定，可设定为同步方式或异步方式。

2）异步方式，每个字符可为5～8位，可加1位奇偶校验位，根据编程可产生1，1.5，2位停止位。波特率因子可选用1，16或64；波特率为0～19 200b/s。

3）同步方式，每个字符可以为5，6，7或8位，可以加奇偶校验位，还可以加CRC校验码进行冗余校验；波特率为0～64 Kb/s。

4）8251A是全双工双缓冲器的发送/接收器。

5）差错检测，能对奇偶错、覆盖错和帧格式错进行检测。

在使用8251A时，有两点需要注意：

第一点是，8251A只提供了部分EIA-RS-232-C规定的基本控制信号，比如表10-2中所列的数据载体检测信号(DCD)和文中所述的振铃指示(RI)，8251A就未提供。因此，如果要用到这两个信号，就必须由其他端口来提供。

第二点是，8251A的接口电平为TTL电平。它与EIA－RS-232-C所要求的电平不同，所以，互连时，必须另加电平转换电路来进行电平转换。

10.2.3.2　8251A的编程结构和基本工作原理

8251A的基本结构如图10.22所示。它主要由数据总线缓冲器、读/写控制逻辑电路、接收缓冲器、接收控制电路、发送缓冲器、发送控制电路和调制/解调控制电路组成。

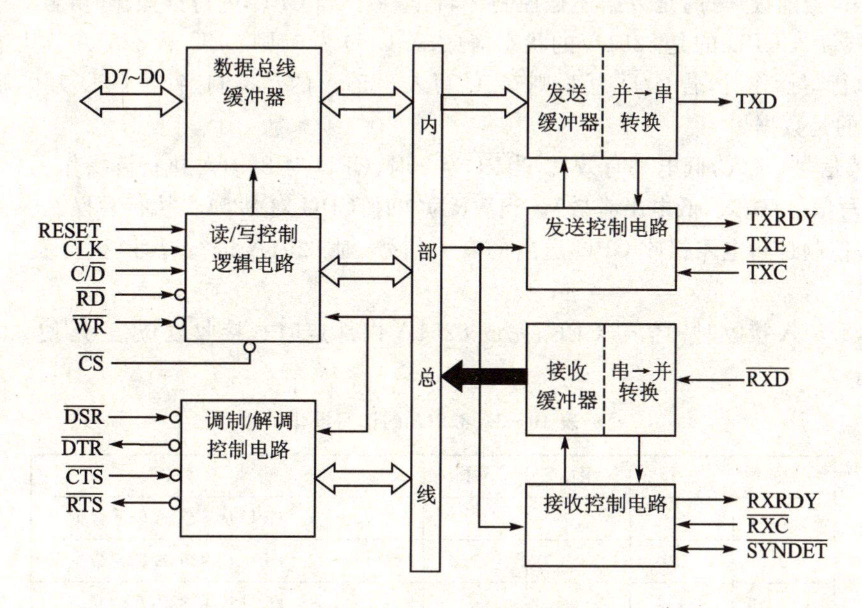

图10.22　8251A内部结构逻辑图

1. 数据总线缓冲器

数据总线缓冲器用来与CPU的数据总线相连。其内部设有三个缓冲器：

● 状态字缓冲器：用来存放8251A内部的工作状态。它是只读的，CPU通过对它进行查询测试,可以知道 8251A 接口的状态。

- 接收缓冲器:用来存放接收器收到并已转换成并行的数据,供 CPU 来读取。
- 发送缓冲器:用来寄存 CPU 送入 8251A 的数据或控制字、模式字、同步字符。这个缓冲器是发送数据和命令共用的寄存器,必须分时使用,否则将引起操作错误。

CPU 执行输出指令将控制字写入 8251A 命令缓冲器,建立起 8251A 的工作方式。命令写入 8251A 就立即执行,所以只占用发送缓冲器很短时间。而 CPU 执行输出指令向 8251A 发送数据,然后要通过发送器将并行数据转换成串行数据送出。这个并一串行转换过程,一般需要花费较长时间。因此,一旦将数据发送给缓冲器,发送器准备就绪信号 TXRDY 就变低电平,表示发送器已经接收了要发送的数据并正在发送。这时,CPU 不能向 8251A 输出新的数据或命令字。只有当发送器完成了数据输出,TXRDY 变成高电平之后,才允许 CPU 向 8251A 发送新数据或命令字。否则会导致发送数据出现覆盖错。

显然,为了保证正确发送,CPU 在向 8251A 发送数据时,要先检查 TXRDY 信号,只有 TXRDY 为 1 时,才允许 CPU 向 8251A 发送数据或命令字。对 TXRDY 的测试可以由 CPU 执行输入指令取 8251A 状态缓冲器中的状态字来实现。

2. 读/写控制逻辑电路

读/写控制逻辑电路用来配合数据总线缓冲器工作,并对 8251A 内部寄存器寻址。

$\overline{CS}$:接收 CPU 送来的地址译码信号作为片选信号。当$\overline{CS}$为 0 时,8251A 被 CPU 选中,允许 CPU 对 8251A 进行读/写操作。当$\overline{CS}$为 1 时,8251A 未被 CPU 选中,禁止 CPU 对 8251A 进行操作。

$C/\overline{D}$:用来区分 CPU 访问的是控制寄存器还是数据寄存器。此信号与读/写信号合起来通知 8251A,当前读/写的是数据还是控制字、状态字。当 CPU 进行读操作时,若 $C/\overline{D}$ 为 1,则由数据总线读入 CPU 的是 8251A 的状态信息;若 $C/\overline{D}$ 为 0,则 CPU 从 8251A 读入的是数据。当 CPU 执行写操作时,若 $C/\overline{D}$ 为 1,则 CPU 写入 8251A 的是控制字;若 $C/\overline{D}$ 为 0,则 CPU 写入 8251A 的是数据。

$\overline{RD}$:读信号(输入,低电平有效)。当$\overline{RD}$为 0 时,CPU 对 8251A 执行读操作。

$\overline{WR}$:写信号(输入,低电平有效)。当$\overline{WR}$为 0 时,CPU 对 8251A 执行写操作。

读/写控制逻辑电路接收 CPU 送出的有关信号,对 8251A 进行寻址,执行表 10-3 所列的操作。

此外,8251A 接收时钟信号 CLK,完成 8251A 内部定时。接收复位信号,使 8251A 处于空闲状态。

表 10-3　8251A 的读写操作

$\overline{CS}$	$C/\overline{D}$	$\overline{RD}$	$\overline{WR}$		操作
0	0		0	1	CPU 从 8251A 输入数据
0	0		1	0	CPU 往 8251A 输出数据
0	1		0	1	CPU 读取 8251A 的状态
0	1		1	0	CPU 往 8251A 写控制命令
1	x		x	x	8251A 未被 CPU 选中

3. 接收器和接收控制电路

接收器接收从RXD引脚送入的串行数据，并按照设定的格式把串行数据转换成并行数据后，存入接收缓冲器中。

接收器接收数据是在接收控制电路的控制下进行的。接收控制电路管理有关接收的所有功能，如下：

(1) 异步方式

当8251A工作在异步方式下，而且允许接收和准备好接收数据时，接收控制电路监视着数据接收线RXD。当没有字符传送时，RXD线处于标识状态，即高电平；当发现RXD线上出现低电平时，即认为它可能是起始位，于是启动内部计数器，对接收时钟进行计数。当计数器计数到一个数据位宽度的一半(若波特率因子为16时，则计数器计数到第8个脉冲)时，接收控制电路又对RXD线进行测试；若它处于高电平，则确认刚才出现的低电平不是起始位，而是干扰；若它仍处于低电平，则确认该低电平即为起始位，而不是噪声信号。此后，每隔16个脉冲，接收控制电路采样一次RXD线，作为输入数据输入移位寄存器，经奇偶校验和去掉停止位，得到了转换后的并行数据。此数据经8251A内部数据总线并行地传送给接收数据缓冲器。接收控制电路立即发出RXRDY信号，通知CPU接收数据缓冲器已准备好，字符等待CPU取走。

(2) 同步方式

在同步方式下，接收控制电路首先会搜索同步字符。具体说，接收控制电路监测RXD线，每当线上出现一位数据位时，就把它接收下来并送入移位寄存器移位。然后，把移位寄存器中的内容与同步字符寄存器的内容进行比较，如果结果不等，则再接收下一位数据，并重复上述比较过程，直到使接收器的内容与同步字符寄存器的内容相等为止。这时SYNDET引脚变成高电平，表示已找到同步字符，达到了同步。

若程序规定8251A工作在双同步方式下，就要求在测出输入移位寄存器的内容与第一个同步字符相等后，再继续检测此后的输入移位寄存器的内容是否与第二个同步字符寄存器的内容相同。如果不同，则重新比较输入移位寄存器的内容与第一个同步字符寄存器的内容；如果相同，则SYNDET变成高电平，表示8251A已经达到同步。

在外同步方式下，从SYNDET输入引脚输入一个高电平信号，接收控制电路会立即脱离对同步字符的搜索过程，只要SYNDET信号能保持一个接收时钟周期的高电平，接收控制电路便认为已经完成了同步。

不管是内同步还是外同步方式，只要实现了同步，接着就是接收数据，并将接收到的数据送入接收缓冲器。同时RXRDY引脚变成高电平，表示收到了一个字符。CPU执行一次对该数据缓冲器的读操作，RXRDY及SYNPDET均复位。

与接收器有关的控制信号有以下4个：

RXD是接收器数据信号端，用来接收外部设备送来的串行数据，并在数据进入接收器以后被转换成并行数据，然后送入数据接收缓冲器。

$\overline{RXC}$信号用来控制8251A接收字符的速度。在同步方式时，$\overline{RXC}$等于波特率。在异步方式时，$\overline{RXC}$是波特率的1倍、16倍或64倍，由传输方式字来确定。

SYNDET是同步检测信号。它仅用于同步方式。SYNDET引脚既可作为输入，也可作为输出。这决定于8251A是工作在内同步方式还是工作在外同步方式，而这两种情况又取决于对 8251A 的初始化编程。当 8251A 被设定为内同步时，SYNDET 作为输出；如果 8251A 检测到所要求的同步字符，则 SYNDET 为高电平，表示 8251A 已经达到同步。若程序设定 8251A 为双同步时，该信号在第二个同步字符的最后一位的中间变为高电平。CPU 执行一次读操作时或 8251A 被复位时，SYNDET 变为低电平。当 8251A 被设定为外同步时，SYNDET 作为输入，从该引脚输入一个正跳变，会使 8251A 在接收时钟 $\overline{RXC}$ 的一个下降沿时开始装配字符。在外同步时，SYNDET 的电平状态取决于外部信号。

RXRDY 是接收器准备好信号。它用来表示当前 8251A 已经从 RXD 引脚接收了一个字符，正等待 CPU 来取走。因此，在查询方式时，该信号可作为一个联络信号；在中断方式时，可作为中断请求信号。当 CPU 从 8251A 的接收缓冲器读取一个字符后，RXRDY 变成低电平。

4. 发送器和发送控制电路

发送器实际上也是一个移位寄存器。它接收 CPU 送来的并行数据。如果程序将 8251A 的控制寄存器中的 TXEN(允许发送)位置 1 及 $\overline{CTS}$(请求发送：从外设发来的对 CPU 请求发送信号的响应信号)为有效，则开始发送过程。

在异步方式下发送时，发送器为每个字符加上一个起始位，并按照程序设定的要求加上奇偶校验位及 1 位、1.5 位或者 2 位停止位，并在发送时钟 $\overline{TXC}$ 沿的作用下从 8251A 的 TXD 引脚发出，数据传输的波特率根据程序的设定，为发送时钟频率的 1、1/16 或者 1/64。

在同步方式下，发送器在发送数据前，根据程序的设定，在被发送的数据块前加上一个或两个同步字符，然后发送数据块。在发送数据块时，发送器将根据初始化程序设定的要求数据块中的每个数据加或不加奇偶校验位。如果加奇偶校验位，那么，是奇校验还是偶校验也是由初始化程序设定的。

在同步发送过程中，要求同步发送不允许数据之间存在间隙，如果遇上 8251A 正在发送数据，而 CPU 却来不及为 8251A 提供新数据时，数据间就会出现间隙。这时，8251A 的发送器会自动插入同步字符来填充间隙。

此外，8251A 的发送器还能发出“断开”(break)字符。断开字符是由通信线上连续的空白(space)字符组成的。在全双工通信中，断开字符用来中止发送终端。这是通过对 8251A 的控制寄存器的第 3 位(SBRK)置 1 来实现的。

与发送过程有关的引脚信号如下：

TXD 是发送器数据信号的输出引脚，用来输出数据。CPU 送往 8251A 的并行数据被转换成串行数据后，通过 TXD 引脚送往外部设备。

$\overline{TXC}$ 是发送时钟信号。它控制发送字符的速度。在异步方式下，$\overline{TXC}$ 的频率根据程序的设定，可为字符传输波特率的 1 倍、16 倍或者 64 倍。在同步方式下，$\overline{TXC}$ 的频率等于字符传输率的波特率。

TXRDY 是发送器准备好信号。它用来通知 CPU，8251A 已准备好接收 CPU 送来的数据或控制字。具体讲，当 $\overline{CTS}$ 为低电平，控制寄存器中 TXEN 位被设置为 1，且发送缓冲器为空时，TXRDY 为高电平，于是 CPU 便由此得知，当前 8251A 已作好接收 CPU 送出的数据，于是 CPU 可以往 8251A 输出一个数据，供 8251A 向外设发送。当 CPU 与 8251A 之间用查询方式传输数据时，该信号可以当作联络信号，CPU 可以通过读 8251A 的状态寄存器中的状态字来测试 TXRDY 的状态。当用中断方式传输数据时，该信号可作为 8251A 的中断请求信号。当 8251A 从 CPU 接收一个字符后，TXRDY 复位，表示发送缓冲器已经被填满，禁止发送下一个字符。

TXE 信号表示发送器空。当 TXE 有效时，表示此时 8251A 的发送器中并行到串行转换器空。它实际上指示了一个发送动作的完成。当 8251A 从 CPU 得到一个字符时，TXE 便成为低电平。另外，在同步方式时，若 CPU 来不及输出新字符，则 TXE 变成高电平，同时发送器在输出线上插入同步字符，以填充传送间隙。

5. 调制解调器控制电路

调制解调器控制电路用来简化 8251A 和调制解调器的连接。在以高传输率向远距离传送数据时，为了保证数据正确传送，要在信道上设置调制解调器，将串行通信接口中输出的数字信号调制成模拟信号发送出去；接收端则再设一个调制解调器将模拟信号解调成数字信号，再由串行通信接口送往计算机主机或终端。在全双工通信的情况下，每个收、发站都要连接调制解调器。8251A 中的调制解调控制电路提供了 4 个通用控制信号，使 8251A 可直接与调制解调器连接。这 4 个信号如下：

$\overline{DTR}$是发送器准备好信号，从 8251A 送往外设。CPU 通过向 8251A 控制寄存器写入 D1 =1 的控制字可以使$\overline{DTR}$变成低电平，从而通知外部设备，CPU 已准备好。

$\overline{DSR}$信号是数据设备准备好信号，即外设送往 8251A 的信号。当 DSR 为低电平时，表示当前外设已准备好，并且会使状态寄存器的 D7 位置 1，所以，CPU 通过对状态寄存器的读取操作便可实现对$\overline{DSR}$信号的检测。

$\overline{RTS}$信号叫请求发送信号。CPU 可通过向 8251A 控制寄存器写入 D5 为 1 的控制字来使$\overline{RTS}$变成低电平，以表示 CPU 已准备好发送。

$\overline{CTS}$信号叫清除发送信号，是由外部设备送往 8251A 的。实际$\overline{CTS}$信号是$\overline{RTS}$的响应信号。当$\overline{CTS}$为低电平时，8251A 才能执行发送操作。

所以 8251A 向外设发送一个数据必须满足以下 3 个条件：

1) $\overline{CTS}$为低电平。

2) 控制寄存器中的第 0 位为 1。

3) 发送缓冲器为空。

上述 4 个信号在形式上是 8251A 与外设之间的连接信号，但实质上是 CPU 与外设之间的联络信号。

使用时，$\overline{DTR}$、$\overline{DSR}$和$\overline{RTS}$三个信号引脚可以悬空不用，通常只有$\overline{CTS}$引脚必须为低电平，这是 8251A 发送数据的必要条件。如果 8251A 仅仅工作在接收状态，而不要求发送数据，那么，$\overline{CTS}$也可以悬空。

实际使用中，这 4 个信号可根据具体外设的物理动作被赋予不同的物理意义。比如，CPU 通过 8251A 连接一个串行打印机，那么，$\overline{DTR}$有效可表示 CPU 往打印机发送一个选通信号，要求使用打印机；而$\overline{DSR}$可代表打印机空闲，通知 CPU 可以发送要打印的数据。对其他外设来说，这两个信号的物理意义又和具体使用的外设的物理动作有关。

10.2.3.3　8251A 的编程及寻址

图 10.23 是 8251A 的编程结构框图，内部有 7 个可以访问的寄存器。

8251A 是 8 位接口芯片，系统为它提供两个端口地址：较高的为奇地址，较低的为偶地址，由引脚 C/$\overline{D}$ 进行选择。奇地址（A0＝1）包括工作方式寄存器、控制寄存器、同步字符寄存器 2

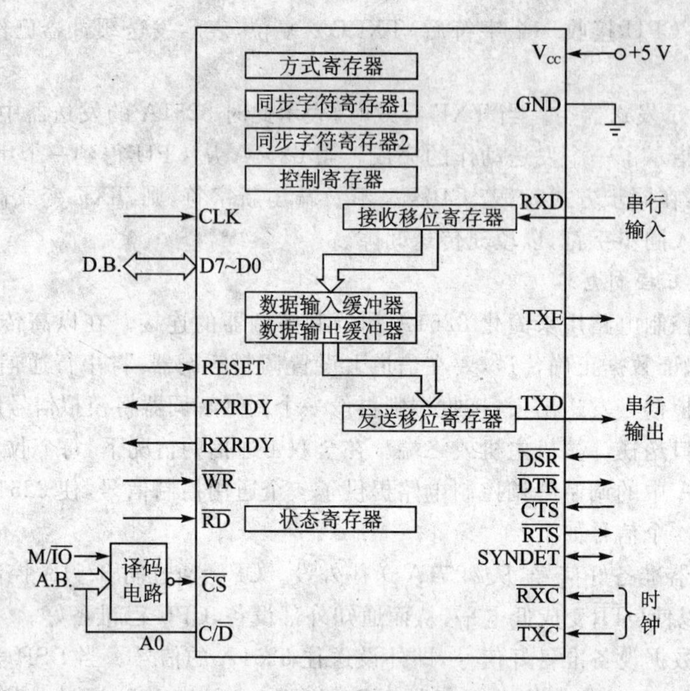

图 10.23 8251A 编程结构框图

个,它们是只写的;状态寄存器是只读的。偶地址(A0=0)包括数据输入缓冲器(只读)和数据输出缓冲器(只写)。

与 8259A 芯片类似,它同具有 8 条数据总线的 8088 系统和具有 16 条数据总线的 8086 系统相连接的方法有哪些不同。在 8088 系统中,对外数据总线是 8 根,因此可将 8251A 的数据线直接和系统数据线相连。一般用 8088 的低位地址线 A0 与 8251A 的 $C/\overline{D}$ 相接,寻址时输出一奇一偶两个地址即可满足 8251A 的寻址要求。而在 8086 系统中,对外数据总线为 16 跟。为方便起见,将 8251A 的 8 根数据线连接到 8086 数据总线的低 8 位上。这时由于 8086CPU 的低 8 位数据总线总是和偶地址单元对应,一般可将 8086 系统的 A1 和 8251A 的 $C/\overline{D}$ 相连,而 8086 的 A0 在寻址时保持为 0。即 A1 为 0,选中 8251A 的偶地址,A1 为 1,选中 8251A 的奇地址。这样既满足 8251A 一奇一偶的地址要求,又满足 8086 系统在访问偶地址端口时数据通过低 8 位数据总线进行交换信息的要求。而在程序中用连续的两个偶地址来代替接口的奇地址和偶地址就可以实现 8 位接口与 16 位数据总线的连接。

但是,问题并未全部解决。因为 8251A 中有 7 个 CPU 可寻址的寄存器,而 8251A 只有两个端口地址,如何找出具体的寄存器就是进一步要解决的问题。

在 8251A 中,数据输入寄存器和数据输出寄存器共用一个偶地址,而模式寄存器、控制寄存器、同步字符 1、同步字符 2 及状态寄存器共用一个奇地址。由于数据输入寄存器是只读的,而数据输出寄存器是只写的,尽管两个寄存器共用一个偶地址,CPU 执行输入指令从 8251A 偶地址输入数据时,是从数据输入寄存器输入,而不会从数据输出寄存器输入。从硬件上说,$\overline{CS}=0$,$C/\overline{D}=0$,$\overline{RD}=0$,就是读取数据输入寄存器;CPU 执行输出指令向 8251A 偶地址输出数据时,是往数据输出寄存器写入数据,而不会写入数据输入寄存器中。从硬件上说,$\overline{CS}=0$,$C/\overline{D}=0$,$\overline{WR}=0$,就是往 8251A 的数据输出寄存器写数据。这样用输入/输出指令就可将同一端口的两个寄存器区分开。

同样，由于端口为奇地址的 5 个寄存器中状态寄存器是只读的，而其余 4 个寄存器是只写的。所以，CPU 执行输入指令对奇地址端口读操作时，是从状态寄存器中读状态字；而 CPU 执行输出指令对 8251A 的奇地址端口写操作时，将写入模式寄存器、控制寄存器、同步字符寄存器 1 或同步字符寄存器 2 中的某一寄存器中。到底写入哪一寄存器中，由预先规定的写入顺序来决定。从硬件上说，$\overline{CS}=0$，$C/\overline{D}=1$，$\overline{RD}=0$ 是从状态寄存器读状态字；而 $\overline{CS}=0$，$C/\overline{D}=1$，$\overline{WR}=0$ 是往其余奇地址端口写入相应内容。

10.2.3.4　8251A 的初始化

1. 8251A 的初始化流程

8251A 是一个可编程多功能串行通信接口。在具体使用时，必须先对它进行初始化编程，确定它的具体工作方式。例如，规定它工作在异步方式还是同步方式、传输的波特率、字符格式等。8251A 初始化流程如图 10.24 所示。

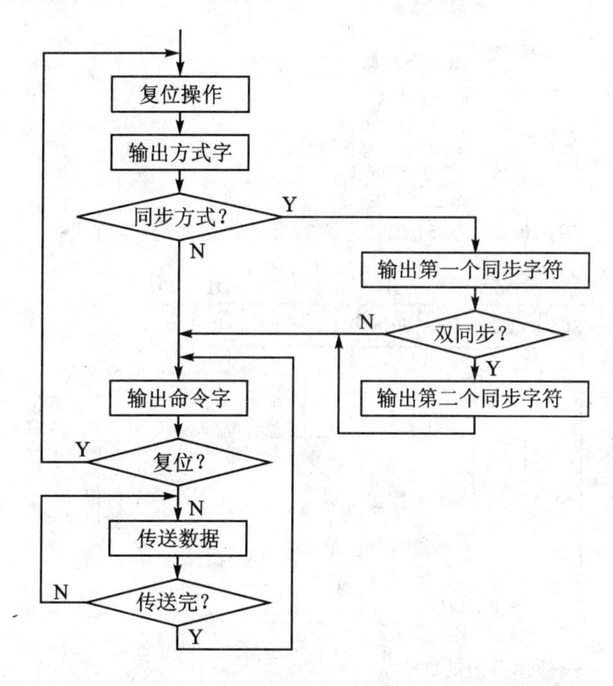

图 10.24　8251A 的编程—初始化流程

对 8251A 进行初始化，实际上是往模式寄存器、控制寄存器、同步字符 1 和同步字符寄存器 2 的 4 个寄存器写入模式字、控制字和同步字符。但是，如前所述，这 4 个寄存器共用一个端口地址(奇地址)，所以写入时，要按照约定写入；否则将会造成混乱。约定的具体内容是：

1) 芯片复位后，第一次写入奇地址端口的，CPU 就把它当作模式字，送入模式寄存器。

2) 如果模式字中设定 8251A 用同步方式工作，那么，CPU 接着往 8251A 奇地址写入的 1 个或 2 个字节就被当作同步字符，送入同步字符寄存器。如果模式字设定了 8251A 用单同步工作，那么写入一个同步字符后，跟在其后的写入 8251A 奇地址端口的就是控制字；如果模式字设定了 8251A 用双同步模式工作，那么，跟在第二个同步字符后写入奇地址端口的就是控制字；如果模式字设定了 8251A 用异步模式工作，那么，紧跟在模式字之后写入 8251A 的奇地址端口的字节即为控制字被送入控制寄存器。

从初始化流程可以看出，当CPU往8251A发送控制字之后，8251A就会首先判断控制字中是否给出了复位命令(控制字D6=1)。如果控制字第6位为1，则又返回去重新开始接收模式字；如果控制字中未给出复位命令，则8251A便可以开始执行数据传输。

2. 模式字的格式

8251A的模式字的格式如图10.25、图10.26所示。

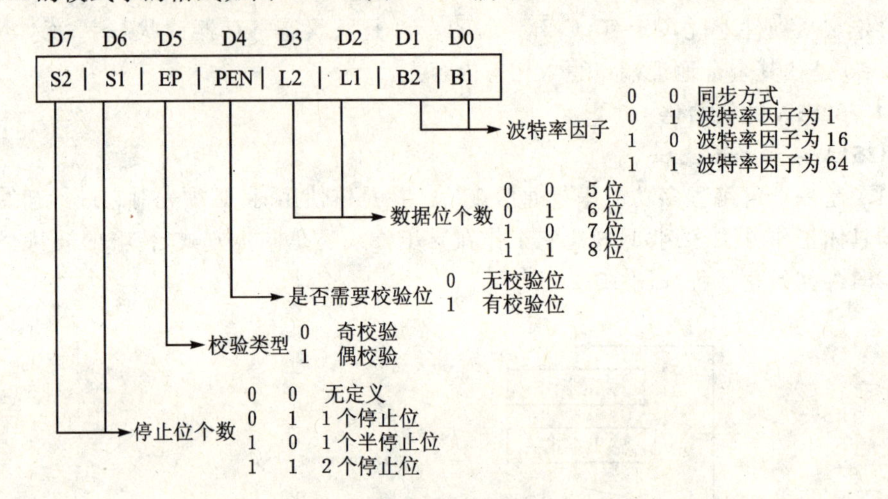

图10.25 8251工作方式寄存器的格式(异步方式)

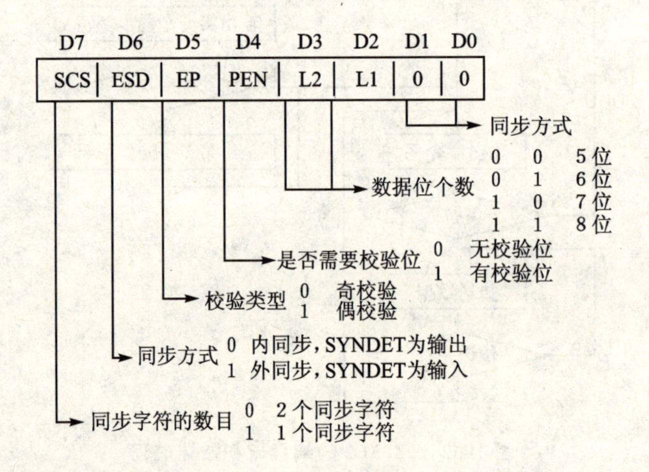

图10.26 8251工作方式寄存器的格式(同步方式)

模式选择字最低两位为00时，8251A便工作在同步模式；如果最低两位不为00，则8251A进入异步模式，并用最低两位来确定波特率因子。此时，$\overline{TXC}$和$\overline{RXC}$的频率、波特率因子和波特率之间的关系为：

$$时钟频率=波特率因子\times波特率$$

在同步模式下，接收和发送波特率分别和接收时钟$\overline{RXC}$和发送时钟$\overline{TXC}$频率相等。

不论是异步模式还是同步模式，模式选择字的第2位和第3位用来指明每个字符的位数，第4位用来指明是否设奇偶校验位，第5位用来指明是奇校验还是偶校验。

在异步模式中，用第6位和第7位指明停止位的数目。在同步模式中，用第6位指明引脚SYNDET是作为输入引脚还是作为输出引脚，第7位用来指明同步字符的数目。

3. 控制字的格式

8251A的控制字的格式如图10.27所示。

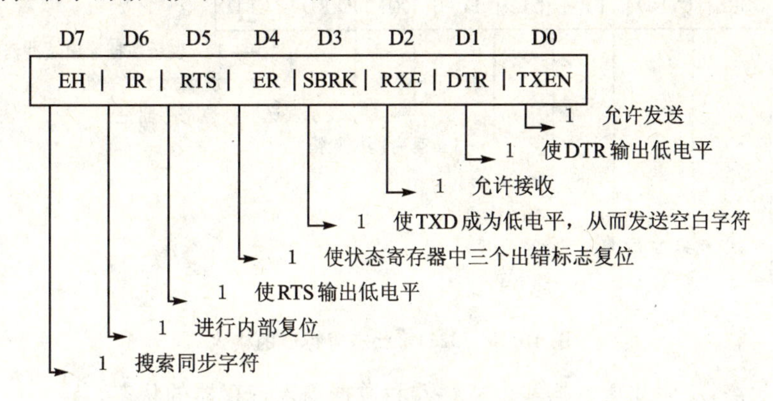

图10.27　8251A控制寄存器的格式

控制字的第0位是发送允许位，只有当该位为1时，发送器才能通过TXD端向外设串行地发送数据。第1位DTR(见图10.20)是数据终端准备好，当DTR为1时，表示CPU已准备好接收数据。此时DTR引脚输出有效信号，送至调制解调器的CD引脚。第2位RXE是允许接收位，只有RXE为1，接收器才能通过RXD引脚从外设串行地接收数据。第3位SBRK是发送断开字符位，当SBRK为1时，通过TXD线一直发送"0"信号。正常通信时，SBRK应为0。第4位ER是清除状态寄存器中所有的出错指示位。8251A的状态寄存器中设置了三个出错标志，分别为奇偶校验标志PE、覆盖错误标志OE和帧格式错误标志FE。当ER为1时，清除状态寄存器中的3个标志位。第5位RTS位用来设置发送请求。如果将$\overline{RTS}$引脚通过外部电路和调制解调器的相应引脚相连，则第5位RTS置1会使$\overline{RTS}$引脚输出低电平，而使相应引脚得到一个高电平，从而使调制解调器获得一个发送请求。第6位IR是内部复位命令。当IR为1，迫使8251A复位，从而返回初始化过程。第7位EH为跟踪方式位。EH只对同步模式有效。当EH为1，表示开始搜索同步字。因此，对同步模式，一旦RXE置1，也必须同时将EH置1，并且使ER置1，清除状态寄存器中3个出错标志，才能开始搜索同步字符。

4. 状态字的格式

状态字反映8251A的工作状态。当CPU要知道8251A的工作状态时，就要对状态字进行测试。状态字存放在状态寄存器中。CPU只能对状态寄存器读，而不能对它写入内容。8251A的状态字格式如图10.28所示。

状态字的第0位TXRDY为1用来表示当前数据输出寄存器为空。状态位TXRDY和引脚TXRDY上的信号不同。TXRDY位为1的条件是，8251A内部数据输出寄存器内容为空或即将发送完毕；而TXRDY引脚变为高电平的条件为，除TXRDY位为1的条件外，还必须有$\overline{CTS}$引脚输入为低电平，且控制字中TXEN位为1，即必须满足条件：

数据输出寄存器空×CTS×TXEN=1

状态字第1位RXRDY为1表明接口中数据输入寄存器已经接收了一个字符，当前可以被CPU取走。

CPU可以通过执行输入指令从8251A奇地址端口读取状态字来测试TXRDY位和

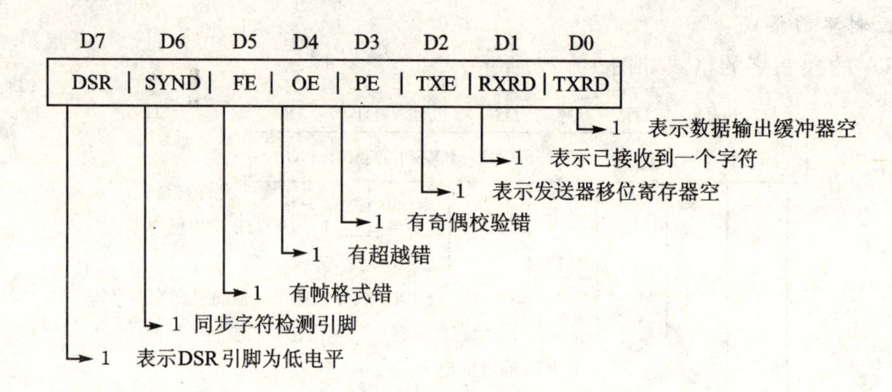

图 10.28 8251A 状态寄存器的格式

RXRDY 位的状态,从而知道数据输出寄存器和数据输入寄存器的状态。

引脚 TXRDY 和 RXRDY 上的信号,在实际使用中常常作为外设对 CPU 的中断请求信号。

当 CPU 往 8251A 的数据输出缓冲器输出一个字符以后,状态位 TXRDY 和引脚 TXRDY 上的信号均会自动变成 0。类似地,当 CPU 从 8251A 的数据输入寄存器输入一个字符以后,状态位 RXRDY 和引脚 RXRDY 上的信号均会自动变成 0。

状态寄存器的第 2 位 TXE 为 1 时,表明当前输出移位寄存器正在等待输出缓冲寄存器输送一个字符。在同步传输时,当 TXE 状态位为 1 时,发送移位寄存器会先从同步字符寄存器取得同步符,并对它进行移位,然后再对数据进行移位。

状态寄存器的第 3 位 PE 是奇偶错标志位。PE 位为 1,表明当前产生了奇偶错,但此时不中止 8251A 的工作。

状态寄存器的第 4 位 OE 是覆盖错标志位。OE 为 1,表示当前产生了覆盖错。出现这种错误时,也不中止 8251A 的工作,8251A 继续接收下一个字符。

状态字的第 5 位 FF 是帧格式校验错。FE 为 1,表明停止位为 0,不中止 8251A 的工作。这一位只对异步模式有效。

以上 3 个标志可以用控制字的 ER 置 1 来使它们复位。

状态字的第 6 位 SYNDET 是同步字符检测位。其含义与引脚 SYNDET 的含义一样。

状态字的第 7 位 DSR 是数据终端准备好位。DSR 为 1,表明外设或调制解调器已准备好发送数据,此时引脚 DSR 为低电平。

CPU 根据需要可以随时用 IN 指令读取 8251A 的状态字,对状态字进行测试。这时 C$\overline{\text{D}}$ 引脚应为 1,以保证从 8251A 的奇地址端口读取状态字。在 CPU 读取状态字期间,8251A 能自动禁止状态字的改变。

编程注意事项:

- 使用程序方式对 8251A 进行复位操作时,应向命令端口发送如下 4 个字节内容:00H,00H,00H,40H。
- 对控制口进行一次写操作后,需要写恢复时间。
- 初始化中应使 ER 位为 1,用来清除原有的错误标志。
- 半双工方式下,当发出$\overline{\text{RTS}}$后,必须等到$\overline{\text{CTS}}$变为有效。但在 8251A 中$\overline{\text{CTS}}$不被反映

到状态寄存器中，所以在此方式下应用中断方式进行工作。

- 使用查寻方式进行发送时，必须注意$\overline{CTS}$信号的接法。
- 应该注意使接收处理优先于发送处理。

例 10.8　8251A 的初始化，地址如图 10.29 所示，8251A 工作在异步和同步方式的初始化如下。

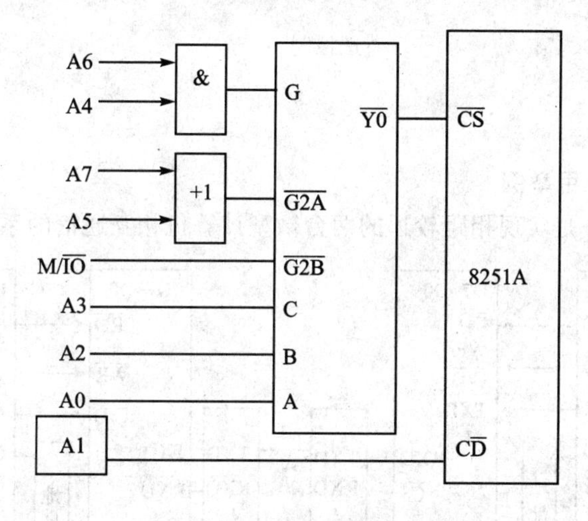

图 10.29　8251A 初始化例图

异步方式初始化：2 位停止位，偶校验，7 位数据位，波特率系数为 16；允许发送，允许接收，清除内部出错标志。程序段为

```
mov    al,0
out    52h,al                ;送方式字和同步、双同步字符
call   delay                 ;延时
out    52h,al                ;送第一个同步字符
call   delay
out    52h,al                ;送第二个同步字符
call   delay
mov    al,40h                ;送控制字，内部复位
out    52h,al
call   delay
mov    al,0fah               ;送方式字，异步方式，7 位数据，偶校验，2 位行正位，系数 16
out    52h,al
call   delay
mov    al,37h                ;送控制字，允许发送，允许接收，清除内部出错标志
out    52h,al
…
```

同步方式初始化：2 个同步字符，内同步，偶校验，7 位数据，允许发送，允许接收，清除内部出错标志。程序段为

```
mov    al,38h
out    52h,al                ;送方式字
```

```
call      delay
mov   al,16h                          ;同步字符
out   52h,al
call      delay
out   52h,al
call      delay
mov   al,95h                          ;送控制字
out   52h,al
...
```

10.2.3.5 8251A 的应用举例

例 10.9 图 10.30 是实现相距较远的两台微型计算机相互通信的系统内部结构简化框图。

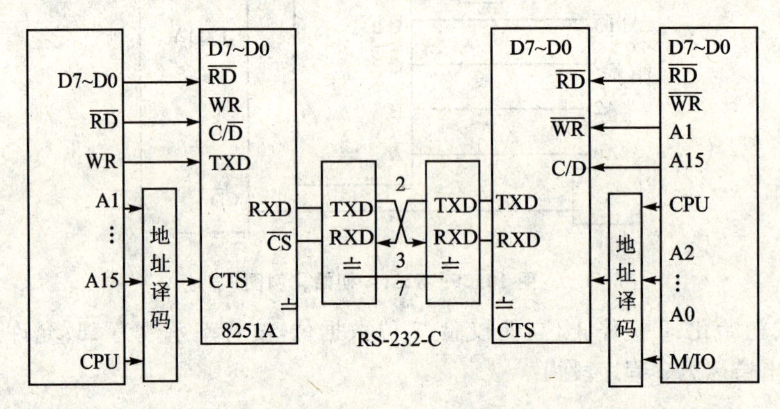

图 10.30 利用 8251A 实现双机通信

在该通信系统中,可以用异步模式工作,也可以用同式模式工作,可实现单工、半双工或全双工通信。

现假定 8086CPU 1 地址引脚 A15～A2A0 出现地址信号 1111111111111110b。M/$\overline{IO}$引脚为 0 时,地址译码器 1 输出为低电平。这时,如果 A1 为 0,则选中左边 8251A 的偶地址端口,即 8251A 的偶地址为 0fffch。如果 A1 为 1,则选中左边 8251A 的奇地址端口,即 8251A 的奇地址为 0fffeh。再假定 8086CPU 2 地址引脚 A15～A2A0 出现地址信号 1111111111111100b。M/$\overline{IO}$引脚为 0 时,地址译码器输出为低电平。这时,如果 A1 为 0,则 CPU 2 选中右边的 8251A 的偶地址端口。即该 8251A 的偶地址为 0fff8h。同样,如果 A1 为 1,则 CPU2 选中右边 8251A 的奇地址端口,即该 8251A 的奇地址为 0fffah。

现在要求用查询方式异步传送,CPU 1 与 CPU 2 之间实现半双工通信,共传送 100 字节,发送数据块的首地址为 8600h,接收数据块的首地址为 7600b。发送端 CPU 每查到 TXRDY 位为 1,则向 8251A 并行输出一个数据,接收端 CPU 每查询到 RXRDY 有效,则从 8251A 并行输入一个字节数据,一直将 100 字节数据全部传送完为止。

其程序可分成两部分,一部分为将一方定义为发送器,另一部分是将对方定义为接收器。

发送端初始化程序和发送控制程序如下:

```
mov dx,0fffeh                         ;8251A 的控制端口地址
mov al,7bh                            ;7 位数据,波特率系数为 64
```

```
out dx,al                    ;偶校验,1 位停止位
mov al,11h                   ;允许发送
out dx,al
mov di,8600h                 ;发送数据块首址
mov cx,64h                   ;发送数据块字节数
next: mov dx,0fffeh          ;8251A 控制端口地址赋予 dx
in al,dx                     ;读状态字
and al,01h                   ;查询 TXRDY 有效否
jz next
mov dx,0fffch                ;8251A 的数据端口地址
mov al,[di]                  ;从内存取一个数据到 al
out dx,al                    ;输出数据
inc di                       ;修改地址
loop next                    ;cx－1,不等于 0 转
hlt
```

接收端初始化程序和接收控制程序如下：

```
mov dx,0fffah                ;8251A 控制端口地址
mov al,7bh                   ;8251A 模式字送 al
out dx,al                    ;输出模式字
mov al,04h                   ;8251A 控制字,允许接收
out dx,al                    ;输出控制字
mov di,7600h
mov cx,64h                   ;接收输字节数
comt: mov dx,fffah           ;8251A 控制端口地址
in al,dx                     ;读状态寄存器
test al,02h
jz comt                      ;rxrdy 无效转 comt
test al,38h                  ;测试奇偶错,覆盖错,帧格式错
jnz erro                     ;有,转 erro 处理
mov dx,0fff8h                ;8251A 数据端口地址
in al,dx                     ;输入数据
mov [di],al                  ;数据存入内存
inc di                       ;修改缓冲区地址
loop comt                    ;cx－1;不等于 0 转
hlt
```

例 10.10 下面介绍 8251A 作为 CRT 的接口的硬件系统和程序。该系统由 8086 的 CPU、8251A、8253A 至 8259A 组成。其框图如图 10.31 所示。

图中,8251A 作为串行通信接口。功能是,在 CPU 往 CRT 发送数据时,将 CPU 输出的并行数据转换成串行数据;在由 CRT 键盘传送数据时,将传输线上传来的串行数据变成并行数据再传送给 CPU。

由于 8251A 的输出信号和输入信号都是 TTL 电平,而 CRT 的信号电平是 RS-232-C

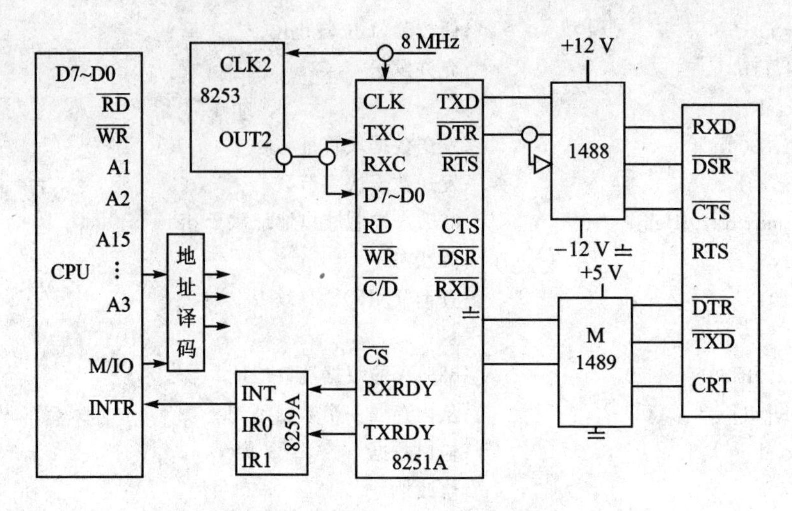

图 10.31 用 8251A 作为 CRT 接口

电平的信号,所以,要通过 MC1488 将 8251A 的输出信号变为 RS-232-C 电平再送给 CRT;反过来,要通过 MC1489 将 CRT 的输出信号变为 TTL 电平,再送给 8251A。

8253A 工作在模式 3,用来向 8251A 的 $\overline{\text{TXC}}$ 和 $\overline{\text{RXC}}$ 提供正方波信号作为发送时钟和接收时钟。

由于 CPU 用中断方式从 8251A 接收数据和向 8251A 发送数据,所以需要用 8259A 来作为中断控制器,并将 8251A 的 RXRDY 引脚和 TXRDY 引脚分别与 8259A 的 IR0 和 IR1 相连,作为中断请求信号。8259A 的 INT 引脚与 8086 的 CPU IRET 引脚相连接。

现在假设 8259A 用边沿触发,第 2 个 $\overline{\text{INTA}}$ 结束时自动消除 ISR。8259A 为全嵌套优先级,ICW2 的高 5 位为 01010,中断向量表在 0140b~0147b 单元中存放的内容分别为 00,20b,00b,10b,00b,40b,00b,30b。

下面是该系统的初始化程序及发送字符和接收字符的中断处理程序。初始化程序包括:8259A 的初始化、8253A 的初始化、8251A 的初始化及建立中断向量表。

其中数据处理程序包括:发送处理程序和接收处理程序:

```
mov dx,0080h                    ;8259A 的偶地址赋予 dx
mov al,13h                      ;ICW1
out dx,al                       ;
mov dx,0082h                    ;8259A 的奇地址赋予 dx
mov al,50h                      ;ICW2
out dx,al
mov al,07h                      ;ICW4
out dx,al
xor ax,ax
mov ds,ax                       ;中断向量表
mov ax,2000h
mov word ptr[0140],ax
mov ax,1000h
mov word ptr[0142h],ax
```

```
mov ax,4000h
mov word ptr[0144h],ax
mov ax,3000h
mov word ptr[0146h],ax              ;设置中断向量表
mov al,16h                          ;8253计数器0设置为模式3
out 76h,al
mov al,04h                          ;计数器0初值为04h
out 70h,al
mov al,7bh                          ;8251A工作在异步模式,波特率因子64,7位
out 52h,al                          ;为1个字符,偶校验1位停止位
mov al,05h                          ;8251A控制字,发送允许、接收允许
out 52h,al                          允许
sti                                 ;开CPU中断
```

将寄存器CL中的ASCII码送CRT显示器显示的中断处理程序如下:

```
org   34000h
mov dx,0fff0h                       ;8251A数据端口地址送dx
mov al,cl                           ;cl寄存器的内容送入al寄存器
out dx,al                           ;将ASCII码送CRT显示
iret
```

从键盘输入字符并在CRT上显示的程序如下:

```
org   12000h
mov dx,0fff2h                       ;将8251A的数据端口地址送dx
in al,dx                            ;键盘输入经8251A送dx
test al,38h                         ;测试奇偶错、覆盖错、帧格式错
jnz err                             ;
mov dx,0fff0h
in al,dx
mov m,al                            ;字符送内存
out dx,al                           ;字符送crt
iret
```

10.3 USB接口

10.3.1 USB的定义

USB(Universal Serial Bus)是通用串行总线,是外围设备与计算机进行连接的新型接口。其基本设计思想是,采用通用的连接器和自动配置及热插拔技术和相应的软件,实现资源共享以及外设简单快速地与计算机连接。

在USB产生之前,外设与PC机的通信主要是通过PC机主板所提供的各种接口来实现的,如ISA接口板、PCI接口板、串行接口、并行接口等。这些接口是在20世纪80年代提出

的,存在很多缺陷:

1) 它们是非共享式接口,大多只支持单个外设的连接。

2) 这些接口的体积大,几乎占据了PC主机板的一半,厂商不可能无限制地增加主板的面积来扩充老式接口,而且大体积的接口不利于PC机及外设的小型化。

3) 这些接口的规格不统一。当用户需要将一些外设连接到PC机时,它们不得不面对种类繁多的扩展槽。这使用户很不方便。

4) 这些老式的接口采用传统的I/O模式。外设被映射到CPU的I/O的地址空间,并被分配指定一个中继请求IRQ,或是一个DMA通道。这种模式会带来储如I/O地址冲突,所指定的IRQ已被别的外设占用等问题。这时用户需要采用手工的方法设置一些开关和跳线以重新配置这些设备。这就必须打开机箱,而且在设置完毕后,用户必须重新启动计算机,才能使这些新的设置生效。这个过程无论对于开发者和使用者都相当繁琐。

5) 用户在使用PC机时,要接入新的外设就必须关机,很不方便。

为了克服以上缺陷,USB应运而生。USB是一种快速、双向、同步,并支持热插拔功能的串行接口。

USB支持多个外设的连接,含有一个USB主控制器的PC机可以连接多至127个外设,而且所有外设的上游端口的规格都是相同的,用户可以简单方便地将USB外设连入PC机。

USB的即插即用功能和热插拔功能,使得用户可以不断电,直接将外设连接到PC机上,并马上被操作系统所识别。

USB的含义是"通用串行总线"。它不是一种新的总线标准,而是应用在PC领域的新型接口技术。早在1994年,就已经有PC带有USB接口了;但由于缺乏软件及设备的支持,这些PC机的USB口都是闲置未用的。1997年,微软在Win95OSR2(Win97)中开始用外挂模块提供对USB的支持。1998年后随着微软在Windows98中内置了对USB接口的支持模块,加上USB设备的日渐增多,USB逐步走进了实用阶段。

现在计算机系统外围设备的接口并无统一的标准,如键盘的插口是圆的、连接打印机要用9针或25针的并行接口、鼠标则要用9针或25针的串行接口。

USB需要主机硬件、操作系统和外设三个方面的支持才能工作。目前的主板一般都采用支持USB功能的控制芯片组。主板上也安装有USB接口插座。Windows98操作系统是支持USB功能的。目前已经有很多USB外设问世,如数字照相机、计算机电话、数字音箱、数字游戏杆、打印机、扫描仪、键盘、鼠标等。

USB规范中将USB分为五个部分:控制器、控制器驱动程序、USB芯片驱动程序、USB设备以及针对不同USB设备的客户驱动程序。

- 控制器(host controller)　主要负责执行由控制器驱动程序发出的命令。
- 控制器驱动程序(host controller driver)　在控制器与USB设备之间建立通信信道。
- USB芯片驱动程序(USB driver)　提供对USB的支持。
- USB设备(USB device)包括与PC相连的USB外围设备,分为两类,一类设备本身可再接其他USB外围设备;另一类设备本身不可再连接其他外围设备。前者称为集线器(Hub),后者称为设备(funct ion)。或者说,集线器带有连接其他外围设备的USB端口,而设备则是连接在计算机上用来完成特定功能并符合USB规范的设备单元。
- 设备驱动程序(client driver software)　是用来驱动USB设备的程序,通常由操作系统或USB设备制造商提供。

随着大量的支持USB的微型计算机的普及，USB已成为PC机的一个标准接口。最新推出的PC机几乎100%支持USB。另一方面，使用USB接口的设备也在以惊人的速度发展。

10.3.2　USB的物理接口和电气特性

USB总线电缆包含4根导线，其中D+和D−为信号线，用来传输串行数据信号，是一对双绞线；Vbus和GND是电源线，如图10.32所示。

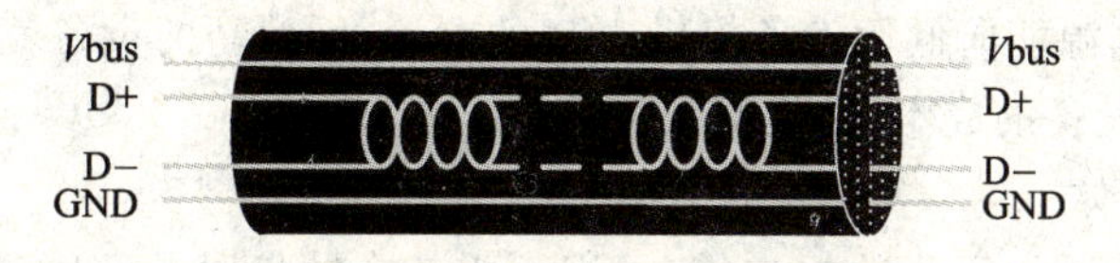

图10.32　USB总线电缆

D+和D−信号线上传输的是一路串行信号的差动信号（差动输入，平衡输出），传输数据信号：

(D+) − (D−) > 200 mV，表示1信号；

(D+) − (D−) < 200 mV，表示0信号；

Vbus在源端为+5 V。

从图10.32和串行通信关于全双工、半双工、单工的定义可以判断USB总线是半双工串行通信总线。

USB可以连接最多127个外设。在计算机工业中被认为是一个具有中低速率的总线，传输率为10 $\mathrm{Mb \cdot s^{-1}}$的信息。而这一速度正是大多数商用计算机网络的速度。但是在与工作速度为300 $\mathrm{Mb \cdot s^{-1}}$的光通道串行总线和即将问世的专门用于处理音频和视频信号的IEEE1394等总线技术相比，USB的速度就不能称为快了。

10.3.3　USB接口的特点

10.3.3.1　使用方便

使用USB接口可以连接多个不同的设备；而过去的串口和并口只能接一个设备，因此，从一个设备转而使用另一个设备时不得不关机，拆下这个，安上那个，开机再使用。USB则为用户省去了这些麻烦，除了可以把多个设备串接在一起之外，USB还支持热插拔。

在软件方面，USB设计的驱动程序和应用软件可以自动启动，用户无须做更多的操作。这同样为用户带来极大的方便。

USB设备也不涉及IRQ冲突问题。USB口单独使用自己的保留中断，不会同其他设备争用PC机有限的资源，同样为用户省去了硬件配置的烦恼。

10.3.3.2　速度够快

速度快是USB技术的突出特点之一。USB接口的最高传输率可达12 $\mathrm{Mb \cdot s^{-1}}$，比串口快了整整100倍，比并口也快了十多倍。

10.3.3.3　连接灵活

USB接口支持多个不同设备的串连。一个USB口理论上可以连接127个USB设备。连接的方式也十分灵活，既可以使用串行连接，也可以使用中枢导线器(Hub)，把多个设备连接在一起,再同PC机的USB口相接。在USB方式下,所有的外设都在机箱外连接,连接外设不必再打开机箱;允许外设热插拔,而不必关闭主机电源。USB采用“级联”方式,即每个USB设备用一个USB插头连接到一个外设的USB插座上,而其本身又提供一个USB插座供下一个USB外设连接用。每个外设间距离(线缆长度)可达5 m。USB可智能识别USB链上外围设备的插入或折卸。USB为PC的外设扩充提供了一个很好的解决方案。

10.3.3.4　独立供电

普通使用串口、并口的设备都需要单独的供电系统。USB接口提供了内置电源,则不需要单独供电。USB电源能向低压设备提供5 V的电源,因此新的设备就不需要专门的交流电源,从而降低了这些设备的成本,并提高了性价比。

10.3.3.5　支持多媒体

USB提供了对电话的两路数据支持。USB可支持异步以及等时数据传输,使电话可与PC集成,共享语音邮件及其他特性。USB还具有高保真音频。由于USB音频信息生成于计算机外,因而减小了电子噪声干扰声音质量的机会,从而使音频系统具有更高的保真度。

10.3.3.6　USB存在的问题

尽管在理论上,USB可以实现高达127个设备的串行连接;但是在实际应用中,也许串联3到4个设备就可能导致一些设备失效。所以在当前的USB应用中,使用Hub来连接多个USB设备是必需的。

另一个问题出在USB的电源上。尽管USB本身可以提供500 mA的电流,但一旦碰到高电耗的设备,就会导致供电不足。一个变通的方法,就是串接两个USB设备,对其他的USB设备进行热插拔。

总之,USB是一种快速,双向、同步,并支持热插拔功能的串行接口。

可以说,USB技术的问世改变了传统的PC机世界,使不同外设与主机间的接口技术大大简化了。

到目前为止,USB已经在PC机的多种外设上得到应用,包括扫描仪、数码相机、数码摄像机、音频系统、显示器、输入设备等等。

10.4　常用外设接口

键盘、鼠标、显示器、打印机是计算机必备的常用外设,作为计算机主机的输入输出设备,是人机交互中必不可少的,所以它们与计算机的连接,即接口技术也很重要。在这节中将简单介绍键盘、鼠标、显示器和打印机接口的一些基本概念。

10.4.1　键　盘

键盘是十分重要的人机对话的组成部分,是人向机器发出指令、输入信息的必需设备。

键盘接口有AT接口(5针,俗称”大口”)、PS/2接口(6针,俗称”小口”)和最新的USB接口。主机通过键盘接口与键盘进行通信。在AT机中,用单片机Intel 8042作为键盘控制器,而在奔腾机中则集成到南北桥芯片。

PC机与键盘的串行通信,是采用串行异步与同步相结合的方式。键盘发送到PC机的数据采用标准的串行异步通信方式,即1位起始位,8位数据位(低位在前),1位奇校验位,1位停止位。由于按键速度的不一致,并为了提高设备的兼容性,又在异步通信的基础上增加了同步时钟。在时钟的上升沿对数据进行采样。也就是说,数据的时钟同步和恢复由发送端控制,不需要接收端再建立同步。这样增加了一根时钟线,却简化了控制和编程。PC机发往键盘的命令和数据也如此。键盘控制器可实现下列功能:接收、校验和转换来自键盘的按键扫描码数据,控制和检测传送数据的时间,向键盘发送命令并接收键盘的响应,向系统发键盘中断,请求主机进行键盘代码处理,控制系统复位。PC机产生键盘硬中断后,在没有处理完数据之前,会把时钟线置低,禁止键盘输出。可以看出主机是通过设置数据线和时钟线的状态控制键盘收发数据的。

计算机通过两类中断程序与键盘联系:一类是硬件中断INT 09H,由按键产生,把键盘代码(扫描码)转换成相应的ASCII码存入键盘缓冲区;另一类是软件中断INT 16H,从键盘缓冲区获得ASCII码或扩展码。早期PC、XT机采用83键标准键盘,每个键分配的键号和扫描码是唯一的,由INT 09H把扫描码转换成ASCII码。AT及PS2等84/101/102/104键扩展键盘,键号的分配及发送的键盘扫描码与标准键盘有较大差别。为了保持软件级的兼容性,机器通过键盘接口把不同的键盘扫描码转换成与PC兼容的扫描码,再交给中断程序处理。这样,前者键盘直接产生的扫描码称为键盘扫描码,出现在硬件最底层,程序人员一般不接触;后者称为系统扫描码,广泛应用于程序中,也包括在Windows系统下。

10.4.2 鼠　标

鼠标的使用是为了使计算机的操作更加简便,代替键盘繁琐的指令。

鼠标-接口类型是指鼠标与主机之间相连接的接口方式或类型。目前常见的鼠标接口类型可分为串行鼠标、PS/2鼠标、总线鼠标、USB鼠标(多为光电鼠标)四种。串行鼠标是通过串行口与计算机相连,有9针接口和25针接口两种。PS/2鼠标通过一个6针微型DIN接口与计算机相连。它与键盘的接口非常相似,使用时注意区分。总线鼠标的接口在总线接口卡上。USB鼠标通过一个USB接口,直接插在计算机的USB口上。

串口:串口就是串行接口,即COM接口。这是最古老的鼠标接口,是一种9针或25针的D型接口,将鼠标接到主机串口上就能使用。其优点是适用范围和机型最多,从古老的没有PS/2接口和USB接口到现在最新的计算机都能使用。缺点是串口通信的数据传输率太低,中高档鼠标不能发挥其高性能优势,而且不支持热插拔。在最新的BTX主板规范中已经取消了串口。随着BTX规范的普及,串口鼠标也必将逐渐被淘汰。

PS/2接口:PS/2接口是目前最常见的鼠标接口,最初是IBM公司的专利,俗称"小口"。这是一种鼠标和键盘的专用接口,是一种6针的圆型接口。但鼠标只使用其中的4针传输数据和供电,其余2个为空脚。PS/2接口的传输速率比COM接口稍快一些,而且是ATX主板的标准接口,是目前应用最为广泛的鼠标接口之一;但仍然不能使高档鼠标完全发挥其性能,而且不支持热插拔。在BTX主板规范中,这也是即将被淘汰掉的接口。

需要注意的是,在连接PS/2接口鼠标时不能错误地插入键盘PS/2接口(当然,也不能把PS/2键盘插入鼠标PS/2接口)。一般情况下,符合PC99规范的主板,其鼠标的接口为绿色、键盘的接口为紫色;另外也可以从PS/2接口的相对位置来判断:靠近主板PCB的是键盘接口,其上方的是鼠标接口。

USB接口此前介绍过,在此不赘述。

各种鼠标接口之间也能通过特定的转接头或转接线实现转换，例如 USB 转 PS/2 转接头等。

10.4.3 显示器

显示器是将一定的电子文件通过特定的传输设备显示到屏幕上再反射到人眼的一种显示工具。从广义上讲，街头随处可见的大屏幕、电视机的荧光屏、手机、快译通等的显示屏都算是显示器的范畴，但目前一般指与计算机主机相连的显示设备。

显示器通常有 15 针 D－Sub 和 DVI 接口两种。

15 针 D－Sub 输入接口：也叫 VGA 接口，CRT 彩显因为设计制造上的原因，只能接受模拟信号输入，最基本的包含 R\G\B\H\V(分别为红、绿、蓝、行、场)5 个分量，不管以何种类型的接口接入，其信号中至少包含以上这 5 个分量。大多数 PC 机显卡最普遍的接口为 D－15，即 D 型三排 15 针插口。其中有一些是无用的，连接使用的信号线上也是空缺的。除了这 5 个必不可少的分量外，最重要的是在 1996 年以后的彩显中还增加入 DDC 数据分量，用于读取显示器 EPROM 中记载的有关彩显品牌、型号、生产日期、序列号、指标参数等信息内容，以实现 Windows 所要求的 PnP(即插即用)功能。

DVI 数字输入接口：DVI(Digital Visual Interface，数字视频接口)是近年来随着数字化显示设备的发展而发展起来的一种显示接口。普通的模拟 RGB 接口在显示过程中，首先要在计算机的显卡中经过数字/模拟转换，将数字信号转换为模拟信号传输到显示设备中；而在数字化显示设备中，又要经模拟/数字转换将模拟信号转换成数字信号，然后显示。在经过 2 次转换后，不可避免地造成了一些信息的丢失，对图像质量也有一定影响。而 DVI 接口中，计算机直接以数字信号的方式将显示信息传送到显示设备中，避免了 2 次转换过程，因此从理论上讲，采用 DVI 接口的显示设备的图像质量要更好。另外 DVI 接口实现了真正的即插即用和热插拔，免除了在连接过程中需关闭计算机和显示设备的麻烦。现在很多液晶显示器都采用该接口。CRT 显示器使用 DVI 接口的比例比较少。

10.4.4 打印机

打印机作为计算机的输出设备之一，用于将计算机处理后的结果以人所能识别的数字、字母、符号和图形等形式，依照规定的格式打印在相关介质上。

目前的打印机主要分行式和页式两大类。点阵式和喷墨式打印机是行式打印机；激光打印机是页式打印机。

打印机接口类型指的是打印机与计算机之间采用的接口连接方式。通过这项指标也可以间接反映出打印机输出速度的快慢。打印机接口类型可分为并行与串行两种接法。主要接口类型包括常见的并行接口和 USB 接口。USB 接口依靠其支持热插拔和输出速度快的特性，在打印机接口类型中迅速崛起。因此目前市场主的打印机有些型号兼具并行与 USB 两种打印接口。

并行接口又简称为“并口”，是一种增强了的双向并行传输接口。优点是设备的安装及使用容易，最高传输速率为 1.5 $Mb \cdot s^{-1}$。目前，计算机中的并行接口主要作为打印机端口，接口使用的不再是 36 针接头而是 25 针 D 型接头。所谓“并行”，是指 8 位数据同时通过并行线进行传送，这样数据传送速度大大提高；但并行传送的线路长度受到限制，因为长度增加，干扰就会增加，容易出错。

使用USB为打印机应用带来的变化则是速度的大幅度提升，USB接口提供了12 Mb · s^{-1}的连接速度，相比并口速度提高达到10倍以上，在这个速度之下打印文件传输时间大大缩减。USB 2.0标准进一步将接口速度提高到480 Mb · s^{-1}，是普通USB速度的20倍，更大幅度降低了打印文件的传输时间。

一般打印机接口和前面介绍的并行接口类似，包括数据输入/输出寄存器、控制寄存器、状态寄存器、数据总线缓冲器以及地址译码和读写控制逻辑等。控制寄存器存放主机给打印机的控制命令，状态寄存器存放打印机的状态信息。

打印机主要控制信号及其功能有：

1) $\overline{\text{STROBE}}$，数据选通信号，低电平有效。主机通过打印机接口给这个信号一个低脉冲将数据送入到打印机内部。

2) $\overline{\text{ACK}}$，打印机响应信号，低电平有效。打印机接收到接口送来的数据后启动这个信号通知主机。

3) BUSY，打印机忙信号，高电平有效。有效表示打印机正在打印数据或输入数据。

4) PE，缺纸信号，高电平有效。有效表示打印机缺纸。

5) SELECT，联机选择信号，高电平有效。有效时才能与打印机通信。

6) $\overline{\text{INIT}}$，初始化信号，低电平有效。

7) $\overline{\text{ERROR}}$，出错信号，低电平有效。

打印机接口典型的操作过程：

主机启动时就在$\overline{\text{INIT}}$线上发出负脉冲对打印机进行初始化。计算机要求打印机工作时，首先测试BUSY信号是否为低电平。如果是，则计算机将数据放到数据总线，并送选通信号$\overline{\text{STROBE}}$一个负脉冲，通知打印机数据已经准备好，同时将数据送入打印机缓冲器；BUSY变高，打印机读出锁存的数据，并放到打印队列中，同时输出一个$\overline{\text{ACK}}$响应信号，通知计算机已将数据取走。重复上述过程直到将数据全部打印完成。

习 题

1. 简述并行通信和串行通信的特点和应用场合。

2. 8255A的方式选择字与置位/复位字用什么区别？应写入什么端口？

3. 设8086与8255A连接，8255A的端口地址为d0h，d2h，d4h，d6h，初始化时往8255A控制口写控制字10110110b，请说明控制字的含义。

4. 8255A的端口A工作在方式1，作输入，端口C的上半部作输出；端口B工作在方式0，作输出，端口C的低4位作输出，试编写初始化程序。

5. 在串行通信中，什么叫单工、半双工、全双工工作方式？

6. 若8251A以9 600 b/s波特的速率发送数据，波特率因子为16，发送时钟频率为多少？

7. 设异步传输时，一帧信息包括1位起始位、7位信息位、1位奇偶校验位和1位停止位，如果波特率为9 600 b/s，则每秒能传输多少个字符？

8. 如果一个8251A工作模式寄存器的内容为01111011B，那么发送字符的格式如何？为了使接收器和发送器的波特率分别为300 b/s和1 200 b/s，加到RXC和TXC上的频率应该是多少？

9. RS-232C的逻辑高电平与逻辑低电平的范围是多少？是否可以和TTL电平的器件直接相连，为什么？如何解决？

附 录

实验一 十六进制转换到十进制

实验内容:输入一个十六进制数字,然后显示该字符的十进制值。重复上述过程,直至输入值为Q时结束程序。输入值不是十六进制数时,应当能够指出该字符不合要求。

实验目的:熟悉代码转换及循环指令的用法(提示:利用DOS系统功能调用,键盘调用,输入0~9、A~F中一位16进制数,将其转换成十进制数后,用显示器调用显示在屏幕上。如:键入7,显示7;键入C,显示12)。

实验二 十六进制转换到二进制

实验内容:从键盘输入2位十六进制数,并将此数用二进制形式显示在屏幕上。

实验目的:熟悉代码转换及移位指令的使用(提示:利用DOS系统功能调用,键盘调用,输入0~9、A~F中二位16进制数,将其转换成二进制数后,从最高位起一位一位地显示在屏幕上。如:键入7DH,显示01111101)。

实验三 二位十进制加法

实验内容:在键盘上输入两个二位十进制数X,Y,在屏幕上显示X+Y的结果。要求:

1. 按二进制运算实现。
2. 程序运行时,屏幕画面为:

```
PLEASE  INPUT  VALUE  OF  X:  XXXX
PLEASE  INPUT  VALUE  OF  Y:  XXXX
X+Y=XXXX
```

实验目的:熟悉键盘和显示器的功能调用及代码转换。

实验四 排 序

实验内容:输入20个十进制数(两位),排序后输出结果。

实验目的:用汇编语言实现排序算法。提示:可用气泡排序算法。

实验五 函数计算

实验内容:求非波那契函数的前m项之和的值,函数如下:

fib(1)=1, fib(2)=1　　　　当 $n=1, 2$ 时

fib(n)＝fib(n－1)＋fib(n－2)　　　当 n＞2 时

要求 m 满足 fib(m)＜255，但 fib(m＋1)＞255。

实验目的：熟悉递归程序的用法(提示：可用递归程序实现之)。

实验六　ASCII 表生成

实验内容：编写一个生成 ASCII 代码表的程序，其显示内容如下：

	0	1	2	3	4	5	6	7	8	9	A	B	C	D	E	F
0																
1																
2		!	”	#	$	%	&	‘	(	)	*	+	,	－	.	/
3	0	1	2	3	4	5	6	7	8	9	:	;	<	=	>	?
4	@	A	B	C	D	E	F	G	H	I	J	K	L	M	N	O
5	P	Q	R	S	T	U	V	W	X	Y	Z	[	\	]	^	_
6	!	a	b	c	d	e	f	g	h	i	j	k	l	m	n	o
7	p	q	r	s	t	u	v	w	x	y	z	{	|	}	～	

实验目的：熟悉宏和宏调用的使用(提示：利用宏编写生成可显示字符 ASCII 码的子程序。主程序调用宏指令，显示该字符并改变行列位置。显示回车、换行用 0ah，0dh)。

实验七　实时时钟显示

实验内容：在屏幕上显示实时时钟。

实验目的：了解中断向量及中断向量表的应用，了解中断的过程、硬件中断及指令中断的应用(提示：系统在初始化时，将定时器初始化为每隔 55 ms 向 8259A 的 IR0 发中断请求信号，转而向 CPU 发中断请求。IR0 的中断类型码为 08h。CPU 响应中断后，转到 08h 号的中断处理程序，BIOS 在该程序中有一条中断指令 int 1ch，所以要调用约 18.2 次/s 1ch。而 BIOS 在 1ch 号中断处理程序当中，只有一条中断返回指令 iret。其目的是为应用程序预留一个软接口。应用程序只要提供新的 1ch 号中断处理程序的入口地址，就可实现某些周期性的功能。在新的 1ch 号中断处理程序当中，设置一个计数器。每中断一次计数器加 1，计满 18 次后，就在屏幕的右上角显示当前的时间，以时、分、秒形式显示，并清除计数器重新开始计数。这样每秒显示一次。当前时间的获取可以通过 BIOS 功能调用 1ah 号中 2 号子功能实现。该调用后在 ch，cl，dh 中可以得到时、分、秒的 BCD 码值。屏幕的定位和显示可以通过调用 BIOS 中的 10h 号功能。在主程序中取原 1ch 号中断向量保存，新的 1ch 号中断向量填入中断向量表后，可循环等待，直到按下 Q 键退出循环。最后恢复原 1ch 号中断向量)。

有关实验的参考程序

实验三输入两个两位十进制数 X 和 Y，在屏幕上显示 X＋Y 的值。

;程序运行画面为：

```
;please input value of x: xx
;please input value of y: xx
;x+y=xxx
dseg segment
    max_x dB 3
    actlen_x db ?
    x  db 3  dup(?)
    max_y db 3
    actlen_y db ?
    y db 3 dup(?)
    message1 db 13, 10, 'please input value of x: $'
    message2 db 13, 10, 'please input value of y: $'
    message3 db 13, 10, 'x+y= $'
    message4 db 13, 10, 'invalid input, try again. $'
dseg ends
cseg segment
     assume  cs:cseg, ds:dseg
start:      mov ax, dseg
            mov ds, ax
            jmp input_num
re_input:   lea dx, message4                 ;输入数据错误,输出错误信息
            mov ah, 9
            int 21h
input_num:lea dx, message1                   ;输入 x
            mov ah, 09h
            int 21h
            lea dx,  max_x                   ;存第一个 2 位数
            mov ah, 0ah
            int 21h                          ;利用 DOS 的 10 号功能调用,输入字符串
            lea dx, message2                 ;输入 y
            mov ah, 09h
            int 21h
            lea dx, max_y                    ;存第二个 2 位数
            mov ah, 0ah
            int 21h
            mov ax, word  ptr  x
            mov bx, word ptr y
            cmp ah, 30h                      ;判断 2 个数是否在 0~9 范围内
            jb re_input
            cmp ah, 39h
            ja re_input
            cmp al, 30h
            jb re_input
```

```
          cmp al, 39h
          ja re_input
          cmp bh, 30h
          jb re_input
          cmp bh, 39h
          ja re_input
          cmp bl, 30h
          jb   re_input
          cmp bl, 39h
          ja re_input
          lea dx, message3              ;输入数据正确,显示结果信息
          mov ah, 09h
          int 21h
          mov ax, word ptr x
          mov bx, word ptr y
          xchg ah, al                   ;个位数相加
          xchg   bh, bl
          sub ax, 3030h
          sub bx, 3030h
          add ax, bx                    ;两数相加
          aaa                           ;个位调整
          mov bx, ax
          mov dl, 0
          cmp bh, 9
          jbe next1
          sub bh, 0ah                   ;十位调整
          mov dl, 31h                   ;有进位位,百位加 1
next1:    cmp dl, 0
          je next2
          mov ah, 2
          int 21h
next2:    add bx, 3030h                 ;利用 dos 的 2 号功能显示
          mov dl, bh
          mov ah, 2
          int 21h
          mov dl, bl
          mov ah, 2
          int 21h
          mov ah, 4ch
          int 21h
cseg ends
          end start
```

实验四排序

键盘依次键入 20 个二位十进制数,空格隔开

```
dseg   segment
  mess   db   'please input 20 two-bit numbers',0dh,0ah,'$'
  a   db 100   dup('$')
dseg   ends
cseg   segment
  assume   cs:cseg,ds:dseg
start:      mov ax, dseg
            mov ds, ax
            mov bx, 1
            lea dx, mess
            mov ah, 9h
            int   21h
            mov bx, 0
            mov cx, 62
            lea dx, a
            mov ah, 3fh
            int   21h                    ;键盘接收 20 个两位十进制数,放入 a 缓冲区
            mov cx, 19
            mov si, 0
loop1:      mov di, cx
            mov bx, 0                    ;按从大到小排序
loop2:      mov ah, a[bx]
            mov al, a[bx+1]
            cmp ah, a[bx+3]
            jb   lab                     ;前小后大,交换数据
            ja   continue                ;前大后小,不交换
            cmp al, a[bx+4]
            jnb   continue
lab:        xchg ah, a[bx+3]             ;交换
            xchg a[bx], ah
            xchg al, a[bx+4]
            xchg al, a[bx+1]
continue:   add bx, 3                    ;指针后移
            loop   loop2
            mov cx, di
            inc   si
            loop   loop1
            mov bx, 1
            lea dx, a
            mov ah, 9h
```

```
            int    21h                          ;显示排序结果
            mov ah, 4ch
            int    21h
cseg   ends
       end   start
```

实验五求非波那契函数的前 m 项之值。

```
sseg segment para stack
     dw 256 dup (?)
sseg ends
dseg segment
     mess db 256 dup (0)
dseg ends
cseg   segment
   assume cs:cseg,ds:dseg,ss:sseg
start:      mov   ax, dseg
            mov   ds, ax
            mov   al, 1
            mov   bl, 0
            call  fib
            mov   ah, 4ch
            int   21h
;f 函数
fib   proc
            mov   dl, al
            mov   si, 3
            push  dx
            push  ax
            mov   cl, 10                        ;计算各项值
            call  print                         ;显示每项 f 的值
            mov   ah, 2
            mov   dl, ''
            int   21h
            pop   ax
            pop   dx
            add   al, bl
            jc   ok                             ;m 项之和大于 255,停止
            mov   bl, dl                        ;m 项之和小于 255,递归
            call  fib                           ;递归调用
ok:         ret
fib   endp
;输出 f 函数的值
print   proc
```

```
            xor   ah, ah
            div   cl
            push  ax
            dec   si
            jz  p1
            call  print
p1:         pop   dx                         ;依次输出百位、十位、个位
            add   dh, 30h
            mov   dl, dh
            mov   ah, 2
            int   21h
            ret
print  endp
cseg  ends
  end  start
```

实验六 ASCⅡ代码表的生成。

```
asc  macro
    add bl, bl
    add bl, bl
    add bl, bl
    add bl, bl                               ;乘16
      endm
dseg segment
    message1 db'  0  1  2  3  4  5  6  7  8  9  a  b  c  d  e  f$'
    message2 db 13, 10,'$'
    message3 db'  $'
dseg ends
cseg segment
    assume  cs:cseg,ds:dseg
start:      mov ax, dseg
            mov ds, ax
            xor bx, bx
            xor cx, cx
            lea dx, message1
            mov ah, 9
            int 21h                          ;显示列号(0～f)
re_col:     lea dx, message2
            mov ah, 9
            int 21h                          ;回车,换行
            mov bl, cl
            asc                              ;宏调用,计算每个字符的ASCⅡ码值
            mov bh, bl
```

```
                add bh, 10h
                mov dl, cl                          ;依次显示行号(0～7)
                add dl, 30h
                mov ah, 2
                int 21h
    ;显示一行中所有字符
    re_line:    lea dx, message3
                mov ah, 9
                int 21h                             ;每个字符间隔 2 个空格
                mov dl, 20h
                cmp bl, 7fh
                je display
                cmp bl, dl                          ;ASCII码值小于 20h,为不可显字符,用空格代替
                jna display
                mov dl, bl                          ;ASCII 码值大于 20h,显示字符
    display:    mov ah, 2
                int 21h                             ;显示某行表中字符
                inc bl                              ;ASCII 码值加 1,显示下一个
                cmp bl, bh
                jb re_line                          ;该行没有完,循环
                inc cl                              ;换下一行
                cmp cl, 8
                jb re_col                           ;8 行没有完,循环
                mov ah, 4ch
                int 21h
    cseg  ends
                end  start
```

实验七实时时钟

```
data  segment
    count_val  equ   18                             ;约 18.2 次
    row=7
    column=12
    color=07h
    old1ch  dd   0
    hour  db   0, 0, ':'
    min  db   0, 0, ':'
    sec  db   0, 0
    len  equ   $-hour
    count  dw  count_val
data  ends
code  segment
    assume  cs: code, ds: data, es: data
```

```
star:           mov   ax, data
                mov   ds, ax
                mov   es, ax
                mov   ax, 351ch
                int   21h                           ;取原 1ch 号中断向量
                mov   word  ptr  old1ch, bx         ;保存
                mov   word  ptr  old1ch+2, es
                mov   ax,  code
                mov   ds,  ax
                mov   dx, offset  new1ch
                mov   ax, 251ch
                int   21h                           ;设置新 1ch 号中断向量
lp:             mov   ah,  0
                int   16h                           ;等待,直到按下 q 键
                cmp   al,  'q'
                jnZ   lp
                lds   dx,  old1ch
                mov   ax,  251ch
                int   21h                           ;恢复原 1ch 号中断向量
                mov   ah, 4ch
                int   21h
;bcd 码转换为 ASCⅡ码子程序
bcdtoasc  proc
                push  cx
                mov   ah, al
                and   al, 0fh
                mov   cl, 4
                shr   ah, cl
                add   ax, 3030h
                pop   cx
                ret
bdctoasc  endp
;获取时间子程序
gettime         proc
                mov   ah, 2
                int   1ah                           ;在 ch,cl,dh 中得到小时、分、秒的 bcd 码值
                mov   al, ch
                call  bcdtoasc
                xchg  ah, al
                mov   word  ptr  hour, ax           ;存小时的 ASCⅡ值
                mov   al, cl
                call  bcdtoasc
                xchg  ah, al
                mov   word  ptr  min, ax            ;存分的 ASCⅡ值
```

```
            mov   al, dh
            call  bcdtoasc
            xchg  ah, al
            mov   word  ptr   sec, ax          ;存秒的 ASCⅡ值
            ret
gettime  endp
;新 1ch 号中断处理子程序
new1ch      proc
            cmp   count, 0
            jz  next
            dec   count
            iret
next:       mov   count, count_vak             ;中断 18 次,计 1 秒
            sti
            push  ds
            push  es
            push  ax
            push  bx
            push  cx
            push  dx
            push  si
            push  bp
            call  gettime                      ;读取时间
            mov   bh, 0
            mov   bl, color
            mov   dh, row
            mov   dl, column
            mov   cx, len
            mov   bp,  offset  hour
            mov   al, 0
            mov   ah, 13h
            int   10h                          ;在屏幕 7 行 12 列显示时间
            pop   bp
            pop   si
            pop   dx
            pop   cx
            pop   bx
            pop   ax
            pop   es
            pop   ds
            iret
new1ch      endp
code  ends
            end   star
```

参考文献

[1] 沈美明,温冬婵. IBM - PC 汇编语言程序设计[M]. 北京:清华大学出版社,1991.

[2] 姚万生,徐淑华,崔刚. IBM - PC 宏汇编语言程序设计[M]. 哈尔滨:哈尔滨工业大学出版社,1992.

[3] 俸远祯,王正智,徐洁,俸智丹. 计算机组成原理与汇编语言程序设计[M]. 北京:电子工业出版社,1999.

[4] 张昆藏. 奔腾Ⅱ/Ⅲ处理器系统结构[M]. 北京:电子工业出版社,2000.

[5] 王士元. IBM PC/XT . 286 . 386 微机汇编语言与外设编程[M]. 天津:南开大学出版社,1993.

[6] 王保恒. 宏汇编语言程序设计及应用[M]. 长沙:国防科技大学出版社,1992.

[7] 朱慧真. 80x86 汇编语言教程. 北京:清华大学出版社,1995.

[8] 朱慧真. 汇编语言教程[M]. 北京:国防工业出版社,1988.

[9] 刘玉成等著. 8086/8088 微型计算机系统体系结构和软硬件设计[M]. 北京:科学出版社,1987.

[10] 戴梅萼编. 微型计算机技术及应用[M]. 北京:清华大学出版社,1992.

[11] 杨季文等编. 80x86 汇编语言程序设计教程. 北京:清华大学出版社,1999.

[12] 李家滨编. 微机系统硬件教程[M]. 北京:海洋出版社,1993.

[13] 吕景瑜编. 微型计算机接口技术[M]. 北京:科学出版社,1995.

[14] Pentium Processor Family Developer's Manual. 1997.

[15] Evans, J. S. Trimper, G. L. 著. 安腾体系结构:理解 64 位处理器和 EPIC 原理[M]. 蒋敬旗. 等译. 北京:清华大学出版社,2005.

[16] 杨季文等编著. 80x86 汇编语言程序设计教程[M]. 北京:清华大学出版社,2007. 5.

[17] 李敬兆主编. 8086/8088 和 ARM 核汇编语言程序设计[M]. 合肥:中国科学技术大学出版社,2006. 9.

[18] Randall Hyde 著. 汇编语言编程艺术[M]. 陈曙晖译. 北京:清华大学出版社,2005. 1.

[19] 钱晓捷主编. 新版汇编语言程序设计[M]. 北京:电子工业出版社,2006. 12.

[20] 魏坚华　吕景瑜编. 微型计算机与接口技术教程[M]. 北京航空航天大学出版社,2002. 10.

[21] 杨文显等编. 现代微型计算机与接口教程[M](第 2 版). 北京:清华大学出版社,2007. 10.

[22] 马春燕等编. 微机原理与接口技术[M]. 北京:电子工业出版社,2007. 1.

[23] 张钧良编. 计算机硬件基础[M]. 北京:清华大学出版社,2008. 1.

[24] 杨全胜等编. 现代微机原理与接口技术[M](第 2 版). 北京:电子工业出版社,2007. 9.